Sachlernen & kindliche Bildung – Bedingungen, Strukturen, Kontexte

Reihe herausgegeben von

Detlef Pech, Institut Erziehungswissensch, Humboldt Universität, Berlin, Deutschland

Julia Schwanewedel, Didaktik der Biologie, IPN, Kiel, Deutschland

Sachlernen ist in Deutschland institutionalisiert im Fach Sachunterricht der Grundschule und universitär in der didaktischen Disziplin, in der das Verhältnis von Kind, Sache und Welt analysiert wird. Damit sind die schulischen Grundlegungen von Natur- und Gesellschaftswissenschaften ebenso Gegenstand des Faches wie (digitale) Medien oder Mobilität.

Weitere Bände in der Reihe https://link.springer.com/bookseries/16083

Martin Siebach

Identität als Diskursgegenstand der Didaktik des Sachunterrichts

Eine historisch-diskursanalytische Untersuchung

Martin Siebach
Leipzig, Deutschland

Die vorliegende Arbeit wurde von der Philosophischen Fakultät III der Martin-Luther-Universität Halle-Wittenberg als Dissertation zur Erlangung des akademischen Grades „Doktor der Philosophie" (Dr. phil.) angenommen.

Gutachter: Prof. Dr. Michael Gebauer, Prof. Dr. Detlef Pech
Tag der Disputation: 19. Juli 2021

Sachlernen & kindliche Bildung – Bedingungen, Strukturen, Kontexte
ISBN 978-3-658-36517-2   ISBN 978-3-658-36518-9   (eBook)
https://doi.org/10.1007/978-3-658-36518-9

Die Deutsche Nationalbibliothek verzeichnet diese Publikation in der Deutschen Nationalbibliografie; detaillierte bibliografische Daten sind im Internet über http://dnb.d-nb.de abrufbar.

Planung/Lektorat: Marija Kojic
Springer Spektrum ist ein Imprint der eingetragenen Gesellschaft Springer Fachmedien Wiesbaden GmbH und ist ein Teil von Springer Nature.
Die Anschrift der Gesellschaft ist: Abraham-Lincoln-Str. 46, 65189 Wiesbaden, Germany

Geleitwort

Gegenstand der vorliegenden Studie ist die Frage nach dem Bildungsauftrag des Sachunterrichts im Hinblick auf die historische, gegenwärtige und zukünftige Bedeutsamkeit der Identität als Entwicklungsaufgabe (nicht nur) des Grundschulalters. Dieser Diskurs ist eingebettet in das kontinuierliche und seit Bestehen des Faches andauernde Bestreben der Formulierung eines genuinen und konsistenten Bildungsauftrags, der die zum Teil divergenten curricularen Ansprüche der Bezugsfächer mit einer an den Entwicklungsaufgaben, Bedürfnissen und Voraussetzungen des Kindes in diesem Lebensabschnitt orientierten, primär pädagogisch definierten Perspektive verbindet. Ziel dieser Bestrebungen ist es, daraus die Begründung für ein genuines, fachdidaktisch und bildungstheoretisch fundiertes Curriculum abzuleiten.

Seit Bestehen des Faches Sachunterricht war dessen bildungstheoretisches und fachdidaktisches Selbstverständnis – gewissermaßen dessen Identität – in einem stetigen Wandel begriffen, der sich im Wesentlichen aus der Notwendigkeit ergab, auf bildungsrelevante Prozesse gesellschaftlichen Wandels und damit einhergehende Diskurse sowie diesbezüglich relevante Forschungsergebnisse zu reagieren. Wie in allen Fachdidaktiken wurde dabei neben domänenspezifischen Begriffen auch auf Theorie- und Begriffsbestände aus Erziehungswissenschaften, Soziologie, Psychologie und anderer wissenschaftlicher Disziplinen zurückgegriffen. Dabei ist stets die Frage zu stellen, wie der Fachdiskurs diese adaptierten Begriffe rezipiert und in sein Bildungsverständnis integriert.

Das zentrale Axiom des Faches Sachunterricht ist die didaktische Verknüpfung von Kind- und Sachorientierung, wobei das Konzept der Kindorientierung vieldeutig interpretiert, nicht selten trivialisiert und ohne theoriebasierte Referenz verwendet wird. Martin Siebach geht in seiner Studie davon aus, dass eine Fachdidaktik, die sich die Frage stellt, wie Kinder in ihrer Orientierung in der

Welt unterstützt werden können, zwingend das Konzept der Identität und den
damit verbundenen theoretischen Diskurs aufgreifen muss, um es wissenschaftlich fundiert zu präzisieren. Wie dies im Hinblick auf die Identitätsentwicklung
im Kindesalter erfolgen kann, zeichnet er in seiner Untersuchung nach und untersucht die Frage: „Welche Bedeutung hat das Thema Identität im konzeptionellen
Diskurs in der Sachunterrichtsdidaktik?". Dafür definiert er zunächst relevante
Publikationen des Faches und bildet einen entsprechenden Textkorpus, den er
diskursanalytisch auswertet. Besonders hervorzuheben ist dabei, dass er für die
Bearbeitung großer Datenmengen auf eine computergestützte Analyse der Texte
zurückgreift.

Über 1500 Dokumente aus dem Fach werden mit einer Suchmatrix erschlos-
sen. Weniger als 20 % dieser Texte weisen Bezüge auf, die eine genauere
Betrachtung notwendig machen. Martin Siebach kann zwei inhaltliche Felder der
Sachunterrichtsdidaktik entziffern, in denen in besonderer Weise Identitäts-fragen
aufgegriffen werden: „Kultur, Migration und Heimat" sowie der Kontext historischer Bildung. Martin Siebach kann kenntlich machen, dass in jüngster Zeit
der Bezug auf den Identitätsbegriff in der sachunterrichtsdidaktischen Literatur
überlagert wurde. Er zeigt, dass zu vermuten ist, dass jeweils andere aktuelle
gesellschaftliche sowie bildungspolitische Diskurse -Rekurse auf Inklusion und
auf Kompetenzorientierung- den Identitätsdiskurs überlagert haben. Für Martin
Siebach ist diese Entwicklung kritisch zu betrachten, da in einer pluralistischen
Gesellschaft jede*r ihr oder sein eigenes Leben führen darf und muss – und
eben dies die zentrale Begründungsfigur für den Sachunterricht und seine Didaktik sein sollte: sich an der Identitätsentwicklung der Schüler*innen auszurichten.
Für den Fachdiskurs ist diese Studie insbesondere in zweierlei Hinsicht wegwei-
send: Zum einen ist es Martin Siebach gelungen, anhand des Identitätsbegriffs
systematisch auf einen problematischen Umgang mit Theoriebezügen in der sachunterrichtsdidaktischen Literatur zu verweisen. Seine Arbeit kann als Impuls
angesehen werden, zentrale Begriffe in ihrer Verwendung neu zu reflektieren
und zu akzentuieren, um zu einem präziseren Umgang mit Theoriebeständen
im Fach zu gelangen. Die Arbeit von Martin Siebach verortet sich explizit im
Feld der sachunterrichtsdidaktischen Theorieentwicklung – und hebt sich damit
in besonderer Weise von einem Großteil der empirischen Studien im Fach ab.
Zum anderen leistet Martin Siebach auf der Ebene der Forschungsmethodik einen
zentralen Beitrag, indem er diskursanalytische Verfahren für die Sachunterrichtsdidaktik erschließt und dabei zugleich erstmals im Fach ein Verfahren erprobt,

das eine computerbasierte Analyse des zentralen Publikationsstandes hinsichtlich verwendeter Begriffsbestände ermöglicht.

Halle
Berlin
im Oktober 2021

Michael Gebauer
Detlef Pech

Danksagung

Ohne vielfältige Unterstützung wäre dieses Buch kaum zustande gekommen. Besonders möchte ich Michael Gebauer für Geduld Vertrauen und Motivation, Detlef Pech für Zuspruch, helfende kritische Fragen und sein stets offenes Ohr und meinem Freund Axel Philipps für seine langjährige und oft zeitintensive Beratung danken. Zu danken ist außerdem Christian Kahmann, ohne dessen freundlich bereitgestellte Expertise die sprachstatistischen Analysen mit dem interactive Leipzig Corpus Miner nicht hätten erfolgreich sein können, der Kolleg*innenrunde des Forschungskolloquiums des Instituts für Rehabilitationspädagogik an der Martin – Luther – Universität Halle – Wittenberg, die mich wie selbstverständlich in ihren Kreis aufgenommen haben, den Kolleg*innen, die mich bei den Ergebnisanalysen unterstützt haben und bei den vielen Anderen, die meine Arbeit auf vielfältige Weise unterstützt haben, sei es durch offene Ohren, Feedbacks, Gespräche, Hinweise, solidarische Übernahme von Aufgaben, Unterstützung bei der Veröffentlichung oder Bereitstellung von Arbeitsräumen.

Inhaltsverzeichnis

Abbildungsverzeichnis

Tabellenverzeichnis

Einleitung 1

> Das Ich arbeitet ständig an der Aufrechterhaltung des
> Gefühls, daß wir im Fluß unserer Erfahrung im Zentrum
> stehen und nicht an irgendeiner Peripherie
> herumgeschleudert werden.
>
> Erik H. Erikson

Dazugehören, akzeptiert werden, Anerkennung finden, angenommen sein, sich in Gruppen aufgehoben fühlen, selbst kontrollieren, als wer man gilt: Auch Grundschulkinder dürften das als existenziell empfinden; vermutlich ist es sogar das, was sie in ihrem Schulleben am stärksten beschäftigt. Identitätsfragen sind es, die unabweisbar Aufmerksamkeit, Zeit und Mühe erfordern.

Schüler*innen tauschen sich (auch) im Sachunterricht darüber aus, was sie beschäftigt, sie bekommen dort viele Rückmeldungen von unterschiedlicher Seite und sie arbeiten im Klassenverband oder in Gruppen zusammen. Themen, die für Schüler*innen von besonderer persönlicher Bedeutung sind, wechseln sich mit solchen ab, mit denen sie sich nicht identifizieren. Schüler*innen werden im Sachunterricht unweigerlich mit Fragen von Zugehörigkeit und Herkunft konfrontiert (z. B. bei der Auseinandersetzung mit Geschlecht und Kultur, beim biografischen und historischen Lernen), ihnen sollen Partizipationsmöglichkeiten erschließbar werden und sie haben Gelegenheiten, sich mit unterschiedlichen Themen und Umgangsweisen zu identifizieren. Aus dieser Perspektive betrachtet ist Sachunterricht zweifellos als ein Aushandlungsfeld vielfältiger Identitätsfragen zu verstehen.

1.1   Theoriebezogenes Interesse

Was aber meint der Begriff Identität? Sicher nicht die Sortierung nach ethnischer Herkunft, wie uns derzeit die wieder zahlreicher auftretenden Rassist-*innen und Nationalist*innen weismachen wollen, die sich selbst zum Beispiel „Identitäre" nennen (vgl. Nicke, 2018). Oder soll es womöglich (als Verbrämung, um den Begriff der ethnischen Herkunft zu vermeiden) um die „kulturelle" Herkunft gehen; möglichst klar zuzuordnen, monokulturell, als statisch und unveränderlich verstanden? Ist mit Identität ein wesenhafter (und unveränderlicher) Kern des Individuums gemeint oder zeigt diese sich gleich Proteus aus der griechischen Mythologie in wechselnder Gestalt (vgl. Herter, 1972), doch abhängig von seiner Umgebung? Geht es bei Identität vor allem um Zugehörigkeiten? Wer bestimmt dann darüber, wer wo und wann dazugehört? Ist Anerkennung die zentrale Metapher? Oder steht eher die Herstellung von biografischer und psychosozialer Kohärenz in Form von Sinnbildungsprozessen im Kontext vielfältiger, widersprüchlicher und fragmentarischer Erfahrungen im Fokus von Identität?

Diese Fragen waren vordringlich zu klären. Gesucht wurde nach einem theoretischen Modell von Identität, welches zur Entwicklung von Schüler*innen in der Grundschule und zu den auf die demokratische Grundordnung bezogenen Bildungszielen des Sachunterrichts passt.

Eine mittlerweile nicht mehr zu überblickende Fülle wissenschaftlicher Veröffentlichungen war in den letzten Jahrzehnten der Identitätsthematik gewidmet. Auch in die Tagespresse[1] und andere Massenmedien, ja selbst die Alltagssprache hat der Begriff mittlerweile Einzug gehalten. Auch die politische Rechte nimmt den Identitätsbegriff seit einiger Zeit für sich in Anspruch („Identitäre Bewegung") und versucht damit an einen populären Diskurs anzuschließen, um neuvölkische Ideologie sowie rassistisch motivierte Exklusionsziele zu begründen (vgl. Nicke, 2018); man kann diesbezüglich von einer unheimlichen Konjunktur der Identität sprechen (vgl. Niethammer, 2000). Heiner Keupp (1999) nennt in diesem Zusammenhang Identität einen Kampfbegriff. Mit „Identitätspolitik" wiederum ist der Kampf von Minderheiten um Zugehörigkeit und Anerkennung gemeint (vgl. Keupp, 2010a, Kapitel 3). Identität ist ein so zentraler Begriff geworden und so allgegenwärtig in öffentlichen, politischen und wissenschaftlichen Debatten (vgl. Kubitza, 2005, S. 56–60), dass schon vom „Inflationsbegriff

---

[1] Etwa: Alexandra M. Freund (2018): Die Entwicklung der Identität. Wer ich bin, und wenn ja, wann.

Nr. 1" die Rede war (Brunner, 1987, S. 63; vgl. auch Siebach, 2016). Die skizzierte Breite und Ambivalenz des Diskurses um Identität kann als Hinweis auf seine gewachsene gesellschaftliche Bedeutsamkeit verstanden werden. Generationen von Psycholog*innen, Soziolog*innen und Philosoph*innen haben sich am Identitätsbegriff abgearbeitet, von George H. Mead und Erik Erikson über Max Horkheimer und Theodor W. Adorno, Erving Goffman, Anthony Giddens, Zygmunt Bauman, Lothar Krappmann zu Heiner Keupp, um nur einen kleinen Ausschnitt zu nennen (vgl. Eickelpasch & Rademacher, 2004). Die meisten Autor*innen betonen – in unterschiedlicher Akzentuierung –, dass die Herstellung bzw. Bewahrung von Identität in der Gegenwart zum Problem geworden ist. So schreibt Keupp (1999, S. 8):

> Die gesellschaftliche Verbreitung, die dieses Thema erfahren hat, kann nicht als Indikator für ein gesichertes Terrain gesellschaftlichen Wissens gedeutet werden, sondern als Reaktion auf Umbruchs-, Befreiungs- und Verlusterfahrungen. Es wird deshalb so viel von Identität gesprochen und geschrieben, weil innerhalb der gesellschaftlichen Durchschnittserfahrung nicht mehr selbstverständlich ist, was Identität ausmacht.

Übereinstimmung herrscht auch dahingehend, dass es gesellschaftliche Transformationsprozesse sind, die die Herauslösung der Individuen aus jenen traditionellen sozialen Bindungen und Rollen bedingen, durch welche Identitäten lange definiert wurden. Traditionelle Rollenvorstellungen in Familie und Beruf haben ihre Bindungskraft verloren, Kategorien wie Geschlecht, Generation, Nationalität, Ethnie und Kultur verlieren ihre Eindeutigkeit. Prozesse der Identitätsbildung müssen infolgedessen zunehmend flexibler, unabgeschlossener, eigenverantwortlicher, reflexiver und damit aufwendiger werden. Als besondere Herausforderung der jüngsten Vergangenheit ist der Umgang mit externalisierten Aspekten von Identität (extended Identity, digital Identity, vgl. Ahuvia, 2005) insbesondere durch die Eröffnung neuer digitaler Medienräume zu benennen (vgl. Schorb, 2014, S. 175 f.). Die Verantwortung für die Verortung der Menschen, ihre soziale Definition, ihre Identität wird immer umfassender ihnen selbst zugeschrieben (vgl. Eickelpasch & Rademacher, 2004, S. 7; auch Siebach, 2016). Dies wird zugleich als Zugewinn an Freiheit und als Zumutung, als Chance und als Risiko gedeutet (vgl. Keupp, 2004. S. 4; Eickelpasch & Rademacher, 2004, S. 7). Es hängt vom Zugang zu Ressourcen ab, ob eher die Chancen oder die Risiken Bedeutung erlangen. Die soziale Frage, die Frage der Verteilung erlangt so eine andere, neue Dringlichkeit.

Auch das Leben von Kindern ist in vielfältiger Weise von solchen Prozessen des gesellschaftlichen Wandels durchdrungen; auch sie müssen sich in immer stärkerem Maß Fragen der Identität stellen. Insofern wäre zu erwarten, dass das Identitätsthema in Pädagogik und Didaktik eine gewisse Rolle spielt.

Der Bildungsauftrag der Grundschule zielt ganz grundsätzlich auf die Ermöglichung gesellschaftlicher Teilhabe. Für die Grundschule bedeutet das zunächst den Erwerb grundlegender Kulturtechniken als Medien der Teilhabe und des gesellschaftlichen Austauschs. Darüber hinaus bedeutet Bildung aber auch Unterstützung bei der Erschließung der natürlichen und sozialen Umwelt, beim „Aufbau der Anschauung und Orientierungsfähigkeit", bei der „Entfaltung von Interesse und [der] Bewältigung von Aufgaben" und der „Kultivierung des Urteilsvermögens und der Vernunft" (Duncker, 1994, S. 31–36). Dies gilt ebenso in Hinblick auf bedeutsame gesellschaftliche Probleme und in Hinführung zu den in wissenschaftlichen Fachkulturen entwickelten Fragestellungen und Arbeitsweisen. Diese Dimensionen des Bildungsauftrags können für die Grundschule weitgehend dem Sachunterricht zugeordnet werden (vgl. Kahlert, 2016, S. 17–24; Köhnlein, 2012, S. 14 f.). Das Fach Sachunterricht ist in besonderer Weise der Allgemeinbildung verpflichtet (vgl. Kahlert, 2016, S. 27–35; Köhnlein, 2012, S. 244–250; Klafki, 1992). Nach dem bildungstheoretischen Modell von Wolfgang Klafki sind die Auseinandersetzung mit epochaltypischen Schlüsselproblemen und die vielseitige Interessen- und Fähigkeitsförderung die sich gegenseitig ergänzenden und korrigierenden Aspekte von Allgemeinbildung (vgl. Klafki, 1992; auch Siebach, 2019). Aus Perspektive der bildungstheoretischen Didaktik kann folgerichtig erwartet werden, dass sich der Sachunterricht sowohl mit wiederkehrenden Problemen und Interessen von Schüler*innen als auch mit gesellschaftlich als relevant erkannten Problemen auseinandersetzt. Im Perspektivrahmen Sachunterricht, dem grundlegenden länderübergreifenden Curriculum für das Fach, ist für die sozialwissenschaftliche Perspektive als Bildungsziel formuliert (GDSU, 2013, S. 27 f.):

> Ziel [...] ist es, Kompetenzen der Schülerinnen und Schüler für das Zusammenleben in einer demokratischen Gesellschaft zu fördern. Die Kompetenzen sollen den Schülerinnen und Schülern dazu dienen, am demokratischen Leben aktiv teilnehmen zu können und *dabei für sie relevante gesellschaftliche Aufgaben und Probleme zu erkennen* (Hervorhebung M. S.), zu reflektieren und gegebenenfalls zu ihrer Lösung beizutragen. Nicht zuletzt soll das Interesse der Schülerinnen und Schüler für gesellschaftliche und demokratische Fragen und Themen geweckt werden. Die Beschäftigung mit den Themen und Inhalten dieser Perspektive soll die personalen Ressourcen des Kindes stärken und entfalten, so dass sie ihre demokratischen Beteiligungsrechte wahrnehmen können.

Die Identitätsproblematik erhält für den Sachunterricht aus vielfältigen Gründen Bedeutsamkeit:

- Zum einen gehört es zum Bildungsanspruch des Faches, Orientierung zu geben in den für die Schüler*innen bedeutsamen Aspekten der Lebenswelt (wie dies im Perspektivrahmen formuliert ist). Dazu gehört die Entwicklung der Kompetenz, sowohl das eigene als auch das gesellschaftliche Leben (immer) besser zu begreifen. Der anspruchsvolle und zuweilen schwierige Umgang mit Identität ist gleichzeitig als wichtige persönliche Entwicklungsaufgabe von Schüler*innen sowie als bedeutsames Thema der gesellschaftlichen Wirklichkeit zu verstehen.
- Außerdem ist Identität in Bezug auf Lernvoraussetzungen und Lernmotivationen von Schüler*innen ernst zu nehmen. Als wesentliches Element von Identitätsentwicklung sind Identifikationen zu verstehen. Sie sind höchst bedeutsam für die Motivation, sich mit bestimmten Inhalten auseinanderzusetzen oder diese abzulehnen (vgl. Rabe & Krey, 2018).
- Darüber hinaus sind im curricularen Themenkanon des Sachunterrichts Inhalte prominent vertreten, die in den Sozialwissenschaften identitätsbezogen diskutiert werden: Körper, Geschlecht/Gender, Familie und Berufe. Aber auch Themen inter- und transkultureller Bildung, die den Umgang mit ethnischer, religiöser, sprachlicher und kultureller Vielfalt betreffen, werden – mit unterschiedlicher Gewichtung – im Sachunterricht thematisiert. Auch in vielen anderen Themen (wie „mein Schulweg", „mein Heimatort" oder im Bereich des politischen Lernens zu Kinderrechten und Partizipationsmöglichkeiten) stecken wichtige identitätsrelevante Aspekte.
- Politische Bildung im Sachunterricht zielt auf die Teilhabemöglichkeiten aller und die Bewahrung der demokratischen Grundordnung. Es ist eine beunruhigende Tatsache, dass Gegner*innen der vom Grundgesetz garantierten demokratischen und pluralistischen Grundordnung[2] zunehmend erfolgreich damit sind, einen exklusiven und essentialistischen Begriff von Identität zu etablieren (vgl. Nicke, 2018). Es scheint im Sinne präventiver politischer Bildung im Sachunterricht notwendig und sinnvoll, den Versuch zu unternehmen, einen Begriff von Identität zugrunde zu legen, der mit der Partizipation aller und der demokratischen Grundordnung in Übereinstimmung zu bringen ist.

Als verwunderlich, um nicht zu sagen problematisch erscheint es, dass der Begriff Identität in den richtungsweisenden Veröffentlichungen der Sachunterrichtsdidaktik der letzten Jahre nicht oder nur randständig auftaucht, wie der Blick in die

---

[2] Gegner*innen verschiedener Couleur: Rechtsextreme und religiöse Fundamentalist*innen sind gleichermaßen bemüht, Identität über Ab- und Ausgrenzung sowie statisch zu definieren (vgl. Mansour, 2020).

Stichwortverzeichnisse zeigt. Bei Walter Köhnlein (2012) und Joachim Kahlert (2016) ist der Begriff Identität nicht zu finden. Im *Handbuch Didaktik des Sachunterrichts* (Kahlert et al., 2015) findet sich „Identitätsbildung" genau einmal (im Artikel *Kulturelle Unterschiede*, vgl. Speck-Hamdan, 2015) – als Begriff ohne Erläuterung oder Bezugnahme auf ein wissenschaftliches Modell.

1.2 Empirische Fragestellung

Im Zentrum des empirischen Forschungsinteresses dieser Arbeit steht deshalb die Frage, ob und wie sich der gesellschaftliche und sozialwissenschaftliche Diskurs um Identität im wissenschaftlichen Diskurs der Didaktik des Sachunterrichts niedergeschlagen hat. Folgende Frage geklärt soll werden:

Welche Bedeutung hat das Thema Identität im konzeptionellen Diskurs in der Sachunterrichtsdidaktik?

Die Frage nach der Bedeutung kann quantitativ und qualitativ beantwortet werden. Deshalb werden zwei Teilfragen zur Klärung gebracht:

1. Wie umfangreich sind die Bezugnahmen zur Identitätsthematik in Veröffentlichungen der Sachunterrichtsdidaktik insgesamt, auch im Verhältnis zum Gesamtdiskurs der Sachunterrichtsdidaktik?
2. Welche Vorstellungen von Identität lassen sich in Veröffentlichungen zum Sachunterricht rekonstruieren?

Bedeutung zeigt sich aber in einer Didaktik auch darin, inwiefern das Thema zur Klärung fachdidaktischer Entscheidungen herangezogen wird. Deshalb wird noch eine dritte Teilfrage untersucht:

3. Wie wird fachdidaktisch bezüglich Identität in Veröffentlichungen zum Sachunterricht argumentiert?

Zur Klärung der Teilfragen tragen die folgenden Unterfragen bei:

1.1 Wie stellen sich die Bezugnahmen im zeitlichen Verlauf dar?
2.1 Welche wissenschaftlichen Bezüge können rekonstruiert werden?
2.2 Welche Themen werden in Verbindung mit Identität diskutiert?
2.3 Welche Verbindungen lassen sich zwischen Diskursteilen erkennen?

Die Teil- und Unterfragen erfordern sowohl quantifizierende als auch qualifizierende Antworten. Insofern ist auch methodologisch eine Kombination von quantitativen und qualitativen methodischen Zugriffen erforderlich. Insbesondere für die Beantwortung von Teilfrage 1 bietet sich die Zuhilfenahme von computergestützten Analysemethoden an, die die Auszählung übernehmen und die Ergebnisse ins Verhältnis zum Gesamttext setzen. Für die Beantwortung der anderen Teil- und Unterfragen ist auch auf qualitative Verfahren zurückzugreifen.

1.3 Überblick über die Arbeit

Im theoretischen Teil (Kapitel 2 bis 4) wird zunächst vom Begriff der Identität ausgegangen und dieser aus unterschiedlichen Perspektiven diskutiert. Anschließend werden wissenschaftliche Positionen seit der Etablierung des Begriffs für die Wissenschaft durch Mead in den 1930er Jahren bis in die Gegenwart zusammengefasst und ihre Konsequenzen für das Grundschulalter diskutiert. Außerdem wird der Zusammenhang von gesellschaftlichem Wandel und veränderten Anforderungen an Identitätsbildung thematisiert. Danach wird, an das Bisherige anknüpfend, eine eigene theoretische Position in Form eines Modells der Identitätsentwicklung für den Sachunterricht vorgestellt. Es folgt eine Auseinandersetzung mit dem Bildungsverständnis des Sachunterrichts. Dabei ist der Fokus auf das Verhältnis von Bildung und Identitätsentwicklung gerichtet. Dieser Abschnitt mündet in einer Diskussion zum identitätsbezogenen Bildungspotential des Faches.

Im empirischen Teil (Kapitel 5) wird zunächst das methodische Design beschrieben. Erläutert wird der Methodenmix aus Blended Reading (einer Kombination aus Text Mining und qualitativer Inhaltsanalyse) sowie einer kritischen Metaanalyse der Ergebnisse des Blended Reading vor dem kategorialen Hintergrund des theoretischen Modells („Analytische Kritik"). Außerdem werden das aus wissenschaftlichen Veröffentlichungen zum Sachunterricht bestehende Korpus dargestellt und seine inhaltlichen und zeitlichen Abgrenzungskriterien diskutiert. Schließlich werden die Ergebnisse der einzelnen Analyseschritte detailliert vorgestellt, um sie anschließend aufeinander zu beziehen und zusammenfassend bezüglich der Fragestellungen zu diskutieren.

Kinder als Menschen in einer besonders dynamischen Entwicklungsphase ihres Lebens zu begreifen, bedeutet auch, die Aufmerksamkeit auf die Entwicklung ihrer Identität zu richten und ihrer kontinuierlichen Arbeit daran Beachtung zu schenken. Abschließend werden deshalb in Kapitel 6 die Erkenntnisse dieser Arbeit, das entwickelte Theoriemodell und die empirischen Ergebnisse, in Form von Schlussfolgerungen für einen identitätssensiblen Sachunterricht auf ihren Gegenstand zurückgebunden und didaktische Konsequenzen formuliert sowie Lösungsansätze skizziert.

Identität und Gesellschaft 2

Das folgende erste von insgesamt drei Theoriekapiteln versucht zunächst, den Begriff Identität in verschiedenen Facetten zu fassen und zu diskutieren. Zentral ist dabei die Gegenüberstellung von essentialistischem und dynamischen Identitätsverständnis; außerdem geht es um das Verhältnis von Identität und Identifikationen. In einem zweiten Schritt wird der Zusammenhang von gesellschaftlicher Transformation und Identität diskutiert und der Versuch einer historischen Kontextualisierung unternommen. In einem dritten Schritt werden maßgebliche Identitätstheorien dargelegt und diskutiert.

2.1 Identifikation und Identität

Der Begriff Identität lässt sich von lateinisch „idem", übersetzbar mit „dasselbe", herleiten. In der formalen Logik stellt der „Satz von der Identität" (A = A) eines der Grundaxiome dar (vgl. Hörnig & Klima, 2011, S. 292). Das Bilden von Strukturen, das Ordnen und das Zuordnen zu Mustern ist eine Grundstrategie des Weltverstehens und -erklärens. Hinter dem Identitätsbegriff steht zunächst ein sehr einfaches Grundmuster: Phänomene werden danach beurteilt, ob sie sich gleichen oder nicht. Die polare Gegenüberstellung von identisch–nichtidentisch bildet ein stark kontrastierendes Muster und schafft eindeutige Orientierung, mag sie auch als grobes Raster scheinen.[1]

---

[1] Genau hier setzte Kritik am Begriff der Identität entschieden an: Adorno formuliert in der *Negativen Dialektik* (vgl. Adorno, 1966, S. 149 f.) eine Kritik am Identitätsbegriff und am

Vor diesem begrifflichen Hintergrund drängen sich zwei Fragen auf:

- Warum wird der Identitätsbegriff überhaupt dafür genutzt, die Frage zu beantworten, was Menschen ausmacht und kennzeichnet, besonders macht und von Anderen unterscheidet? Schließlich wären differenziertere Antworten denkbar, als schlichte Entweder-oder-Kategorisierungen sie bieten.
- Wie lässt sich das Kohärenzstreben, also die Als-gleich-Identifizierung von Personen über die Zeit und unterschiedliche Situationen hinweg erklären, da doch die Unterschiede über Zeit und Situationen hinweg mindestens ebenso ins Auge fallen?

Für die Beantwortung der ersten Frage finden sich unterschiedliche Positionen im sozialwissenschaftlichen Diskurs. Adorno und Horkheimer kritisieren den Identitätsbegriff prinzipiell (Adorno 1966; Horkheimer & Adorno 1969), für andere Autor*innen ist er historisch obsolet geworden, etwa für Richard Sennett (1998) und Bauman (1997), viele andere aber halten am Begriff fest.

Das wichtigste Argument für die (Weiter)nutzung des Identitätsbegriffs bezieht sich auf eine Kontinuität von „Selbigkeit" (Kraus, 1996, S. 91) des Subjekts[2], die deutlich macht, dass dieses über das Leben hinweg, in unterschiedlichen Situationen und trotz tatsächlicher Veränderungen, stets als „es selbst" zu betrachten ist. Zumindest in der Alltagsvorstellung kann dies als selbstverständlich, kaum hinterfragt und tief im kollektiven Bewusstsein verankert gelten. Von eben jener Vorstellung kontinuierlicher Selbigkeit hängt Substantielles ab; letztlich die Gültigkeit der Vorstellung von autonomen, bildungsfähigen und zur Übernahme von Verantwortung fähigen Subjekten. Insbesondere Pädagogik und Didaktik können auf den Subjektbegriff nicht verzichten, „durch den der Einzelne als körperlich-geistig-affektive Instanz [...] zu einem gesellschaftlichen Wesen wird" (vgl.

Vorgang der Identifikation ausführlich und grundlegend. In dieselbe Richtung geht letztlich die poststrukturalistische und postmoderne Kritik, die die Zumutung (fremdbestimmter) Gleichsetzungen thematisiert. Aus der Perspektive dieser Kritiker*innen stellt sich Identität als gewalttätiges Projekt der Moderne dar, das Subjekte für ein gesellschaftlich konstruiertes, einheitliches und grob strukturiertes System von Zuordnungen zurichtet. Thorsten Kubitzka (2005) kritisierte die Verwendung des Identitätsbegriffs aus selbigen Gründen für die Pädagogik.

[2] Ich beziehe mich auf den Subjektbegriff aus der Tradition der Aufklärung, den Andreas Reckwitz (2008, S. 12) mit der Grundannahme „einer Autonomie des Subjekts" charakterisiert. „Das klassische Subjekt ist als Ich eine sich selber transparente, selbstbestimmte Instanz des Erkennens und des – moralischen, interessegeleiteten oder kreativen – Handelns." Betont wird „eine Emanzipation des Subjekts", die auf „eine Entbindung der im Subjekt angelegten Potenziale der Autonomie" zielt.

Reckwitz, 2008, S. 17) und an den Begriffe wie Autonomie, Emanzipation, Verantwortungsfähigkeit und Bildung anschließen.[3] Da Pädagogik und Didaktik stets auf eine Zukunft zielen, bleibt die Idee einer Konstanz von Selbigkeit substantiell. An dieser Vorstellung soll deshalb auch hier festgehalten werden, wenngleich Zweifel am Subjekt, an eben jener Konstanz der Selbigkeit, spätestens mit der Postmoderne laut geworden sind.[4] Es ist schwer zu bestreiten, dass der Identitätsbegriff sich sehr gut als Bezeichnung für die konstante Selbigkeit des Subjekts eignet; er dürfte in dieser Konnotation kaum ersetzbar sein und hat zudem eine lange Tradition. Man könnte sogar noch weiter gehen und argumentieren, dass die Proklamation von Identität die konstante Selbigkeit überhaupt erst herstellt und damit das Subjekt konstruiert. Damit wäre der Identitätsbegriff aus der Perspektive der Subjektkonstruktion unverzichtbar.

Eine daran eng anschließende Begründung für die Beibehaltung des Identitätsbegriffs bezieht sich darauf, dass mit Identität das innere Gefühl von Kohärenz gemeint ist. Dies verweist schon auf die zweite aufgeworfene Frage. Wurde die Kontinuität oder Kohärenz beim ersten Argument von außen, aus einer in gewisser Weise objektivierenden Perspektive verstanden, geht es nun um Kohärenz von innen, aus einer subjektiven Perspektive heraus. Bei Erikson findet sich immer wieder, dass das Streben nach Einheitlichkeit und Kontinuität etwas für die psychosoziale Entwicklung Grundlegendes ist:

> So ist Ich-Identität [...] das Gewahrwerden der Tatsache, daß in den synthetisierenden Methoden des Ichs eine Gleichheit und Kontinuierlichkeit herrscht und daß diese Methoden wirksam dazu dienen, die eigene Gleichheit und Kontinuität auch in den Augen der anderen zu gewährleisten. (Erikson, 1973, S. 18)

Wolfgang Kraus (1996, S. 91) beschreibt Kohärenz als „ein *Empfinden* situationsübergreifender Selbigkeit" (Hervorhebung M. S.). Krappmann (1997, S. 90) verteidigt den Identitätsbegriff vehement, indem er aufzeigt, dass das Streben nach Kohärenz, Anerkennung und Sichtbarkeit in Interaktionen von Heranwachsenden, in ihrer Kooperation und Konfliktaustragung deutlich sichtbar wird.

---

[3] Ludwig Duncker (2014, S. 164) argumentiert ähnlich, verwendet aber den Begriff der Individuierung und legt dar: „Der Prozess des Hineinwachsens in eine Kultur muss eine Form annehmen, die geeignet ist, die Entfaltung von Individualität zu ermöglichen, so dass das Kind jene Fähigkeiten erwirbt, die es dazu befähigen, den Prozess der Kultur selbst aufzunehmen und schöpferisch mitzugestalten."

[4] Reckwitz (2008, S. 125) beispielsweise benennt Kenneth Gergen oder Douglas Kellner als Autoren, die die „Fragmentierung des Subjekts" postulieren. Andere argumentieren etwa in Hinblick auf multiple Persönlichkeitsstörungen (vgl. Kraus, 1996, S. 65–93) und schließen an Debatten aus der Philosophie zur Einheit der Person an (vgl. ebd. S. 80–82).

Ähnlich argumentiert Luckmann, für den Identität eine unverzichtbare und zentrale Komponente menschlichen Daseins darstellt: „Im allgemeinen ist es jedoch unwahrscheinlich, daß Menschen überhaupt ohne einen fraglosen Horizont ihres Daseins auskommen können" (Luckmann, 2003, S. 395).

Eine andere mögliche Begründungsfigur verweist auf die Bedeutsamkeit von Zugehörigkeiten für den Menschen als soziales Wesen. Die Vergewisserung, Aushandlung oder Ablehnung von Zugehörigkeiten geschieht über Identifikationsprozesse und konstruiert oder verneint Identität(en). Hier muss allerdings eingewendet werden, dass mit der ja/nein-Optionalität die Gefahr von Exklusion und Ablehnung wächst. Mit Blick auf Handlungssituationen macht die Reduktion von Einschätzungs- und Zuordnungsvorgängen allerdings durchaus Sinn – aus Gründen der Reduzierung von Komplexität und damit zur Handlungsentlastung. Damit gerät die existentielle Bedeutsamkeit der Einschätzung des Gegenübers (z. B. seiner Zugehörigkeiten) in Interaktions- und Handlungssituationen in den Fokus,[5] die Bedeutsamkeit möglichst belastbaren Wissens darüber, wer mein Gegenüber ist *und* für wen mein Gegenüber mich hält. Der Identitätsbegriff in dieser Konnotation muss wegen der Abgrenzungs- und Ausgrenzungstendenz immer in gewissem Maß als problematisch angesehen werden.

Das Streben nach Kohärenz lässt sich gut mit der Theorie der kognitiven Dissonanz Leon Festingers erklären. Er geht davon aus, dass Menschen Widersprüche zwischen kognitiven Elementen als unangenehm empfinden und deshalb stets danach streben, diese Dissonanzen aufzulösen (vgl. Festinger, 1978, S. 14–17). Bei der Kohärenzfrage können als widersprüchliche kognitive Elemente die widersprüchlichen Informationen über Personen zu unterschiedlichen Zeitpunkten, aus unterschiedlichen Perspektiven und in unterschiedlichen Situationen gelten. Die Bildung und Aufrechterhaltung einer kohärenten Identität würde sich in Anlehnung an diese Theorie aus der Notwendigkeit erklären, Unterschiede und Widersprüche von Personen etwa in der Wahrnehmung, bei Affekten und im Handeln auszugleichen.[6]

---

[5] Bei überraschenden Begegnungen war in ursprünglichen Gesellschaften sicher die schnelle Einschätzung nach dem Zugehörigkeits-/Identitätsschema (Freund-Feind) überlebenswichtig. Auch heute finden sich atavistische Relikte solcher Handlungssituation beispielsweise bei der Begegnung gegnerischer Fangruppen im Fußball oder gegnerischer politischer Gruppierungen (Neo-Tribalismus, vgl. Eickelpasch & Rademacher, S. 49–54). In der französischen Bezeichnung der Personaldokumente (Personalausweis) beispielsweise – carte d'identité – scheint dieses Sicherheitsbedürfnis noch durch; geht es doch darum, sich zu vergewissern, dass die Person wirklich die ist, die sie vorgibt zu sein.

[6] Allerdings verweist Kraus (1996, S. 57–59) mit Bezug auf Carmel Camillieri (1991: *La construction identitaire: essai d'une typologie*) darauf, dass Kohärenz in ursprünglichen

Trotz höchst problematischer Konnotationen und Traditionen, die noch näher zu betrachten sind, scheint es gerechtfertigt, den Identitätsbegriff auch im Kontext der Konzeptionierung von Unterricht (weiter) zu verwenden. Beim Betrachten seiner Begriffsgeschichte finden sich Diskursstränge, die ganz im Sinne der Bildungsziele des Sachunterrichts auf Emanzipation, Partizipation und Empowerment hin ausgerichtet sind. Der Identitätsbegriff wird genutzt, um das Ringen um Kohärenz zu fassen; als Metapher für die Bemühungen um die Integration auch ambivalenter Erfahrungen unter zum Teil schwierigen Bedingungen. Auch deshalb kann er als passend für die Diskussion der Konzeptionierung und Analyse von (Sach)unterricht in der Grundschule gelten. Diese Diskursstränge gilt es weiterzuschreiben und gegen exklusive und reaktionäre Identitätsdiskurse in Stellung zu bringen. Es dürfte nichts damit gewonnen sein, den Identitätsbegriff denen zu überlassen, die damit Ausgrenzung und Ungleichheit rechtfertigen wollen.

Um dem Problem einer zu groben Kategorisierung (und den damit zusammenhängenden Gefahren der Ausgrenzung und Spaltung) durch die Verwendung des Begriffs zu entgehen, sollen hier erste Kriterien für einen passenden Identitätsbegriff[7] festgehalten werden: Er sollte zum einen hinreichend ausdifferenzierbar sein, Mehrfachidentifikationen zulassen und auf ein möglichst weitgehendes Erleben von Zugehörigkeit und die Verhinderung von Ausgrenzung zielen; zum anderen sollte er das Erleben von Kohärenz in den Blick nehmen.

Gesellschaften scheinbar nicht nötig ist – ist doch zum einen die Zahl von möglichen Gegenübern gering, also die Notwendigkeit von situativen Fremdeinschätzungen selten und sind die möglichen Handlungsoptionen insgesamt überschaubar und zudem stark sanktioniert. Personen müssen sich also nicht zwingend als einheitlich wahrnehmen und müssen auch von anderen nicht als einheitlich gesehen werden, da von der Nichteinheitlichkeit keine signifikanten Gefahren ausgehen. Kraus formuliert das Verhältnis von Kohärenz, Gesellschaft und Subjekt folgendermaßen: „Nicht das Subjekt braucht Kohärenz, sondern die *Gesellschaft* braucht sie, nämlich zur Sicherstellung eines sozialen Codes, der die Vorhersagbarkeit von Verhaltensweisen garantiert" (ebd., S. 58). Wenn wir aus dieser Perspektive den Blick wieder auf komplexere Gesellschaften wie die unsere richten, dann wäre das darin augenscheinlich hervortretende Kohärenzstreben als sozial Gefordertes und Produziertes einzuordnen, mithin als gesellschaftlicher Zwang. Dieser lässt sich aus einer existentiellen Notwendigkeit für das Zusammenleben in solchen pluralistischen Massengesellschaften erklären, die „kollektive Identitätsstützen" (vgl. ebd.) immer unzureichender bereitstellen kann und deshalb auf die Kohärenzgewährleistung vonseiten der Individuen angewiesen ist.

[7] Passend zur Entwicklung von Schüler*innen in der Grundschule und zu den auf die demokratische Grundordnung bezogenen Bildungszielen des Sachunterrichts (vgl. Einleitung).

2.1.1 Substanz oder Prozess? Essentialistisches versus dynamisches Identitätsverständnis

Wie dargelegt bezeichnet Identität das als gleichbleibend Identifizierte einer Person, das, was eine Person über die Zeit und unterschiedliche Handlungssituationen hinweg wiederkennbar macht. Subjekte unterliegen aber in jeder Hinsicht ständigen Wandlungsprozessen. Es gibt keine zwei Zeitpunkte, an denen eine Person im Sinne von A = A mit sich selbst identisch wäre; physikalisch, chemisch und biologisch nicht, und auch in Hinblick auf Einstellungen, Erfahrungen, Wissen, Emotionen oder den sozialen Status nicht.[8] Daraus kann eine Grundsatzfrage abgeleitet werden: Gibt es das Unveränderliche an und in uns? Und wenn ja, wie sieht es aus? Was macht uns als Subjekt wirklich und unzweifelhaft aus, was definiert uns eindeutig, wo doch alles im ständigen Fluss ist?

Solche Identitätsfragen, Fragen danach, was jemanden wirklich ausmacht und kennzeichnet, besonders macht und von Anderen unterscheidet, beschäftigt Menschen sicher von jeher. Erinnert sei beispielsweise an die aus der Antike kolportierte Inschrift über dem Orakel von Delphi „γνῶθι σεαυτόν", „Erkenne Dich selbst" (vgl. Maaß 2007, S. 18, 113). Auch die unterschiedlichen Vorstellungen von der Seele in den verschiedenen Religionen versuchen, einen nicht zu hinterfragenden Kern jeder menschlichen Existenz zu fassen. In den Upanischaden beispielsweise wird beschrieben, wie in fortschreitender Negation danach gefragt wird, was vom Menschen bliebe, wenn nach und nach von Eigenschaften, Gewohnheiten, sozialen Kontexten abgesehen würde. Am Ende bliebe dann – so diese Vorstellung – ein Kern übrig, der das Wesentliche ausmache und vom steten Wandel nicht berührt würde (vgl. Wolz-Gottwald, 2002, S. 59–63). Vorstellungen, die einen solch wesenhaften Identitätskern für absolut setzen, der das „Eigentliche" eines Menschen ausmache, können als essentialistisch oder substantiell bezeichnet werden (vgl. Nicke, 2018). Solche Identitätsvorstellungen, die in ihren neuzeitlichen Erscheinungsformen auf die Erkenntnistheorie von

---

[8] Diesen Gedanken äußerte schon Platon in seinem Dialog „Symposion" in den Worten des Sokrates: „Denn auch von jedem einzelnen Lebenden sagt man ja, daß es lebe und dasselbe sei, wie einer von Kindesbeinen an immer derselbe genannt wird, wenn er auch ein Greis geworden ist: und heißt doch immer derselbe, ungeachtet er nie dasselbe an sich behält, sondern immer ein neuer wird und alles verliert an Haaren, Fleisch, Knochen, Blut und dem ganzen Leibe. Und nicht nur an dem Leibe allein, sondern auch an der Seele, die Gewohnheiten, Sitten, Meinungen, Begierden, Lust, Unlust, Furcht, hiervon behält nie jeder dasselbe an sich, sondern eins entsteht und das andere vergeht" (Plato, 2001, übersetzt von Friedrich Schleiermacher, S. 335).

René Descartes zurückgehen, nahmen bis Mitte des 20. Jahrhunderts eine unangefochtene und herausragende Position ein (vgl. ebd.) und zeigten sich auch in einer gesteigerten Form von Nationalismus und im allgegenwärtigen Rassismus. Auch wenn spätestens seit dem Wirken von Mead und Erikson prozessbezogene Vorstellungen von Identität zum Mainstream wurden und die Sozialwissenschaften sowie den gesellschaftlichen Diskurs dominierten, blieben essentialistische Vorstellungen stets virulent. In jüngster Zeit werden vonseiten rechtspopulistischer und rechtsextremer Akteure auf Ausschluss und Homogenisierung zielende essentialistischen Identitätsbegriffe wieder verstärkt den Diskurs eingebracht (vgl. ebd.).

Michel de Montaigne, in der frühen Neuzeit lebend, kann exemplarisch für die Gegenposition stehen:

> Von allem sehe ich etwas in mir, je nachdem, wie ich mich drehe; und wer immer sich aufmerksam prüft, entdeckt in seinem Inneren dieselbe Wandelbarkeit und Widersprüchlichkeit, ja in seinem Urteile darüber. Es gibt nichts Zutreffendes, Eindeutiges und Stichhaltiges, das ich über mich sagen, gar ohne Wenn und Aber in einem einzigen Wort ausdrücken könnte. [...] Wir bestehen alle aus buntscheckigen Fetzen, die so locker und lose aneinanderhängen, daß jeder von ihnen jeden Augenblick flattert, wie er will; daher gibt es ebenso viele Unterschiede zwischen uns und uns selbst wie zwischen uns und den anderen. (Montaigne, 1998/1588, S. 167 f.)

Montaigne betonte wie Platon das Nichtidentische und formulierte damit in der frühen Neuzeit eine Absage an essentialistische Vorstellungen. Mit Ausdrücken wie „Wandelbarkeit" und „flattern im Augenblick" öffnet er den Blick auf den Prozess der Ich-Entwicklung und auf das Unabschließbare der Identitätsfrage.

In Hinblick auf die Entwicklung von Schüler*innen in der Grundschule und auf die Bildungsziele des Sachunterrichts kann die Entscheidung zwischen Identität als Substanz und Identität als Prozess nur auf die prozessbezogenen Vorstellungen fallen, müssen doch gerade die oben beschriebenen neosubstanziellen Identitätsvorstellungen als massive Bedrohung der demokratischen Grundordnung sowie inklusiver und pluralistischer Bildungsbemühungen gelten.

2.1.2 Identität und der Vorgang der Identifikation

Im Alltagsverständnis geht es beim Grundmuster des Identifizierens oft nicht um den Abgleich ganzer Entitäten. Meist werden Teilaspekte von Phänomenen betrachtet. Immer, wenn mehrere unterscheidbare Phänomene als identisch bezeichnet werden, liegt im Grunde ein solches Verständnis vor. Zwei Fahrräder derselben Marke und Bauart bezeichnen wir als identisch, obwohl wir sehr wohl wissen, dass sie sich in minimalen Merkmalen unterscheiden, sei es in der Materialbeschaffenheit, sei es im Fahrverhalten. Eventuell sagen wir sogar, das Fahren fühle sich unterschiedlich an, *obwohl* die Fahrräder identisch seien. In solchen Fällen sehen wir von einer bestimmten Eigenschaft ab; gerade das Fahrverhalten ist – quasi abgespalten – nicht identisch. Noch augenfälliger wird solche Benutzung des Identitätsbegriffs, wenn wir ausschließlich Vorgänge betrachten. Nehmen wir einen Amtsvorgang, beispielsweise die Erstellung von Bußgeldbescheiden wegen Fahrradfahrens in der Fußgängerzone. Trotz Unterschieden in möglicherweise allen Details wie Zeitpunkt, Umsicht, Einsicht, Geschwindigkeit, Person, ihrer Solvenz, den Gründen des regelwidrigen Verhaltens etc. wird von identischen Vorgängen gesprochen, da eben von allem anderen als der Tatsache abgesehen wird, dass es um Bußgeld für das Fahren in der Fußgängerzone geht.

Deutlich wird hier, dass die Gleichheit, die Identität jeweils behauptet, vom Fokus des oder der Betrachtenden abhängt und kategorialer Voreinstellungen bedarf. Wenn in Sozialwissenschaften von Identität gesprochen wird, geht es um Zuordnungen von Vergleichbarem. Verglichen werden können beobachtbares Verhalten oder sogenannte mentale Dispositionen, also Syntheseleistungen des Subjekts. Vergleichbares Verhalten ist nur beobachtbar, wenn die beobachtende Person Kriterien der Beobachtung voranstellt. Solche vorangestellten Kategorien beinhalten Grenzziehungen, die die Bereiche des identischen und nichtidentischen voneinander scheiden. Denken wir etwa an eine mögliche geschlechtsbezogene Fragestellung der Kindheitsforschung: In einer Spielsituation soll beobachtet werden, inwiefern Kinder geschlechtsspezifisches Spielverhalten zeigen. Ein Problem tritt hier stets auf: das tatsächlich beobachtbare Verhalten ist zunächst überhaupt nicht identisch, sondern erst einmal höchst verschieden. Gleichheit kann hier von den Betrachtenden nur aufgrund einer Generalisierung und der Anwendung von Kriterien hergestellt werden. Eindeutige und nachvollziehbar begründete Grenzziehungen zwischen diesen sind nötig, grundsätzlich aber auch willkürlich. Wegen solcher Grenzziehungsprobleme bewegen sich Identitätszuweisungen stets auf schwankendem Boden.

Mit Identität kann nicht eigentlich die Eindeutigkeit und Gleichheit einer Person selbst, sondern die *Wahrnehmung oder Vorstellung* der Gleichheit einer Person, die Wahrnehmung oder Konstruktion einer Einheitlichkeit trotz steter Wandlungen bezeichnet werden. Erikson (1973, S. 18) beschrieb Identität folgerichtig als Prozess der „unmittelbaren Wahrnehmung der eigenen Gleichheit und Kontinuität in der Zeit und der damit verbundenen Wahrnehmung, daß auch andere diese Gleichheit und Kontinuität erkennen". Wahrnehmungsleistungen

beim Menschen sind stets sehr komplexe sowie kultur- sowie erfahrungsab-
hängige Verarbeitungsleistungen. Ihre Ergebnisse können als Konstruktionen
beschrieben werden. Auch Identität ist stets das (temporäre) Ergebnis eines solchen Konstruktionsprozesses, ein Konstrukt, das eine gewisse Gleichheit oder
Einheitlichkeit des Subjekts gewährleisten soll. Identitätsbildung geschieht durch
konstruktive Akte der Identifizierung, also Akte der Gleich-Setzung, des Für-
gleich-Setzens. Identifikation bedeutet, dass dem Subjekt etwas zugesprochen
wird. Dabei kann es sich neben der ganz grundsätzlichen oben genannten Zuspra-
che der Kontinuität von Selbigkeit auch um Eigenheiten, Eigenschaften oder um
Zuordnungen zu Gruppen handeln.

Als Beispiel sei ein Narbenträger genannt. Die Identifikation ist hier genau
genommen eine doppelte: Der Träger der Narbe wird mit sich selbst zu einem
früheren Zeitpunkt seiner Biografie (auch vor dem Ereignis, welches zur Narbe
führte) und gleichzeitig mit anderen Narbenträger*innen identifiziert. Eine Eigenheit wird festgestellt und damit gleichermaßen eine Kategorisierungs- und damit
Zugehörigkeitszuschreibung eröffnet. Konstruiert werden durch den Vorgang der
Identifikation also zum einen die biografische Kohärenz und zum anderen eine
Gruppenzugehörigkeit (zu einer ebenfalls konstruierten Gruppe der „Narbigen").

Ein anderes Beispiel: Es wird gesagt, eine Person sei humorvoll. Dies wird
anhand von treffenden Anekdoten belegt. Auch hier liegt eine doppelte Identifikation vor: die Humorvolle wird dadurch, dass ihr die Eigenschaft des Humorhabens
zugesprochen wird, mit sich selbst in ihrem früheren Leben identifiziert; das
Humorhaben wird damit als etwas Stabiles beschrieben. Außerdem wird sie
gleichzeitig mit anderen humorvollen Menschen identifiziert.

Das Besondere der geschilderten Identitätsmerkmale ist, dass sie bestimmten
biografischen Tatsachen zugewiesen werden können. Am Vorgang der Identifikation über die Biografie hinweg zeigt sich, dass die Identitätsentwicklung von
der Entwicklung von Zeitbewusstsein abhängt und mit biografischem Bewusstsein zusammenhängt.

Wenden wir uns nun kurz noch einmal solch biografisch verankerten Identi-
tätsmerkmalen zu. Die Augenfarbe beispielsweise verweist auf die biologischen
Vorfahren und die Narbe auf einen Unfall oder eine Operation. Die Zuschreibung „humorvoll" wiederum kann auf ganz verschiedene biografische Tatsachen
zurückgeführt werden, so die „Natur" („bin als Frohnatur geboren"), die Herkunftsfamilie, lokale Herkunft („bin Rheinländerin") oder andere auf eine
bestimmte Sozialisation verweisende biografische Daten. Solche Zuordnungen
aber sind stets kulturell geprägt. Dies trifft nicht nur auf soziale Identitätsmerkmale zu, sondern auch auf scheinbar naturnahe wie die schon angesprochene
Augenfarbe. Die kulturelle Prägung steckt hier zum einen in der Sprache. Denn

in der Sprachentwicklung erfolgt die Verallgemeinerung der Bedeutung gewisser Lautsymbole (vgl. Mead, 1985/1934, S. 23–35), also beispielsweise die Zuordnung des Wortes „blau" zu einem bestimmten Frequenzfeld von Lichtwellen.[9] Damit ist kulturell determiniert, was unter „blauen Augen" zu verstehen ist. Zum anderen ist auch das Sehen ein konstruktiver Akt. Wir nehmen auditive Reize über die Augen auf und konstruieren daraus Bilder – abhängig von unseren kulturell geprägten Vorerfahrungen. Außerdem tritt soziokulturelle Prägung durch Zuordnung zu besonderen und nicht selten stigmatisierenden Assoziationsfeldern („blond und blauäugig", blauäugig = naiv etc.) deutlich zutage.

Die Konstruktion von Identität steht also immer im Kontext von Kultur, welche hier als das Ensemble kollektiver Handlungen verstanden wird, das der Herstellung von sozialem Sinn dient (vgl. Schmidt-Lux et al., 2016, S. 25). Der Kulturbegriff bezeichnet damit einen bestimmten Aspekt des Sozialen. Die Konstruktion von Identität(en) ist in diesem Sinne abhängig von in sozialen Kontexten stattfindenden Identifikationsvorgängen; Identität ist von Interaktionen mit Anderen abhängig. Die dabei vollzogenen Identifikationen sind stets doppelte: Selbstidentifikationen, aber auch fremde „Gleich-Setzungen" (vgl. Siebach, 2016, S. 3). Ina-Maria Greverus (1995, S. 219) beschreibt Identität deshalb kurz und folgerichtig als „Sich Erkennen, Erkannt- und Anerkannt werden".

> Dabei ist Identität […] nicht, wie die Umgangssprache meint, eine individuelle Eigenschaft, [sondern] eine Beziehung. […] Deshalb ist die Identitätsfrage nicht wer bin ich?, sondern wer bin ich im Verhältnis zu den anderen, wer sind die anderen im Verhältnis zu mir? (Gossiaux zit. nach Keupp, 1999, S. 95)

Festzuhalten bleibt, dass Identität als Syntheseleistung des Selbst zu verstehen ist, auf soziale Interaktionen angewiesen ist und ein gleichermaßen subjektives wie soziales Phänomen bezeichnet, welches die Verknüpfung von Individuum und sozialer Umwelt gewährleistet und somit eine Brückenfunktion zwischen Individualentwicklung und gesellschaftlicher Dynamik erfüllt (vgl. Siebach, 2016, S. 3).

---

[9] Nicht nur die Wörter für bestimmte Farben unterscheiden sich von Kultur zu Kultur; auch die Abgrenzungen zwischen Frequenzfeldern des Lichts zu Farben differenzieren zum Teil erheblich. Britische Forscher*innen untersuchten den Zusammenhang von differenzierter Farbwahrnehmung und Farbbezeichnungen. Sie verglichen dazu eine Gruppe Brit*innen und Mitglieder einer Volksgruppe in Papua-Neuguinea. Da die Bezeichnungen für Farben verschieden waren, vor allem aber vollkommen unterschiedliche Frequenzbereiche des Lichts abdeckten, war auch die sensible differenzierte Farbwahrnehmung äußerst unterschiedlich; die Brit*innen beispielsweise bemerkten (nach ihrer Sprachregelung) Unterschiede in Grüntönen gar nicht, für die die Einwohner*innen Papuas völlig unterschiedliche Worte benutzen (vgl. Linguistik, 2002, S. 198).

2.1.3 Identität: Zeit, Raum, Objekte, Aktivitäten, Medien

Zeit und Identität stehen in einem komplexen Verhältnis zueinander. Diese Komplexität hängt mit dem ambivalenten Verhältnis der Gefühle von Wandel und von Permanenz zusammen, die aufeinander bezogen sind (vgl. Kraus, 1997, S. 93). Zeitbewusstsein oder „Kontrolle über die Zeit" (vgl. ebd.) meint die geordnete Übersicht über die Erfahrungen der Vergangenheit und die Möglichkeit, eine denkbare Zukunft zu entwerfen. Für Luckmann (1986) stellt sich die gesamte psychosoziale Struktur des Menschen als zeitliche Struktur dar. Persönliche Identität zeigt sich in der Einheit der Zeithorizonte (Vergangenheit und Zukunft). Luckmann beschreibt, dass das Subjekt in der Moderne durch Auseinandersetzung mit der subjektiven Vergangenheit und der denkbaren Zukunft reflexiv gefasst ist.

Im Kontext von Sachunterricht wirft das die Frage nach der Entwicklung von Zeitbewusstsein auf. Markus Kübler (2007, S. 339) beschreibt die Entwicklung von Zeithorizonten, also die Fähigkeit, Perspektiven in die Zukunft und die Vergangenheit einzunehmen und dazwischen zu wechseln. Er stellt fest, dass bezüglich der Entwicklung von Zeitbewusstsein verschiedenartige Positionen zu finden sind – reifungstheoretische Vorstellungen stehen gegen erfahrungszentrierte Ansätze und auch Jean Piagets Theorie der kognitiven Entwicklung wird in Anspruch genommen. Dementsprechend halten Autor*innen die Förderung von Zeitbewusstsein, die Weiterentwicklung des Operierens innerhalb und zwischen den Zeithorizonten im Sachunterricht mal für sinnvoll und nötig, mal für vernachlässigbar (vgl. ebd.).

Auch Raumvorstellungen und Identitätsentwicklung können in einem wechselseitigen Abhängigkeitsverhältnis zueinander stehen. Räume bieten Identifikationspotentiale; im Konzept der Heimatkunde war dies in Hinblick auf eine eindeutige (und nichtpluralistische) regionale und nationale Identitätsbildung stets angelegt. Aber auch gegenwärtig wird das Potential von Räumen für die Identitätsentwicklung diskutiert, so bei Charis Lengen (2016) oder Lengen und Ulrich Gebhard (2016) als „place identity" im Kontext von therapeutischen Landschaften und dem „sense of place" als Ressource der Sinnbildung. Umgedreht ist davon auszugehen, dass die Wahrnehmung und das affektive Verhältnis zu Orten und Landschaften von den jeweiligen Identitätskonstrukten der Subjekte und den damit vorhandenen Identifikationspotentialen abhängig ist.

Nicht nur „places", auch andere „objects" und „activities" können bedeutsam für die Identitätsentwicklung und die Darstellung von Identität werden (vgl. Ahuvia, 2005, S. 171). Die Möglichkeiten, Identitäten über die Identifizierung mit geliebten Gegenständen, Konsumstilen, Konsumgütern und Freizeitaktivitäten darzustellen und zu konstruieren (vgl. ebd.), wachsen mit jeder Ausweitung von Konsum und Freizeitwelt. Die Entwicklung einer Extended Identity (vgl. ebd.) betrifft auch schon Kinder im Grundschulalter. Kleidungsstile, geliebte und nach außen attraktive Spielsachen, Sportaccessoires und Kuscheltiere sind bedeutsame Identifikationsobjekte; Freizeitaktivitäten werden danach gewählt und bewertet, ob sie als zu einem passend scheinen und nach außen attraktiv wirken. Alterstypische Sammelaktivitäten sind ebenfalls in diesem Zusammenhang zu betrachten.

Auch Medien können als soziale Räume verstanden werden, und mit dem Aufkommen neuer Medien ist die Erweiterung von „Welt", im Sinne neuer Erfahrungsräume verbunden. Zum einen bieten sie im Sinne von „loved objects and activities" (vgl. ebd.) inhaltlich vielfältige Identifikationsangebote. Die Besonderheit von Medienangeboten ist, dass sie stets produziert sind (vgl. Schorb, 2014, S. 173) und damit Nutzer*innen die Rolle von Konsument*innen einnehmen. Zum anderen halten die sogenannten sozialen Medien – vielfach vorproduzierte – Gelegenheiten bereit, Identifikationen zu teilen, öffentlich zu machen und damit Identität zu konstruieren und darzustellen.

Festgehalten werden kann bis hierher, dass für den Sachunterricht nur ein dynamisches, prozessorientiertes und nichtessentialistisches Verständnis von Identität infrage kommt. Ein auf Sachunterricht bezogenes Modell von Identitätsentwicklung sollte es zudem ermöglichen, vielfältige Kontexte und Inhalte zu integrieren. Es muss auf der Handlungsebene des Unterrichts anwendbar sein und gewährleisten, dass individuelle Entwicklung und der Kontext gesellschaftlicher Bedingungen erfasst werden. Breidenstein (2010) liefert gute Argumente, Unterricht aus der Interaktions- und Handlungsperspektive zu betrachten. Auf der Handlungsebene ist der Fokus in besonderer Weise auf soziale Interaktionen zu richten.

2.2   Gesellschaftliche Transformation und Identität

Gesellschaftliche Prozesse und Strukturen haben einen großen Einfluss auf die Identitätsentwicklung von Subjekten. Insofern ist es nötig, sich den gegenwärtigen gesellschaftlichen Bedingungen zuzuwenden, als deren hervorstechendstes Merkmal der permanente und dynamische Wandel zu gelten hat. Vorausgeschickt sei hier zunächst eine Relativierung: Das ist keineswegs so neu, denn die kapitalistische Gesellschafts- und Produktionsform zeichnet sich grundsätzlich durch eine in der Geschichte vorher ungekannte Dynamik aus. Karl Marx und Friedrich Engels schildern dies anschaulich im *Kommunistischen Manifest*:

Die fortwährende Umwälzung der Produktion, die ununterbrochene Erschütterung aller gesellschaftlichen Zustände, die ewige Unsicherheit und Bewegung zeichnet die Bourgeois-Epoche vor allen früheren aus. Alle festen, eingerosteten Verhältnisse mit ihrem Gefolge von altehrwürdigen Vorstellungen und Anschauungen werden aufgelöst, alle neugebildeten veralten, ehe sie verknöchern können. Alles Ständische und Stehende verdampft, alles Heilige wird entweiht [...]. (Marx & Engels, 1988/1848, S. 419 f.)

Im Rückblick auf etwa 250 Jahre kapitalistischer Gesellschafts- und Produktionsform können allerdings durchaus Zeiträume mit unterschiedlich starker Veränderungsdynamik unterschieden werden, auch wenn Abgrenzungen zwischen ihnen nicht immer eindeutig vorzunehmen sind. Klar scheint indes, dass wir mit der Durchsetzung des Neoliberalismus als Leitideologie seit den 1980er Jahren wieder eine höchst dynamische Phase eingetreten ist, die grundlegend neue Formen der Vergesellschaftung von Individuen erzwingt (vgl. Eickelpasch & Rademacher 2004, S. 9).

Diese Phase gesellschaftlicher Veränderungsdynamik der jüngsten Vergangenheit ist als Konglomerat ökonomischer, politischer, soziokultureller und nicht zuletzt technologischer Veränderungen beschreibbar, welche sich überschneiden, gegenseitig bedingen, antreiben und verstärken. Die Transformation schlägt sich selbstverständlich auch in veränderter Lebensführung, neuen Identifikationsmustern und einem anderen Umgang mit Identität nieder (vgl. ebd.).

Ökonomische Transformation ist gekennzeichnet von der Durchsetzung globalisierter, deregulierter und immer kurzfristigerer globaler Kapital- und Produktionsbewegungen. Prägendes Merkmal ist der Wechsel vom Produktions- zum Konsumkapitalismus (vgl. Bauman, 1995, S. 75–78). Als zentrales Identifikationsmerkmal eignet sich immer weniger der (immer weitgehender von Automatisierung bedrohte) Faktor Arbeit; an dessen Stelle tritt deutlich stärker Konsum.[10] Für das Arbeitsleben sind die Erosion des Leitbilds (und der Realität) lebenslanger Ganztagsarbeit im selben Beruf und die zunehmende Realität fragmentierter Erwerbsbiografien und eines Job-Nomadentums konstituierend geworden (vgl. Eickelpasch & Rademacher, 2004, S. 38).

Automatisierung, Digitalisierung, die Einführung des PC, des World Wide Web, des Mobilfunks, des Smartphones und die Entwicklung von Social Media, Big Data und künstlicher Intelligenz waren Marksteine des *technischen Wandels*

---

[10] Konsum bietet über differenzierte Konsumstile und die Orientierung an der brand identity von Konsumartikeln (Bevorzugung von Artikeln mit einem positiven Image, die als zu persönlichen Werten passend empfunden werden) vielfältig abgestufte Identifikationsmöglichkeiten.

und können mit ihren neuen globalen Kommunikations- und Vernetzungsmöglich-keiten als Triebkräfte der Veränderungen im persönlichen und gesellschaftlichen Leben der Menschen gelten.

Flankiert wird der ökonomische Wandel von einem *Werte- und Kulturwan-del*, der durch einen „Pluralismus von Traditionen, Werten, Ideologien" (ebd.) gekennzeichnet ist, der sich in einer Bandbreite von Vermischung (Fusion) über striktes Nebeneinander bis hin zu völliger Unvereinbarkeit zeigt (vgl. Siebach, 2016, S. 2). Ein wichtiger Aspekt und zugleich Treiber kultureller Pluralisierung sind globale Migrationsbewegungen, die mit den Folgen des Klimawandels, der politischen Instabilität mancher Weltregionen (auch infolge globaler politischer Transformationsprozesse) und der wirtschaftlichen Ungleichheit (insbesondere in der Folge des Kolonialismus und aufgrund der ökonomischen Globalisierung) einhergehen.

Konstatiert wird die Dekonstruktion traditioneller Rollen und sozialer Klassen sowie kultureller wie politischer Milieus und die immer stärkere Ausdifferen-zierung in Mikroklassen, Mikroschichten bzw. Mikromilieus. Das Verschwinden langlebiger Traditionen sowie die Erosion, Pluralisierung und Transformation grundlegender sozialer Kategorien wie Geschlecht, Nationalität, Ethnie, Alter, Sexualität, Familie wird deutlich. Flexibilität ist *die* Forderung der Gegen-wart, Verbindlichkeit muss demgegenüber zurücktreten (vgl. Eickelpasch & Rademacher, 2004, S. 38). Committments werden kurzfristiger und vorläufiger. Sinnbildungsprozesse von Subjekten sind damit schnell veränderten Bedingun-gen unterworfen. In den westlichen Gesellschaften stehen bei der Lebensführung meist nicht mehr in erster Linie daseinserhaltende Funktionen im Vordergrund. Wichtiger werden innere Stimmigkeit und damit sinnstiftende Funktionen, die individuell ausgestaltet und konstruiert werden müssen, da sie von keinem allge-mein verbindlichen gesellschaftlichen Konsens mehr getragen und bereitgestellt werden. Entsprechend wird ein Wechsel von der Außenorientierung zur Inne-norientierung postuliert (vgl. Barz et al., 2001, S. 6–8). Menschen in unseren Gesellschaften suchen deshalb verstärkt emotional berührende, sinnlich erfahrbare und aktivierende Erlebnisse, um sich für sie sinnerfülltes Dasein zu finden. Dem Begriff des Erlebens kommt eine überragende Bedeutung für die Konstruktion von Sinn und gleichzeitig für die Gestaltung sozialer Verhältnisse zu. Erlebnis-orientierung ist zu einem konstituierenden Merkmal der Wohlstandsgesellschaft geworden (vgl. Schulze, 2005, S. 13–19). Menschen einer solchen Kultur der Sinnbildung stehen solchen gegenüber, deren Lebenssinn durchaus auf Daseinser-haltung gerichtet ist, beispielsweise, weil sie gerade erst vor einem Bürgerkrieg oder vor existentiellem wirtschaftlichem Elend geflüchtet sind.

Der *politische Wandel* stellt sich höchst ambivalent dar. Einerseits ist die politische Geschichte der letzten Jahrzehnte von zunehmend eingeschränkten Handlungsräumen der (national)staatlichen Handlungsträger*innen und von ihrer Schwächung durch das international mobile Kapital geprägt (vgl. Bauman zit. nach Eickelpasch & Rademacher, S. 40–42). Damit verbunden war die kontinuierliche Schleifung sozialstaatlicher Standards in der westlichen Welt. Der Triumph der neoliberalen Ideologie war kennzeichnend für die politische Transformation der letzten vier Jahrzehnte, auch wenn das Wiedererstarken völkisch-nationalistischer Positionen in den letzten Jahren sicher als tragisches Symptom des Unbehagens an der Vorherrschaft des Neoliberalismus und am globalen Wandel interpretiert werden kann. Andererseits zeigte sich aber auch eine kontinuierliche Zunahme deliberativer Bewegungen, der Kampf um den Ausbau von Beteiligungsrechten sowie partiell durchaus der Abschied vom Top-down-Prinzip der politischen Herrschaftsausübung; sichtbar am höheren Stellenwert von Bürgerbeteiligung an Planungs- und Entscheidungsprozessen. Es kann also eine Dynamik von Rückzugstendenzen des politischen Gestaltungsprimats auf der einen Seite und engagiertem Kampf um mehr politische Mitbestimmung auf der anderen Seite konstatiert werden.

Die gesellschaftlichen Transformationsprozesse sind strukturell gekennzeichnet durch (vgl. Siebach & Gebauer, 2014, S. 4)

- *Entbettung*, das Herauslösen sozialer Beziehungen aus ortsgebundenen sozialen Handlungs- und Erfahrungsräumen sowie die Trennung von Raum und Zeit,
- *Entgrenzung* von Zeit und Raum sowie von sozialen und kulturellen Codes,
- *Individualisierung* und *Enttraditionalisierung*, das Herauslösen der Menschen aus traditionellen sozialen Bindungen und Sicherungssystemen sowie kulturellen und anthropologischen Mustern,
- *Globalisierung* bzw. *Kosmopolitisierung* durch neue, weltweite Kommunikationsnetzwerke und die durch zunehmende Migration und globale Ökonomie hervorgerufene Notwendigkeit, sich mit anderen kulturellen Mustern und Werten auseinanderzusetzen.

An die persönliche Lebensgestaltung von Menschen werden damit völlig neue Anforderungen gestellt. Ulrich Beck und Elisabeth Beck-Gernsheim (1994, S. 21) brachten dies knapp und präzise auf folgenden Nenner:

Das historisch Neue besteht darin, dass das, was früher wenigen zugemutet wurde –
ein eigenes Leben zu führen – nun mehr und mehr Menschen, im Grenzfall allen
abverlangt wird.

Es ist augenscheinlich mit mehr Aufwand verbunden, Sinnzusammenhänge, Ver-
ortungen und Anerkennung unter den Bedingungen des ökonomischen Regimes
der Kurzfristigkeit (vgl. Eickelpasch & Rademacher 2004, S. 38), des Wer-
tewandels, der Pluralität, Multikulturalität, Globalisierung etc. zu finden, zu
erstellen und auszuhandeln. Übergreifende kollektive Vorstellungen zu Werten, Zielen, Rollen schwinden. Eine immer komplexere und differenziertere
soziale Welt bedingt auch immer komplexere und differenziertere Prozesse
der Identitätsbildung. Diese verlangt eben von den Individuen in unterschiedlichen geschichtlichen Kontexten höchst unterschiedliche und kulturspezifische
Anstrengungen.

Passungsarbeit ist in „heißen Perioden" der Geschichte für die Subjekte dramatischer
als in „kühlen Perioden", denn die kulturellen Prothesen für bewährte Passungen verlieren an Bedeutung. Die aktuellen Identitätsdiskurse sind als Beleg dafür zu nehmen,
daß die Suche nach sozialer Verortung [wieder] zu einem brisanten Thema geworden
ist. (Keupp, 2010b, S. 4)

Auch insofern muss konstatiert werden, dass wir nach einer historisch gesehen
kurzen „kühlen Periode", von der Nachkriegszeit bis zum Zusammenbruch des
Ostblocks 1989, wieder in eine „heiße Periode" grundlegender Umwälzungen
der sozioökonomischen Verhältnisse, ihrer kulturellen Grundparadigmen und der
psychosozialen Gewissheiten eingetreten sind.

Zwei Prozesse des gesellschaftlichen Wandels können unterschieden werden,
die „fortschreitende funktionale Differenzierung der Gesellschaft" (Eickelpasch &
Rademacher 2004, S. 17, vgl. auch Luckmann, 2003, S. 393) und die „Pluralisierung der Lebenswelten" (Eickelpasch & Rademacher 2004, S. 17), die
„keine obligatorische, einheitliche Weltansicht" (Luckmann, 2003, S. 395) mehr
ermöglicht. Diese Prozesse bringen es mit sich, dass die Menschen „als permanente Wanderer zwischen den Funktionswelten" (Eickelpasch & Rademacher,
2004, S. 17) unterwegs sind und dafür jeweils passende Rollen ergreifen müssen.
Von der Pluralisierung geht ein „paradoxer Zwang" (ebd., S. 20) zur Individualisierung aus: „Du darfst und Du kannst, ja Du sollst und Du musst eine
eigenständige Existenz führen, jenseits der alten Bindungen [...]" (Beck & Beck-
Gernsheim, 1994, S. 25). Dies führt zur permanenten Notwendigkeit, zwischen
Handlungsoptionen und Sinnangeboten auszuwählen, und dies unter den Bedingungen systematischer sozialer Übersättigung (vgl. Gergen, 1996). Menschen
müssen die Entgrenzung von Mobilität und das Nebeneinander unterschiedlicher

Zeitlogiken bewältigen, mit der fehlenden Abgrenzung von Arbeit und Freizeit zurechtkommen und sich mit dem Schwinden altersgemäßer Rollenmuster arrangieren. Ihr Leben ist von der Fragmentierung ihrer Biografien – nicht nur beruflicher Art – geprägt. Sie sind zunehmend damit beschäftigt, früher eindeutig festgelegte Kategorien selbst zu definieren, etwa die Frage zu beantworten, was es bedeutet, Frau, Mann oder Anderes zu sein.

Es lassen sich vier „gesellschaftliche Megatrends" (Müller, 2011, S. 8–21) als grundlegende Herausforderungen des Wandels benennen, die jeweils individuelle und gesellschaftliche, im Kontext des Sachunterrichts aber auch bildungstheoretische Bedeutung haben (vgl. auch Siebach, 2016, S. 3):

- *Diversität:* Umgang mit Vielfalt
- *Relativität:* Umgang mit Menge und Kriterien der Auswahl, Stichwort „Explosion des Wissens" (vgl. Burke, 2014)
- *Virtualität und digitale Welten:* Umgang mit Weltbezug bzw. Balance zwischen realen und virtuellen oder analogen und digitalen Welten
- *Personalisierung lebenslangen Lernens:* Umgang mit stetem Anforderungswandel

Die Bedingungen postmodernen Lebens erfordern somit andere Strategien der Vergesellschaftung und bewirken einen tiefgreifenden Wandel des Umgangs mit Identität, die als Schnittstelle von Individuum und Gesellschaft zu verstehen ist und an der sich Individualentwicklung und gesellschaftliche Entwicklung überschneiden.

Die postmoderne Transformation stellt sich als Prozess mit „riskanten Chancen" (Keupp, 2004, S.4) dar. Chancen und Risiken sind dabei im globalen Maßstab, aber auch innerhalb begrenzter (lokaler bis nationaler) Sozialräume höchst ungleich verteilt. Die Chancen liegen zweifellos in den Möglichkeiten selbstbestimmter Gestaltung des Lebens bzw. der Anerkennung vielfältiger Lebensweisen und -entwürfe. Der gesellschaftliche Wandel bietet Möglichkeiten, den Zwängen und Grenzen der Herkunft zu entkommen, und genau das ist es, was etwa jüngere Leute aus der Provinz in Massen ihr Glück in den Metropolen suchen und nur wenige zur Rückkehr finden lässt. Die gesellschaftliche Transformation scheint die Befreiung von traditionellen Hemmnissen, beispielsweise des Geschlechts, der sexuellen Orientierung, der regionalen, sozialen, ethnischen oder religiösen Herkunft in den Bereich des Möglichen zu rücken.

Die Kehrseite der schönen neuen Welt zeigt sich in Orientierungsverlust und Überforderung. Die zu bewältigende „Identitätsarbeit" (ebd., S. 10) ist aufwendig und fordert neben Zeit und Kraft Ressourcen ökonomischer, sozialer, kultureller und symbolischer Art[11]. Diese Ressourcen sind in der neoliberalen Welt höchst ungleich verteilt und der mangelnde Zugang zu ihnen stellt *das* Risiko gegenwärtiger Identitätsarbeit dar. Die gesellschaftliche Spaltung in Gewinner*innen und Verlierer*innen der Transformation ist auch auf der Ebene der Identität zu finden. Es drohen der Verlust sozialer Handlungsfähigkeit bis hin zu psychosozialen Störungen und psychischen Erkrankungen (vgl. ebd., S. 34). Die Flucht in Scheinwelten und die Suche nach einfachen Alternativen, nach einem (oft vergangenheitsverhafteten) Modell für das eigene Leben, die Übernahme ideologischer und fundamentalistischer Identitätsprothesen und die damit einhergehende Radikalisierung können als Symptome der Identitätsprobleme der Gegenwart identifiziert werden. Diese Symptome sind gleichermaßen als individuelle Lösungsversuche der Probleme gefährdeter Identität und als gesellschaftlich drängende soziokulturelle Herausforderungen einzuordnen.

Grundschulkinder wachsen in diesen gesellschaftlichen Kontext hinein; auch ihr Leben ist von zahlreichen Aspekten der gesellschaftlichen Transformation geprägt. So sind sie – gleichermaßen wie Erwachsene – dem Nebeneinander unterschiedlicher Zeitlogiken ausgesetzt. Dies muss als umso herausfordernder eingeschätzt werden, als die Entwicklung von Zeitbewusstsein in der Grundschule noch als keineswegs abgeschlossen gelten kann (vgl. Kübler, 2007). Auch bezüglich raumbezogener Identifikationsmöglichkeiten sind für viele Grundschüler*innen besondere Herausforderungen festzustellen, z. B. durch die Zersplitterung der Erlebnisräume (Wohnen, Schule, Freizeitaktivitäten) oder unterschiedliche Orte des Lebens und Wohnens (getrenntlebende Eltern, unterschiedliche Arbeits- und Wohnorte bei Eltern). Und selbstverständlich können auch die Möglichkeiten von Grundschüler*innen, andere Länder und Kulturen (etwa im Urlaub) kennenzulernen, zugleich herausfordernd und bereichernd sein.

Zunehmende kulturelle Vielfalt wird von Schüle*rinnen zum Teil schon in der Familie erlebt (Eltern unterschiedlicher Herkunft, Sprache, Nationalität, Religion), zum Teil erleben sie diese aber auch in ihren Grundschulklassen. Diesbezüglich existieren allerdings große Unterschiede zwischen einzelnen Schulen, Regionen (z. B. Ost und West), Großstadt und Land, aber selbst innerhalb von Stadtvierteln. Fest steht auf jeden Fall, dass man sowohl in Familien als auch in Schule und Unterricht keinen einheitlichen und schon gar keinen übereinstimmenden Sinnhorizont der Enkulturation voraussetzen kann. Kinder im Grundschulalter haben sich mit der Pluralisierung der kulturellen Sinnangebote zu arrangieren – und auch hier können Chancen, aber auch Risiken gesehen werden.

---

[11] Formuliert in Anlehnung an Bourdieus Kapitalsorten (vgl. Bourdieu, 2015).

Generell stellt sich die Frage, wie gesellschaftliche Transformation auf die grundlegenden sozialen Prozesse der Identitätsbildung durchschlägt, beispielsweise auf Spiegelungsprozesse in Familien (vgl. Luckmann, 2003, S. 395 f).[12] Auch Konsumorientierung und der Umstand, dass Industrie und Handel Kinder als spezifische Zielgruppe identifiziert haben und zielgruppenorientiertes Marketing betreiben, sind als Faktor der Identitätsentwicklung in Rechnung zu stellen.[13]

Klar ist: Grundschule, und zudem ein einzelnes Fach wie der Sachunterricht, kann hier im Kräftespiel zwischen kulturell heterogenen Herkunftsfamilien als erster Sozialisierungsinstanz, neoliberaler Ökonomisierung und Wertepluralisierung nur eine sehr begrenzte Wirksamkeit beanspruchen. Dieses Wirkungspotential aber sollte immerhin reflektiert und im Auge behalten werden. Damit ist die Frage nach Bildungszielen von Sachunterricht angerissen, welcher ein gesondertes Kapitel (Kapitel 4) gewidmet ist.

Nachdem nun der enge Zusammenhang von gesellschaftlicher Transformation und Identität bezüglich verschiedener Aspekte diskutiert wurde, bleibt festzuhalten, dass diese gegenseitige Bezogenheit eine ganz zentrale Erkenntnis markiert und sowohl bei der Konzeptionierung eines auf Sachunterricht bezogenen Modells von Identität als auch bei der Bearbeitung der empirischen Fragestellungen eine entsprechende Berücksichtigung finden muss.

2.3 Identitätstheorien

Im Folgenden werden maßgebliche Identitätstheorien und -modelle zusammengefasst und ihr Potential für die Sachunterrichtsdidaktik diskutiert, auch im Hinblick auf ein (sach)unterrichtsbezogenes Identitätsmodell. Die Vorstellung eines Zusammenhangs von persönlicher und gesellschaftlicher Entwicklung ist als grundlegendes Paradigma festzuhalten. Insofern ist die Berücksichtigung dieses Zusammenhangs das wichtigste Kriterium der Auswahl möglicher wissenschaftlicher Bezugstheorien. Infolgedessen sind die rezipierten Modelle

---

[12] Bedeutsame Veränderungen könnten hier möglicherweise seit dem Beginn der allgegenwärtigen Nutzung von Smartphones erwartbar sein. Als weitere mediale Einflüsse auf Identitäten von Grundschüler*innen müssen die immer größere Verfügbarkeit autobiografischer Bildwelten (Erinnerungsfotos, Filme) und die immer selbstverständlichere Nutzung interaktiver und vernetzender sozialer Medien (WhatsApp, Facebook, Instagram etc.) gelten.

[13] Als Beispiele seien hier Identifikationen mit bestimmten Marken und Produkten (oft zudem genderspezifisch differenziert) und die Thematisierung bestimmter Lebensstile über (manchmal vermeintliche) Spielgewohnheiten und -vorlieben genannt.

alle soziologischen oder sozialpsychologischen Ursprungs. Stark psychologisch-kognitiv einzuordnende Identitätsmodelle wie etwa das von Hans-Peter Frey und Karl Haußer werden deshalb nicht herangezogen.

Aus einem anderen Grund wurden solche Modelle nicht berücksichtig, die, wie bei Sennet und Bauman, stark die Verlustseite der gesellschaftlichen Wandlungsprozesse in den Blick nehmen (vgl. Eickelpasch & Rademacher, S. 11) und den Anspruch auf Identität und Kohärenz weitgehend aufgeben. Ein Verzicht auf Subjekt und Identität ist nach meinem Dafürhalten nicht mit dem Bildungsbegriff zu vereinbaren, der sich stets auf ein bildbares Subjekt bezieht.

Außerdem finden Identitätstheorien dann keine Berücksichtigung, wenn sie sich auf spezifische Aspekte von Identität fokussieren, beispielsweise wie bei Judith Butler auf Geschlecht und Gender (vgl. ebd., S. 95) und Stuart Hall auf *race* und Rassismus (vgl. ebd. S. 69 f., S. 84–94).

2.3.1   Erik Erikson: Identität und Lebenszyklus. Alterstypische Grundkonflikte

Wer über Identität schreibt, tut gut daran, bei Erikson zu beginnen (vgl. Krappmann, 1992; Kraus, 1996; Keupp, 1999). Er war derjenige, der den Begriff entscheidend prägte und ambivalent sowie facettenreich entfaltete. Mit seinem epigenetischen Modell legte er ein Stufenmodell vor, welches die psychosoziale Entwicklung des Menschen über die gesamte Lebensspanne fasst und als Lebenszyklus versteht. Er schuf damit eine den Diskurs nachhaltig prägende und umfassende Großtheorie. Zudem war seine Perspektive wirklich weit: Er integrierte in seinem Modell Überlegungen und Erkenntnisse seiner Zeit aus der Psychoanalyse, Entwicklungspsychologie, Sozialpsychologie, Soziologie und Ethnologie.

In seinem Modell wird die affektive Dimension der Identitätsentwicklung stets betont; Identität ist bei ihm mit einem *Gefühl* von Kohärenz und Unverwechselbarkeit verbunden: „Ein Gefühl der Identität haben heißt, sich mit sich selbst – wie man wächst und sich entwickelt – eins zu fühlen […]" (Erikson, 1975, S. 29). Goffman (1969, S. 132, Hervorhebung M. S.) formulierte ganz in diesem Sinne, dass Erikson unter Identität „das *subjektive Empfinden* seiner eigenen Situation und seiner eigenen Kontinuität und Eigenart, das ein Individuum allmählich als Resultat seiner verschiedenen sozialen Erfahrungen erwirbt", versteht.

Erikson ging von Freuds psychosexuellen Modi der Weltaneignung aus und überformte diese zu einem Modell, in dem Identität sich über entwicklungsbedingt fortschreitende, aufeinander folgende Grundkonflikte entfaltet, die im Sinne von Entwicklungsaufgaben zu bewältigen sind. Erklärungen für das Phänomen der Identität bieten die Triebtheorie und das daraus folgende epigenetische Prinzip, ein naturgegebener, in wesentlichen Teilen biologisch determinierter Grundplan. Der stufenweise Ablauf der psychosozialen Entwicklungsbedürfnisse ist für Erikson eine anthropologische Gegebenheit; dieser ist in seinem Modell zudem eng an biologische Entwicklungsprozesse wie das Säuglingsalter, die Pubertät und das Altern gebunden. Unterschiedliche Gesellschaften bieten für die Bewältigung der Grundkonflikte jeweils passende, aber von Gesellschaft zu Gesellschaft durchaus sehr verschiedene Lösungsmöglichkeiten an. Den Kristallisationspunkt der Identitätsentwicklung sieht Erikson in der Adoleszenz; hier verortet er die Entwicklung der Ich-Identität im engeren Sinne in der Entscheidung für Erwachsenenrollen. Erikson unterstreicht mit dem Stufenmodell die Diskontinuitäten der psychosozialen Entwicklung. Einerseits wird Identität von Erikson als etwas dargestellt, das man schrittweise wie ein Kapital erwirbt. Andererseits werden immer wieder die Dynamik und der Prozesscharakter der psychosozialen Entwicklung betont und diese als lebenslang zu bewältigende Aufgabe beschrieben (vgl. Krappmann, 2005, S. 70). In den individuellen Lösungsversuchen der Grundkonflikte sucht das Subjekt nach jeweils neuen Verknüpfungen seiner Bedürfnisse mit den Lösungsangeboten, die die jeweilige Gesellschaft bereitstellt. Erikson betont, dass die Gesellschaften immer „nur eine beschränkte Auswahl sozial bedeutungsvoller Modelle [bereitstellen], in welchen [das Individuum] seine Identitätsfragmente zu einem leistungsfähigen Ganzen zusammenfügen kann" (Erikson, 1973, S. 22). Der Akt der Identifikation mit diesen Modellen ist nötig; Erikson betont dies insbesondere für das Jugendalter, in der man seinen Platz in der Gesellschaft zu finden und eine verbindliche Entscheidung, wer man sei, zu treffen habe (vgl. ebd., S. 106–110).

Die im Grundschulalter zu bewältigenden und damit für die Sachunterrichtsdidaktik relevanten Stufen psychosozialer Entwicklung sind „Initiative vs. Schuldgefühle" („Spielalter") und „Werksinn vs. Minderwertigkeit" („Schulalter"). Die davorliegenden Stufen „Vertrauen vs. Urmisstrauen" und „Autonomie vs. Zweifel und Scham" (vgl. Erikson, 1971, S. 241–255) sind aber in diesem Modell, in dem die folgenden Stufen immer auf das vorher Bewältigte aufbauen, entscheidend dafür, wie gut Grundschulkinder für die nun anstehenden Aufgaben der Identitätsentwicklung gerüstet sind. Insofern sind auch sie von Belang und werden im Folgenden kurz vorgestellt.

Die erste Phase der psychosozialen Entwicklung sieht Erikson vom Konflikt zwischen Vertrauen und Urmisstrauen geprägt. Vertrauen entsteht am Anfang des Lebens daraus, dass die elementaren Bedürfnisse erkannt und erfüllt werden, also aus einer besonderen Beziehungsqualität von Kind und Bezugsperson(en). Erikson erachtet die Balance zwischen Vertrauen und Misstrauen, die am Anfang des Lebens erlebt wird, als modellbildend für das ganze weitere Leben. Er geht davon aus, dass die Zuverlässigkeit und Vertrauenswürdigkeit der Beziehung als Gefühl der eigenen Vertrauenswürdigkeit internalisiert wird (vgl. ebd., S. 241–245).

Im Kleinkindalter wird ein Konflikt zwischen „Autonomie und Zweifel und Scham" durchlebt. Dem konzentrischen Wachsen der eigenen Entscheidungsmöglichkeiten sind immer wieder Grenzen der eigenen Kompetenz und die Grenzen der Bezugspersonen(en) gesetzt. Die Balance von Eigenentscheidungen und mit Scham besetztem und Zweifel hervorrufendem Scheitern dieser Autonomiebemühungen kennzeichnet diese Lebensphase (vgl. ebd., S. 245–249).

Die von Erikson „Initiative vs. Schuldgefühle" genannte Entwicklungsphase umfasst erstmals die Wahl sozialer Ziele und Ausdauer dafür und markiert den Beginn des Gewissens. Kinder probieren hier in großem Umfang Rollen in spielerischer Form aus Die Gefahr erwächst aus dem Konflikt der kindlichen Initiativen mit dem sich entwickelnden Gewissen, welches beginnt, diese zu bewerten und gegebenenfalls zu verhindern. Ein zu restriktives Gewissen kann im Extremfall dazu führen, dass die Fähigkeit zu Initiative überhaupt verloren geht. Ein Ungleichgewicht zugunsten von „Initiative" zeigt sich in mangelnder sozialer Rücksichtnahme (vgl. ebd., S. 249–253). Die Antwort auf die Leitfrage Wer bin ich? lautet hier: „Ich bin, was ich mir zu werden vorstellen kann" (Eriksson, 1973, S. 98).

Während der Entwicklungsphase „Werksinn vs. Minderwertigkeit" geht es vordringlich darum, Anerkennung über den Erwerb und die Beherrschung der Techniken der eigenen Kultur, auch durch Erzeugung typischer Produkte zu erhalten (vgl. ebd., S. 103). Kompetenz heißt hier das Mittel zur Teilnahme. Kinder verlassen in verschiedener Hinsicht den Gesichtskreis der Herkunftsfamilie und „ihr Interesse wird zunehmend auf die soziale, technische und kulturelle Welt hin gelenkt" (Krappmann, 1997, S. 70). Gefordert ist eine gewisse Stetigkeit. Wichtig wird nun zunehmend auch, etwas fertig zu stellen, gekoppelt mit dem Bedürfnis, gerecht am Geleisteten gemessen zu werden. Mit „Ich bin, was ich lerne" charakterisiert Erikson (1973, S. 98) hier die Identität. Die Gefahr dieser Entwicklungsphase sieht er in der Verinnerlichung von Unzulänglichkeit und der Ausbildung von Misserfolgserwartung als Folge ausbleibender Kompetenzerfahrungen und mangelnder Anerkennung. (vgl. Erikson, 1971, S. 253–255)

Diskussion

Die große Stärke des eriksonschen Modells, seine Ambivalenz und Vielfältigkeit, „die breite Einbeziehung von individuellen, sozialen und historischen Wirkfaktoren" (Kraus, 1996, S. 21), scheint mir auch seine Schwäche zu sein. Sie führte zuweilen zu völlig konträren Rezeptionen und in der Folge zu exzessiver Ablehnung oder Zustimmung (vgl. Keupp, 2004, S. 25–28). Es scheint zudem schwierig, in seinem Modell zwischen „den universellen und soziohistorisch spezifischen Dimensionen des Identitätsproblems" zu unterscheiden (Keupp, 1999, S. 31). Erikson hatte ein universell gültiges Modell der psychosozialen Entwicklung im Blick, doch seine Fallbeispiele beschränken sich auf weiße, männliche Amerikaner aus der Mittelschicht der 1950er Jahre (vgl. Kraus, 1996, S. 20). Insofern wirkt sein Modell stark den gesellschaftlichen Bedingungen der wirtschaftlich prosperierenden Entstehungszeit verhaftet, auch wenn immer wieder der universelle Grund seines Denkens durchscheint. Insbesondere in Hinblick auf den gegenwärtigen gesellschaftlichen Wandel stellt sich manches an seinem Modell als problematisch dar. Vieles, was bei ihm klar als Scheitern, als Identitätsdiffusion beschrieben wird, kann heute einfach als „normal" (vgl. ebd.) gelten. Zentral hat das damit zu tun, dass Erikson die Stufe der Ich-Identitätsgenese in der Adoleszenz hervorhebt und diese als Höhepunkt und vorläufigen Abschluss der Identitätsentwicklung darstellt. Er unterstellt damit der Identitätsentwicklung einen normierten Verlauf mit Steigerungen und einem dramatischen Höhepunkt (vgl. ebd., S. 14), dem viele heutige Biografien nicht mehr entsprechen (können). Insofern bleibt der Blick auf Erikson ambivalent: Er zeigte Identitätsbildung einerseits ganz aktuell als einen lebenslangen und konfliktbeladenen Prozess, formulierte andererseits Kategorien des Gelingens und Scheiterns mit festen und historisch als obsolet zu bewertenden Kriterien (vgl. auch ebd., S. 20 f.).

Neben der Grundannahme von Identitätsentwicklung als lebenslangem und konfliktbeladenem Prozess bleibt zweifellos die zentrale Frage bedeutsam, wie sich Individuen im Umgang und im Vergleich mit Anderen selbst erleben. Außerdem bleibt die Problematik aktuell, welche gesellschaftlichen Erwartungen ans Subjekt bezüglich Kontinuität und Einheitlichkeit virulent sind. Aber auch der universalistische Ansatz Eriksons, die Idee, dass es kulturunabhängig für gewisse biologische Entwicklungsverläufe wie Säuglings- und Kleinkindzeit, Adoleszenz, Alter und Tod Entwicklungsaufgaben des Selbst gibt, behält als Standpunkt im

Diskurs heute seine Bedeutsamkeit. Die Argumentation, dass psychosoziale Ent-
wicklung nicht völlig beliebig und ohne Bezug zu biologisch determinierten
Faktoren geschieht, verweist auf Grenzen der Natur *im* Menschen.[14]
 Inwiefern hilft Erikson also dabei, ein zeitgemäßes Verständnis der Herausforderungen von Identitätsentwicklung im Grundschulalter zu entwickeln, um
daraus Schlussfolgerungen für die Gestaltung von Sachunterricht zu ziehen?
Die Besinnung auf mögliche Grenzen der Natur *im* Menschen kann bei der
Formulierung von Kriterien für die von Schulen und Pädagog*innen zu leis-
tende Unterstützung bei der Identitätsentwicklung wichtige Argumente liefern. So
betrachtet bietet Eriksons Modell gesellschaftskritisches Potential, weil es dabei
helfen kann aufzudecken, welche gesellschaftlichen Verhältnisse der Erfüllung
von grundlegenden Bedürfnissen von Grundschulkindern entgegenstehen. Es liefert Argumente gegen die neoliberale Selbstverantwortungsphraseologie und kann
den Blick für die veränderten gesellschaftlichen Bedingungen der Entwicklung
von Identität(en) öffnen. Außerdem ist festzuhalten, dass sein Modell explizite
und spezifische Aussagen zur Grundschulzeit trifft. Er formulierte aus, in welcher
Weise in der Phase der mittleren Kindheit individuelle Entwicklungsbedürfnisse
und gesellschaftliche Erwartungen konfliktreich verzahnt sind. In Eriksons Zeit
waren sowohl die zur Auswahl stehenden Rollenmodelle (in Bezug auf Initiative
vs. Schuldgefühle) als auch die für Anerkennung nachzuweisenden Kompetenzen
(Werksinn vs. Minderwertigkeit) noch vergleichsweise übersichtlich und eindeutig. Das hat sich mit der gesellschaftlichen Pluralisierung verändert. Es gilt, eine
schwieriger werdende Balance zwischen einerseits individuell bedeutsamer *und*
andererseits gesellschaftlich anerkannter Kompetenzentwicklung zu bewältigen.
Aus dieser Perspektive wären auch Konzeptionen (und Curricula) des Sachunterrichts zu hinterfragen: Inwieweit bieten sie ausreichend Potential für individuell
bedeutsame Auseinandersetzungen einer höchst heterogenen Schülerschaft? Und
in welcher Weise korrelieren diese Potentiale mit gesellschaftlichen Erwartungen
und Herausforderungen? Erikson war der festen Überzeugung, dass in der Grundschulzeit die Fähigkeiten so weit gediehen sind, dass Kinder darauf aus sind,
echte Herausforderungen zu bewältigen. Sie benötigen Aufgaben, deren Bewältigung sozial sanktioniert ist und somit allgemeine Anerkennung finden kann.

---

[14] Erikson selbst sah zwischen biologisch-körperlichem Entwicklungsverlauf und kulturell bedingter Biografie keinen Widerspruch. Ein ganz grundsätzliches Auseinanderdriften
von psychosozialen Entwicklungsbedürfnissen und gesellschaftlichen Anforderungen sah er
offensichtlich (noch) nicht; für ihn waren die problematischen Fälle eher individuelle Fälle
des Scheiterns.

Er nannte solche Herausforderungen „sozial bedeutungsvolle Modelle" (Erikson, 1973, S. 22). Der Sachunterricht hätte in diesem Sinne die Aufgabe, sozial bedeutungsvolle Modelle für alle Schüler*innen bereitzustellen.

2.3.2 George Herbert Mead: Identität und Gesellschaft generierende Interaktionen

Wo Erikson ein Zusammenspiel von biologisch begründeten Bedürfnissen und darauf abgestimmten institutionalisierten gesellschaftlichen Erwartungen postuliert, sieht Mead eine im Wesentlichen eine gesellschaftlich determinierte kognitive Entwicklung. Identität ist für ihn die „Fähigkeit des denkenden Organismus, sich selbst Objekt zu sein" (Mead, 1985/1934, S. 26) und er betont, dass „Geist und Identität ausschließlich gesellschaftliche Phänomene [sind] und die Sprache [...] den Mechanismus für ihr Auftreten" liefert (ebd., S. 17).

Identität wird als individuelle Struktur beschrieben, die ihrer Natur nach gesellschaftlich geformt ist, aber gleichzeitig an der Formung gesellschaftlicher Zustände und Vorstellungen teilhat, also auf diese zurückwirkt. Sie ist somit dialektisch konzipiert und sowohl Objekt als auch Subjekt gesellschaftlicher Kommunikation. Der identitäts- und gesellschaftsbildende dialektische Prozess vollzieht sich ber Interaktionen. In diesen hat das Individuum die Möglichkeit, Fremderwartungen anzunehmen, zurückzuweisen oder zu modifizieren. Damit besteht die Chance auf eine – in gewissem Maß – selbstbestimmte Identität. Dem Prozess der Identitätsbildung wird zudem das emanzipatorische Potential zugesprochen, gesellschaftliche Regeln, Werte und Codes verändern zu können.

Die Genese von Identität beschreibt Mead als Abfolge kognitiver Akte sozialen Lernens im Kontext von Spracherwerb, Rollenspielen und Regelspielen („play and game"). In der Phase des Spracherwerbs vollzieht sich die primäre Identifikation vokaler Gesten (Lautgesten) mit allgemeinem Sinn. Im Play erfolgt die Einübung von Rollenübernahme im Rollenspiel und im Game die zielgerichtete Identifikation mit „dem verallgemeinerten Anderen", das heißt Regeln, und Werten (Verhaltenscodes) bestimmter Gruppen (vgl. ebd., S. 197–201). Mead charakterisiert die dialektische Verschränkung von Gesellschaft und Individuum bezüglich der Game-Phase folgendermaßen: „Wir können nicht wir selbst sein, solange wir keine gemeinsamen Haltungen in uns haben" (ebd., S. 206).

Für Mead besteht Identität gemäß seinen dialektischen Vorstellungen aus zwei strukturgenetischen Teilen, die sich gegenseitig bedingen. Das „Me" ist der Teil der Identität, der alle verinnerlichten Rollen beinhaltet, „das sich selbst als Objekt erfahrende Ich" (ebd., S. 216), das genau definiert ist und nach genauer Definition verlangt. Das „I" hingegen ist der Teil der Identität, der die je *individuelle* Reaktion und die *kreative* Aktion beinhaltet. Diese ist unbestimmt und nicht vorhersagbar, ein Element der Freiheit und des Neuen und damit Treiber persönlicher und gesellschaftlicher Emanzipation.

Me und I werden als Phasen verstanden, die sich in einem Kreislauf immer wieder abwechselnd ergänzen. Das Me repräsentiert in diesem Verständnis die Phase der Prägung von Identität durch die Gesellschaft, das I die Phase, in der der oder die Einzelne auf die Haltung der Gesellschaft kreativ reagiert (vgl. ebd., S. 236–241). Hier wird deutlich, dass für Mead Identität einen Prozess und keinen Zustand darstellt (vgl. ebd., S. 241).

Identität ist damit die Instanz, die über die sozial reproduzierten handlungsleitenden Orientierungen der Subjekte die Koordination gesellschaftlicher Prozesse erst ermöglicht; zugleich ermöglicht die gesellschaftliche Koordination den Prozess der Identitätsbildung der Subjekte. Identität ist nach Mead somit die vermittelnde Instanz zwischen je individuellen Antrieben (I) und gesellschaftlichen Anforderungen (Me) – so dass in einem ständigen Prozess Gesellschaft und Subjekt interagieren und sich dabei stetig transformieren.

Diskussion

Meads Position ist optimistisch und vermittelnd: Hier geht es um die emanzipatorische Kraft der aktiven Auseinandersetzung mit und in der Gesellschaft, nicht um Selbstbehauptung versus Unterordnung. Insofern passt sie gut zum politisch-emanzipatorischen Bildungsbegriff Klafkis (vgl. Klafki 1992), der für die Entwicklung der Didaktik des Sachunterrichts richtungsweisend war und ist. Konkret würde sich Meads theoretische Position zur Identität als Brückenglied anbieten – zwischen der gesellschaftlich-emanzipatorischen Dimension von Klafkis Bildungskonzept (epochaltypische Schlüsselprobleme, vgl. ebd., S. 18–24) und der subjektiv-emanzipatorischen Dimension (vielseitige Interessen- und Fähigkeitsförderung, vgl. ebd., S. 24 f.). Darüber hinaus lassen sich Prinzipien und Methoden des Sachunterrichts mit seinem Identitätskonzept dahingehend hinterfragen, inwiefern sie einen Beitrag zur kognitiven Seite der Identitätsentwicklung leisten können. Zur Identitätsentwicklung im Grundschulalter finden sich bei Mead zwar weniger konkrete Aussagen als bei Erikson, aber beide Spiel-Formen, Play und Game, lassen sich zweifellos in Interaktionen von Grundschüler*innen identifizieren. Meads theoretische Position eignet sich deshalb dazu, das Verhältnis von Spiel und Lernen im Unterricht zu reflektieren und Spiel-Formen in Bezug auf ihr Potential für Identitätsentwicklung zu untersuchen. Offen bleibt bei Mead, wie sich Identitätsentwicklung – auch im

Grundschulalter – auf der phänomenologischen Mikroebene vollzieht und welche Schlussfolgerungen daraus für Gestaltung und Kommunikation im Sachunterricht zu ziehen wären. Die Fokussierung von Meads Modell auf die soziale Konstruktion von Identität und die kognitiven Aspekte der Identitätsentwicklung schärft einerseits den Blick für gewisse soziale Bedingungen von Identitätsentwicklung. Andererseits fehlen dadurch wichtige Fragen wie die nach Bedürfnissen, Emotionen oder Motivation, die für die Gestaltung von Sachunterricht nicht außer Acht gelassen werden können.

2.3.3 Erving Goffman: Identität als Rollenspiel

Goffman führte die interaktionistische Tradition Meads fort. Als ehemaliger Doktorand von Anselm Strauss arbeitete er aber im Gegensatz zu Mead immer empirisch und entwickelte anhand seiner detaillierten phänomenologischen Beobachtungen seine theoretischen Überlegungen. Diese mündeten in die Metapher vom Theater als Modell der sozialen Welt (vgl. Goffman, 1969: *Wir alle spielen Theater*). Insofern zeigt seine Perspektive auf die Identitätsgenese, *wie* Akteure sich in Interaktionen präsentieren, welche Ziele sie dabei verfolgen, welche Chancen für ihre Identität sie ergreifen können und welchen Gefahren sie begegnen müssen.

Identität hat für Goffman stets zwei sich ergänzende Perspektiven. Zum einen gibt es die Außenperspektive: Identität ist „zuallererst Teil der Interessen und Definitionen anderer Personen hinsichtlich des Individuums, dessen Identität in Frage steht" (ebd., S. 132). Zum anderen gibt es die Innenperspektive von Identität: Hier ist Identität „zuallererst eine subjektive und reflexive Angelegenheit, die notwendig von dem Individuum empfunden werden muss, dessen Identität zur Diskussion steht" (vgl. ebd.). Aus beiden Perspektiven, also von innen und außen betrachtet, ist Identität eine Balance von persönlicher Identität und sozialer Identität, die immer prekär bleibt.

Mit *sozialer Identität* ist bei Goffman die Zugehörigkeit zu unterschiedlichen Gruppen gemeint, die zum Teil unvereinbar scheinen. Sie stellt also eine Einheit in der Vielfalt der Zugehörigkeiten her. Soziale Identität bleibt immer ein problematisches Feld, da Interaktionspartner*innen stets eine virtuelle soziale Identität vor Augen haben, die von Zuschreibungen und Vorannahmen (oft an äußeren Attributen festgemacht) ausgeht (vgl. ebd., S. 10). Diese ist nicht mit der „aktualen sozialen Identität" (ebd., S. 30) deckungsgleich, die nur das ausmacht, was dem Individuum tatsächlich beweisbar zugeschrieben werden kann (vgl. ebd., S. 10). *Persönliche Identität* hingegen manifestiert sich für Goffman in einer unverwechselbaren Biografie und stellt die Kontinuität des Ich im Wechsel der Lebensumstände her. In Interaktionen kommt es darauf an, soziale Identität zu wahren und auszudrücken, ohne verdinglicht (funktionalisiert) zu werden (vgl. ebd.), sowie persönliche Identität zu wahren und auszudrücken, ohne stigmatisiert zu werden (vgl. ebd. S. 73 f.). Auf der phänomenologischen Ebene konstatiert Goffman zur Wahrung sozialer Identität eine Form von Agieren, die er als „phantom normalcy" bezeichnet (vgl. Abels, 2007, S. 193). Der Akteur stellt sich gegenüber Interaktionspartner*innen einer Bezugsgruppe so dar, als würde er sich mit den Normalitätserwartungen dieser Bezugsgruppe identifizieren (vgl. ebd.). Für Goffman ist Identität etwas, das in den Momenten von Interaktionen hergestellt, dargestellt, umkämpft und interpretiert wird. Sie ist in dieser Lesart bar jeglicher Essentialität.

Diskussion

Da Identität nach Goffmans Verständnis stets etwas Prekäres ist, um das gerungen wird, bleibt er für die Gegenwart interessant und aktuell. Bei ihm findet sich ein genauer phänomenologischer Blick auf die Herstellung, Verteidigung und Fortführung von Identität im Moment des Interagierens. Goffman bleibt auch deshalb ein hochaktueller Autor, der für die Grundschule große Bedeutsamkeit haben kann, weil er für aktuell bleibende Herausforderungen wie den Zugang und den Erhalt von Gruppenzugehörigkeiten und die Zurückweisung von stigmatisierenden Zuschreibungen genaue Beobachtungen geliefert und gut begründete Schlussfolgerungen gezogen hat. Seine Theorie bietet sich insbesondere dann an, wenn es um die Analyse und Ausgestaltung einzelner Unterrichtssituationen geht. Allerdings thematisiert er Entwicklung nicht im längeren Vergleich; deshalb lässt sich mit ihm nichts Spezifisches für das Grundschulalter sagen. Zudem beziehen sich seine unzähligen Beobachtungen fast ausschließlich auf Erwachsene. Unklar bleibt deshalb die Spezifik von identitätsstiftenden Interaktionen im Grundschulalter.

2.3.4   Lothar Krappmann: Identitätsbalance in Interaktionen bewahren

Krappmann griff Meads interaktionistische Theorie der Identitätsbildung auf und bezog sich in wesentlichen Teilen seines Modells auf Goffman. Er definierte Identität als immer wiederkehrende Balanceakte zwischen gesellschaftlichen Erwartungen und individuellen Zielen. Als Identität wird bei ihm die in jeder sozialen Interaktion neue Einordnung von Erfahrungen in eine konsistente Erzählung des

Individuums von sich selbst bezeichnet. In Interaktionen müssen Personen stets zwei schwierig miteinander zu vereinbarende Erwartungen erfüllen: Sie müssen zum einen zeigen, wer sie wirklich sind, also was ihre Besonderheit ausmacht. Es geht also darum, eigene Bedürfnisse, Vorstellungen und Ziele authentisch darzustellen. Zum anderen ist stets gefordert, allgemeine Erwartungen zu erfüllen; also kulturell normierte Vorstellungen, Bedürfnisse und Ziele zu zeigen.

Identität entsteht durch den Abgleich eigener und fremder Erwartungen in einem kreativen Akt der Passung: Wo in den Rollenvorstellungen Anderer tut sich eine Lücke auf, die mit eigenen Vorstellungen gefüllt werden kann? An welche Rollen(klischees) Anderer kann mit höchst eigenen Vorstellungen angedockt werden? Die Performanz eigener Vorstellungen und eigener Identität muss dabei über die Zeit hinweg ein Mindestmaß an Kohärenz bieten (vgl. Krappmann, 2005, S. 7 f.). Identität ist auf die Anerkennung der Anderen angewiesen; dies kann aber nur auf einer Basis geteilten Sinns erfolgen. Insofern wird Identität „vor allem [durch] die Kompetenz, Sinn mit anderen beharrlich auszuhandeln" garantiert (Krappmann, 1997, S. 80). Identität stellt also die (soziale) Kompetenz eines Individuums bereit, an ganz unterschiedlichen sozialen Interaktionen teilzunehmen. Dabei werden die Wahrung eines eigenen Bildes und die stetige Arbeit daran zugleich als Voraussetzung und Folge der Interaktionen verstanden. Krappmann betont, dass es nicht vorrangig darum geht, Rollen zu übernehmen oder abzulehnen, sondern eigene „Vorstellungen mit sozialen Erwartungen [zu] verbinden" (ebd., S. 81). Die besondere Pointe dieses Modells bildet zweifellos die Identifizierung der sehr komplexen, widersprüchlichen und kaum je mit den eigenen individuellen Vorstellungen und Plänen übereinstimmenden sozialen Erwartungen gerade als Quellen und Triebkräfte der Identität. Nur eine gewisse Bandbreite von unterschiedlichen Vorstellungen, Normen und Erwartungen ermöglicht divergierende und eigene Positionen. Krappmann liefert zudem den Schlüssel für eine grundlegende Begründung der Notwendigkeit von Identitätsentwicklung: Identität ist die Voraussetzung zur Teilnahme an sozialen Interaktionen; diese wiederum sind lebensnotwendig für Menschen als soziale Lebewesen. Ziel von Identitätsarbeit ist „keine ein für allemal gesicherte Identität, sondern lediglich, sich trotz einer immer problematischen Identität die weitere Beteiligung an Interaktionen zu sichern" (ebd.). Krappmann (2005, S. 132–138) arbeitet vier für die Identitätsentwicklung wichtige Kompetenzen heraus:

- *Empathie:* Voraussetzung dafür, Verständnis für die Rollen Anderer zu entwickeln und passende Rollen für sich selbst auszuwählen
- *Rollendistanz:* zu fremden Erwartungen eine kritische Distanz wahren können

- *Ambiguitätstoleranz:* ein gewisses Maß an Unterschiedlichkeit und damit Dissonanzen zwischen verschiedenen Erwartungen aushalten können
- *Identitätsdarstellung (Performanz):* Identität überzeugend präsentieren können

Diskussion

Postmoderne Theoretiker*innen würden fragen: Was ist, wenn die Differenzen zwischen eigenen und fremden Vorstellungen zu groß werden und der Spagat einer immer geringeren Zahl von Menschen gelingt? Pluralisierte Lebenswelten erfordern ja je angepasste Performanz. Wie könnte dann bei pluralisierter Performanz ein Mindestmaß an Kohärenz überhaupt aussehen? Für Bauman beispielsweise ist deshalb der Angelpunkt postmoderner Lebensstrategie folgerichtig nicht mehr „Identität", sondern die „Vermeidung jeglicher Bindung und Festlegung" (Bauman, 1997, S. 145). Auch andere postmoderne Philosoph*innen und Soziolog*innen äußern die Ansicht, dass die Suche nach Identität unrettbar der industriellen Moderne verhaftet sei und postulieren den Tod des Subjekts (vgl. Krappmann, 1997, S. 86–91). Dieter Lenzen (zit. nach Krappmann, 1997, S. 87) bezeichnet Krappmanns Konzept als „Rettungsversuch", ohne Identität jemals erreichen zu können. Krappmann (ebd., S. 90) selbst hält dem seine eigenen „Beobachtungen der Kooperation und der Konfliktaustragung unter Kindern in Klassenzimmern und auf Schulhöfen" entgegen, die er dahingehend deutet, dass „Heranwachsende in ihren Interaktionen [...] miteinander darum ringen, als Personen, die sich in ihren Eigenarten und Anliegen verstehen, respektiert zu werden" und „Identität [...] suchen, [...] riskieren und [...] behaupten".

Ebendies macht Krappmann für die Diskussion im pädagogisch-didaktischen Kontext so interessant: Einerseits die Benennung der großen Herausforderungen und andererseits das Festhalten an Kohärenz als Zieldimension ermöglichen eine sinnvolle Vernetzung mit dem Bildungsbegriff, der stets ein bildungsfähiges Subjekt im Blick hat. Das interaktionistische Modell Krappmanns bietet gute Möglichkeiten, Unterricht unter dem Fokus der Identitätsbildung zu betrachten. Die von ihm herausgearbeiteten Kompetenzen können als Kriterien für einen identitätsbezogenen Sachunterricht herangezogen werden.

2.3.5 Thomas Luckmann: Identität als zentrale Steuerungsinstanz für das Handeln

Luckmann, gemeinsam mit Peter Berger Begründer des Sozialkonstruktivismus, verortet sich in seinen Überlegungen zu persönlicher Identität zum einen in der

Tradition des symbolischen Interaktionismus und bezieht sich hier maßgeblich auf George Herbert Mead und Charles Cooley (vgl. Luckmann, 1980, S. 128; 2003, S. 389 f.). Zum anderen ist er der phänomenologischen Denktradition verpflichtet mit besonderem Bezug zu Aron Gurwitsch und Alfred Schütz (vgl. Luckmann, 2003, S. 388 f.).

Persönliche Identität ist für Luckmann *das* zentrale Merkmal der menschlichen Lebensweise, die zentrale Instanz, die das Handeln von Menschen reguliert (vgl. ebd., S. 386). Sie ist gekennzeichnet durch „eine auf langfristiger Erinnerung und Zukunftsentwürfen beruhende Verhaltenskontrolle" (ebd., S. 385) und beruht einerseits auf Voraussetzungen des Körpers, der Grundstrukturen des Bewusstseins und der biologischen Grunddeterminanten sozialer Interaktion. Diese fasst Luckmann unter dem Begriff Biogramm zusammen. Aber sie ist andererseits abhängig vom jeweiligen gesellschaftlich-historischen Apriori. Sie beruht also *sowohl* auf stark individuellen Organismen *als auch* einer einzigartigen geschichtlichen Gesellschaft (vgl. Luckmann, 1980, S. 127 f.).

Entscheidende Bedingung ihrer Genese ist die „hochgradige Individualisierung der Sozialbeziehungen" (Luckmann, 2003, S. 386), da sich das Handeln des Einzelnen entscheidend an dem Handeln ganz bestimmter Anderer[15] (vgl. ebd.) ausrichtet. Im gemeinsamen Handeln mit bedeutsamen Anderen erlebt sich das Individuum selbst:

> Von entscheidender Bedeutung für die Ausbildung persönlicher Identität ist, daß sich der Mensch vermittels einer Fremderfahrung erfaßt, der Erfahrung, die andere Menschen von ihm haben und ihm anzeigen. (ebd., S. 390)

Voraussetzung für gemeinsames Handeln sind bestimmte Koordinationsleistungen bezüglich der geteilten Erfahrungen: „Ego selbst konstituiert sich als Person erst über alter ego, in der Synchronisation zweier Bewusstseinsströme über wechselseitig angezeigte Erfahrungen und wechselseitiges Handeln" (ebd., S. 389). Luckmann greift zur begrifflichen Konkretisierung dieses Vorgangs auf Mead (Rollenspiel) und Cooley (Spiegelung) zurück (vgl. ebd.).

Entscheidend für diese Erfahrungen der Handlungskoordination und Selbsterfahrung mittels Fremderfahrung ist die Fähigkeit zur langfristigen und situationsübergreifenden Zuschreibung von Verantwortung. Voraussetzung dafür sind natürlich erst einmal langfristige Gedächtnisleistungen (zur Erinnerung über die Zeit hinweg), aber auf der Ebene der Bewusstseinsentwicklung sind es die „Synthesen der inneren Zeit" (Luckmann, 2003, S. 389), die den bedeutsamsten Schritt

---

[15] significant other; Begriff im englischen Original nach Mead.

darstellen; insofern ist Zeitbewusstsein Voraussetzung für Identität. Für Luckmann bildet also die psychosoziale Struktur des Menschen eine zeitliche Struktur (vgl. auch Wissing, 2004, S. 50). Sein Identitätskonzept beschreibt, dass das Individuum in der Gegenwart einen reflexiven Bezug zu sich selbst herstellt, indem es sich mit seiner subjektiven Vergangenheit und Zukunft auseinandersetzt. Die persönliche Identität ist somit auch die Einheit der Zeithorizonte. Menschliche Zeiterfahrungen sind für Luckmann Synchronisationszwänge, bei denen zum einen körperliche Rhythmen mit sozialen abgestimmt, zum anderen unterschiedliche Normen einzelner Lebensbereiche oder differierende Zeitbezüge innerhalb von Interaktionen verschiedener Individuen in Einklang gebracht werden müssen. Für Luckmann hat jeder Mensch zwei zeitbezogene Aufgaben. Auf der persönlichen Ebene muss er aus den unterschiedlichen Zeitbezügen eine Identität bilden und auf der sozialen Ebene muss er sich mit den gesellschaftlichen Zeitordnungen und -zwängen koordinieren.

Für Luckmann sind die Entwicklung von persönlicher Identität und die Ausprägung gesellschaftlicher Strukturen eng verbunden und voneinander abhängig; quasi zwei Seiten derselben Medaille:

> Langfristige raum- und zeitübergreifende, obligatorisch festgelegte Strukturen sozialen Handelns, mit anderen Worten: gesellschaftliche Institutionen, entstanden sozusagen im Gleichschritt mit der Herausbildung einer bewußten, an bestimmten Anderen ausgerichteten und ein gewisses Maß an Selbstdisziplin erfordernden Steuerung des Verhaltes durch das Individuum. (ebd., S. 387)

Auch wenn er sich nicht auf Erikson bezieht – in diesem Punkt stimmen beide deutlich überein. Klar ist damit jedoch auch, dass Identität weitgehend gesellschaftlich konstruiert ist:

> Eine Weltauffassung, ein zusammenhängendes Ganzes vergesellschafteter Bedeutungsbestände, und eine bestimmte Gesellschaftsordnung, eine zusammenhängende Struktur handlungsregulierender Institutionen, stehen bei der Ausbildung einer persönlichen Identität Pate. (ebd., S. 390)

Deshalb bilden verschiedene Gesellschaften jeweils verschiedene Typen persönlicher Identität aus (vgl. ebd., S. 391). Für die Herausbildung persönlicher Identität in der Gegenwart westlicher Gesellschaften sieht Luckmann zwei bedeutsame Herausforderungen. Als erste benennt er die fortscheitende gesellschaftliche Differenzierung. Diese bezeichnet den Prozess der Aufsplitterung der gesellschaftlichen Handlungen in getrennte Funktionsbereiche, die mit der Verrichtung anonym definierter sozialer Rollen einhergeht, die das Übergewicht gewonnen haben gegenüber der Ausbildung der persönlichen Identität (vgl. ebd.,

S. 393). Luckmann geht deshalb davon aus, dass persönliche Identität – von der gegenwärtigen gesellschaftlichen Formation her gedacht – „nicht mehr eindeutig und nachhaltig – durch die Gesellschaftsordnung geformt und gestützt werden braucht" und auch „gesellschaftlich immer weniger definitiv modelliert wird". Er spricht demzufolge von einer Privatisierung der persönlichen Identität: „Die nachhaltige Stabilisierung der persönlichen Identität wird immer mehr zur erfolgreich – oder auch nicht erfolgreich – betriebenen Privatsache" (ebd., S. 393).

Als zweite Herausforderung nennt Luckmann Pluralisierung, die Tatsache, dass „keine obligatorische, einheitliche Weltansicht" (ebd., S. 395) mehr existiert und existieren kann und viele verschiedene – und fortwährend sich vervielfältigende – kulturelle Deutungsmuster nebeneinander bestehen. Er konstatiert: „Auch Teilwelten werden […] nicht als verbindlich vermittelt, sondern […] zur Wahl gestellt" (ebd.). Seine Schlussfolgerung ist, dass die Gesellschaftsordnung weniger als je zuvor die Stimmigkeit der nötigen intersubjektiven Spiegelungsvorgänge garantiert. Er hält es jedoch für unwahrscheinlich, dass Menschen überhaupt ohne einen fraglosen Horizont ihres Daseins auskommen können. Neue Selbstverständlichkeiten bilden sich deshalb für ihn in der Gegenwart in den „kleinen Lebenswelten" der Menschen immer wieder neu aus, stützen die persönliche Identität und schützen sie vor dem Zerbrechen (ebd. S. 395).

Für die frühe Kindheit vermutet Luckmann zwar einerseits, dass in den meisten Familien weiterhin einigermaßen stimmige Spiegelungseffekte stattfinden, andererseits aber die Zahl der Familien zunimmt, in denen das nicht mehr gewährleistet ist. Außerdem vergrößert sich für ihn die strukturelle Kluft zwischen den identitätsrelevanten Sozialbeziehungen in der frühen Sozialisation und den darauffolgenden Sozialbeziehungen. Die Folgen für die Identitätsbildung der Individuen hält er für noch nicht absehbar (vgl. ebd., S. 396).

Diskussion

Luckmanns theoretische Perspektive ist aus verschiedenen Gründen interessant. Zum einen ist der Begriff der persönlichen Identität hier zentral und im sozialkonstruktivistischen Kontext das entscheidende Merkmal des Individuums für die Konstruktion von gesellschaftlicher Wirklichkeit. Diese Vorstellung ist gut anschlussfähig an den Bildungsbegriff Klafkis, der den engen Zusammenhang von Individualbildung und gesellschaftlicher Wirklichkeit in den Vordergrund stellt. Außerdem scheint es für Unterricht bedeutsam, dass hier gemeinsames Handeln, insbesondere gemeinsames sprachliches Handeln –mit bedeutsamen Anderen- im Mittelpunkt der Identitätsbildung stehen. Handlungs- und Kommunikationsprozesse im Unterricht sind so betrachtet stets bedeutsam für die

Identität der Schüler*innen – jedoch abhängig davon, wie persönlich bedeutsam die Anderen, also Mitschüler*innen und Lehrer*innen sind. Daraus folgt, dass der Qualität der Beziehungen zwischen Schüler*innen untereinander und mit den Lehrer*innen eine große Bedeutsamkeit zukommt, da diese signifikante Andere sein können (und sein sollten). Des Weiteren ist der Konstruktivismus als Bezugstheorie besonders in moderater Form ein im Sachunterricht der letzten Jahre häufig und gern in Anspruch genommenes Lernparadigma; insbesondere im naturwissenschaftlichen Sachunterricht.

Allerdings sind Luckmanns Ausführungen insgesamt eher prinzipieller als konkreter Natur und bewegen sich immer auf dem Grund des Paradigmas der sozialen Konstruktion von Wirklichkeit. Überlegungen zur phylogenetischen und ontogenetischen Grundlegung von Identität stehen im Mittelpunkt. Eine große Stärke von Luckmanns Identitätskonzept ist die Verbindung interaktionistischer Theorie mit der phänomenologischen Forschungstradition. Hier kann die Brücke zum konkreten Unterrichtserleben geschlagen werden. Luckmann trifft keine speziellen Aussagen zum Grundschulalter, auch keine zu solchen im speziellen Sozialraum Schule; im Gegensatz zu Sozialbeziehungen im Beruf, die er thematisiert.

Als besonders interessant für den Sachunterricht ist die Bedeutung zu bewerten, die er der Entwicklung von Zeitbewusstsein für die Identitätsgenese beimisst, da Zeitbewusstsein sowohl bei den Themen Uhr und Uhrzeit als auch für autobiografische Zugänge und für die historische Perspektive curricular verankert ist.

2.3.6   Jürgen Habermas: Reflektierte Kommunikation als Basis von Identität

Jürgen Habermas verwendet den Identitätsbegriff als Kriterium für Handlungsfähigkeit in der Lebenswelt im Kontext von Kommunikation. Als Identität versteht er das „Selbstverständnis der Personen, die ihre Zugehörigkeit zu der Lebenswelt, der sie in ihrer aktuellen Rolle als Kommunikationsteilnehmer angehören, *objektivieren* müssen" (Habermas, 1995, S. 206). Habermas scheint damit zunächst eher in der Tradition Eriksons zu stehen, da Identität für ihn in erster Linie Selbstverständnis von Personen bedeutet, also die Innenperspektive entscheidend ist. Andererseits geht es auch ihm um das Verhältnis zu Anderen, insofern spielt die Außenperspektive ebenso eine Rolle. Bei der weiteren Ausformulierung seines Identitätskonzepts folgt Habermas im Wesentlichen Goffman, wenn er Identität in

personale und soziale Identität unterteilt. Dementsprechend generiert sich personale Identität aus einer Sequenz eigener Handlungen, die als narrativ darstellbare
Lebensgeschichte erscheint, und soziale Identität generiert sich über Teilnahme
an Interaktionen, um Zugehörigkeit zu Gruppen aufrechtzuerhalten (vgl. ebd.).
Habermas ergänzt Goffmans Begriff der „phantom normalcy" um „phantom uni-
queness". Zur Wahrung persönlicher Identität dient dabei ein Agieren, bei dem
der Akteur so tut, als habe er eine unverwechselbare Einzigartigkeit und bei dem
er versucht, diese dar- und herzustellen.

Kommunikation – der zentrale Begriff in Habermas' Modell – dient auf
der Ebene der personalen Identität der „Heranbildung zurechnungsfähiger Aktoren", auf der Ebene der sozialen Identität der Koordination der Vorstellungen
von Kommunikationsteilnehmer*innen zur Lebenswelt, der Ausbildung geteilter
Überzeugungen und „unkomplizierter Hintergrundüberzeugungen" (ebd., S. 206)
und letztlich der Herstellung von Solidarität.

Diskussion

Die Einbindung des Identitätsbegriffs in das Modell kommunikativen Handelns
mit den ausdifferenzierten Vorstellungen von Lebenswelt und seinen unüberseh-
baren normativen Setzungen „zurechnungsfähiger Aktoren" und „Herstellung von
Solidarität" passt erst einmal gut zu Schule und (Sach)unterricht. Insofern könnte
die normativ aufgeladene Theorie von Habermas den Anknüpfungspunkt zur
Didaktik bilden, die nicht ohne normative Zielformulierungen und Begründungen auskommt. Allerdings fällt auf, dass Identität für Habermas ein Begriff ist,
der seine Funktion im Modell kommunikativen Handelns hat und der hier als
eine Voraussetzung für Handlungsfähigkeit fungiert.

2.3.7 Heiner Keupp: Patchwork-Identität

Patchwork-Identität, die zentrale und vielzitierte Metapher, entwickelte Keupp
aus dem Vergleich von Teppichmustern. Auf der einen Seite stehen solche aus
industrieller Produktion, die mit ihren monoton wiederkehrenden Mustern für
Identität in der Moderne stehen, auf der anderen Seite der „crazy quilt", ein
„Fleckerlteppich" aus textilen Resten und Fragmenten mit „überraschenden und
wilden Farben und Formen", der für Identität in der Postmoderne steht (Keupp,
1989, S. 64). Keupp knüpft an die Überlegungen Eriksons und Krappmanns an
und beschreibt Identität als lebenslangen, kreativen Prozess, der von alltäglicher Lebensbewältigung geprägt ist. Dieser erfordert umfassende „Fähigkeiten zur

Selbstorganisation zur Verknüpfung von Ansprüchen auf ein gutes und authenti-
sches Leben mit den gegebenen Ressourcen und [...] die innere Selbstschöpfung
von Lebenssinn" (Keupp, 2004, S. 10). Insofern ist Identität auch bei Keupp ein
niemals abschließbarer *Prozess*, der dauerhafte „Identitätsarbeit" (seine zweite
zentrale Metapher) erfordert und aus einer Folge identitätsstiftender Projekte
bestehen kann. Identität ist für Keupp das Kernproblem, dessen Bewältigung
Individuen in unserer Zeit lebenslang beschäftigt, das aber nie dauerhaft lös-
bar ist. Lebenskohärenz ist zugleich Bedingung für und Ziel von Identitätsarbeit.
Diese ist deshalb so zentral, weil andernfalls der Verlust der psychischen Gesundheit und Persönlichkeitsstörungen drohen. Identitätsarbeit findet sowohl auf einer
äußeren als auch auf einer inneren Ebene statt. Nach außen hin, also auf die
soziale Umwelt bezogen, steht die Bewahrung von Handlungsfähigkeit im Mittelpunkt. Dafür sind soziale Anerkennung und Integration bedeutsam. Um diese zu
erhalten, ist stetige Passungsarbeit in wechselnden und fluiden sozialen Settings
nötig. Auf der inneren, subjektiven Ebene ist Synthesearbeit zu leisten, um die
Verknüpfung und den Abgleich der verschiedenen Erfahrungsebenen zu gewährleisten und Selbstanerkennung, Kohärenz sowie Sinnhaftigkeit zu konstruieren
und zu erhalten.

Keupp stellt Identitätsentwicklung in einem hierarchischen Modell mit drei
Ebenen dar (vgl. Abbildung 2.1). Metaidentität, die übergeordnete Ebene, kann
als Beziehungsgefüge von biografischen Kernnarrationen, leitenden Wertorien-
tierungen, dem Identitätsgefühl (Gefühl von Authentizität und Kohärenz) und
situativ jeweils dominierenden Teilidentitäten verstanden werden. Demgegenüber stehen auf der untersten Ebene situative Selbstthematisierungen und viele
situative Selbsterfahrungen im alltäglichen Handeln. Die Metaidentität wirkt prä-
gend darauf ein, wie diese Handlungssituationen wahrgenommen werden und
wie in ihnen reagiert und agiert wird. Die Selbsterfahrungen werden auf der
mittleren Ebene (Teilidentitäten) verarbeitet und synthetisiert. Mit Teilidentitäten sind themen- bzw. settingbezogene Kategorisierungen gemeint, die Aspekte
biografischer Kohärenz und Aspekte von Zugehörigkeit betreffen. Die Teilidentitäten wiederum beeinflussen das Gefüge der Metaidentität fortwährend und
situativ. Sie werden ihrerseits wiederum von der Metaidentität geprägt. Kriterien des Gelingens von Identitätsarbeit sind auf der äußeren Ebene das Erleben
von Anerkennung und Zugehörigkeit sowie auf der inneren Ebene das Erleben
von Authentizität (vgl. Keupp, 2004, S. 10).

Keupp diskutiert eine Reihe von Kontextfaktoren von Identitätsarbeit. Die
Bedeutung von Eigenaktivität und Selbstwirksamkeit bei der Gestaltung der eigenen Biografie und der situativen Konstruktion von Identität wird hervorgehoben
(vgl. ebd., S. 11). Ermutigung zu eigenen Schritten in sozialer Eingebundenheit

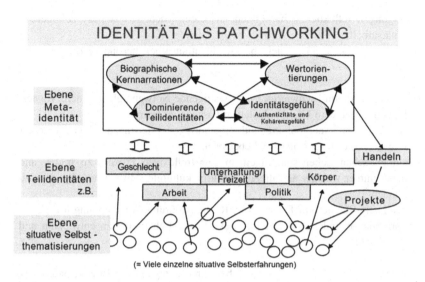

Abbildung 2.1 Drei-Ebenen-Modell der Identitätsarbeit (Keupp, 2003, S. 12)

wird als Voraussetzung herausgearbeitet für die immer wieder geforderte kreative Eigenleistung, fragmentierte Erfahrungsfelder und Identitätsprojekte in eine
kohärente Form zu bringen. Autonomieerleben und soziale Bezogenheit (Zugehörigkeit) bilden dafür ein sich wechselseitig bedingendes Spannungsfeld. Keupp
ist ganz bei Erikson, wenn er die Bedeutung von Geborgenheit und Urvertrauen
als Grundlage für das Gelingen von Identitätsarbeit betont (vgl. Keupp, 2010a,
Kapitel 11). Als ein weiterer Kontextfaktor gelingender Identitätsarbeit wird der
Zugang zu materiellen Ressourcen benannt und auf die nachweislich größeren
Risiken für von Armut betroffene Kinder und Jugendliche verwiesen (vgl. ebd.,
Kapitel 8). Ebenfalls für entscheidend hält Keupp die Fähigkeit, soziale Netzwerke zu schaffen und zu pflegen. Außerdem verweist er auf die Bedeutung
einer demokratischen Alltagskultur, in der Menschen die Erfahrung machen, ernst
genommen zu werden, Auseinandersetzungen führen und Kompromisse finden zu
können, Perspektivwechsel zu vollziehen sowie Unterschiedlichkeit zu erleben
und zu akzeptieren. Dem Bildungssystem attestiert er für das Erleben demokratischer Alltagskultur einen erheblichen Entwicklungsbedarf. Wie Krappmann
sieht Keupp in der Entwicklung von Ambiguitätstoleranz einen entscheidenden
Faktor gelingender Identitätsarbeit (vgl. ebd., Kapitel 12). Außerdem benennt
er die Fähigkeit, eigene Bedürfnisse und Identifikationen sowie deren soziale

Bedingungen reflektieren zu können, als einen wichtigen Aspekt gelingender Identitätsarbeit.

Keupp (2004, S. 33 f.) sieht bei der Identitätsarbeit besondere Herausforderungen:

- die verstärkte und schwieriger zu bewältigende Notwendigkeit, innere Vorstellungen und äußere Gegebenheiten in Passung zu bringen
- Kontexte von Anerkennung und Zugehörigkeit erleben zu können in einer immer stärker fragmentierten Lebenswelt
- authentischen Lebenssinn in einem selbstreflexiven Prozess zu finden und dabei immer weniger auf allgemeingültige kulturelle Muster zurückgreifen zu können
- geeignete Rahmen für Ermutigung, Realitätsprüfung, Anerkennung und Zugehörigkeit zu finden, um Kohärenzgefühl, also Lebenssinn zu entwickeln und zu pflegen

2003 fragte Keupp in einem Vortrag bei der Fachtagung zur Erlebnispädagogik konkret bezüglich Heranwachsender (Keupp, 2003, S. 19 f.):

Welche Kompetenzen brauchen Heranwachsende, um in jener Gesellschaft handlungsfähig sein zu können, die sich im Gefolge des gesellschaftlichen Strukturwandels herausbildet? [...] An welchen Modellen und Werten sollen sich Heranwachsende orientieren oder von welchen sich abgrenzen? Und welche Ressourcen brauchen sie dazu?

Diese Herausforderungen können zweifellos auch für das Grundschulalter Geltung beanspruchen. Nötige Kompetenzen von Schüler*innen skizziert Keupp in Stichpunkten (ebd.):

- Sie müssen ihre eigene Lebenserzählung finden, die für sie einen kohärenten Sinnzusammenhang stiftet
- Sie müssen in einer Welt der universellen Grenzüberschreitungen ihr eigenes „boundary management" in Bezug auf Identität, Wertehorizont und Optionsvielfalt vornehmen
- Sie brauchen die „einbettende Kultur" sozialer Netzwerke und die soziale Kompetenz, diese auch immer wieder mit zu erzeugen
- Sie benötigen die erforderliche materielle Basissicherung, die eine Zugangsvoraussetzung für die Verteilung von Lebenschancen bildet
- Sie benötigen die Erfahrung der Zugehörigkeit zu der Gesellschaft, in der sie ihr Lebensprojekt verwirklichen wollen

- Sie brauchen einen Kontext der Anerkennung, der die basale Voraussetzung für eine gelingende Identitätsarbeit ist
- Sie brauchen Voraussetzungen für den alltäglichen interkulturellen Diskurs, der in einer Einwanderungsgesellschaft alle Erfahrungsbereiche durchdringt
- Sie müssen die Chance haben, in Projekten des bürgerschaftlichen Engagements zivilgesellschaftliche Basiskompetenzen zu erwerben

Diese Fähigkeiten müssten in altersadäquate und schulform- bzw. unterrichtsgerechte Formulierungen übersetzt werden, um in den Sachunterrichtsdiskurs eingebracht zu werden.

Diskussion
Für Keupp gilt dasselbe wie für Krappmann: Vertreter*innen der Postmoderne sind seine Schlussfolgerungen vermutlich nicht radikal genug. Aber gerade *der empirisch fundierte Verzicht* auf die Dekonstruktion des Subjekts und das begründete Festhalten am Ziel der Kohärenz machen seine Überlegungen fruchtbar für die bildungstheoretische Diskussion. Allerdings ist zu berücksichtigen, dass Keupps Modell anhand einer Langzeitstudie mit Jugendlichen bzw. jungen Erwachsenen entwickelt wurde. Diese Studie ging der Frage nach, wie Identitätsprobleme in diesem biografischen Abschnitt bearbeitet werden und beschreibt die Versuche, Konsistenz und Kohärenz zu erzeugen.[16] Explizite Aussagen zu Entwicklungen in der Kindheit werden nicht getroffen.

Daraus ergibt sich die Frage: Was muss davor, in der Grundschulzeit, passieren, damit die Schüler*innen für die genannten Herausforderungen der heutigen Identitätsarbeit gewappnet sind? Da Keupps Modell im Kontext von Prävention intensiv rezipiert wird, kann eine gewisse Passung zu pädagogischen Kontexten und zum Sachunterricht angenommen werden, da in seinen Curricula Prävention in vielfältiger Weise verankert ist. Insofern scheint es gut möglich, empirisch begründete Herausforderungen, Strategien und Bedingungen von Identitätsarbeit sachunterrichtsbezogen zu diskutieren.

Das Drei-Ebenen-Modell der Identität schließlich scheint für den Unterricht adaptierbar und könnte einen Beitrag zum Verständnis von Identitätsbildung im Kontext von Sachunterricht leisten. Auf seiner Grundlage könnte eine Konzeptualisierung identitätsbezogener Aufgaben für den Sachunterricht möglich sein. Die Thematisierung demokratischer Alltagskultur als mächtigen Wirkfaktor für gelingende Identitätsarbeit bietet zudem einen für den Sachunterricht

---

[16] Keupps Modell betrifft demzufolge genaugenommen nur die biografische Zeitspanne, die Erikson mit Ich-Identität vs. Identitätsdiffusion bezeichnet.

wichtigen inhaltlichen Anknüpfungspunkt. Die Bedeutsamkeit von Reflexivität in der Identitätsarbeit wiederum scheint gut anschlussfähig an Überlegungen zum biografischen Lernen im Sachunterricht.

Aus der Auseinandersetzung mit den unterschiedlichen Identitätstheorien ergaben sich eine Vielzahl von berücksichtigungswerten Aspekten und Kriterien für die Erstellung eines auf den Sachunterricht bezogenen Modells von Identität. Außerdem ergab sich dadurch ein Wissens- und Reflexionszuwachs, der bei der Beantwortung der empirischen Fragestellungen hilfreich war, da er die Strukturierung und Einordnung der empirischen Ergebnisse ermöglichte und unterstützte.

Auch der Ertrag des gesamten Kapitels ist damit umrissen. Die Kriterien und Bausteine für ein spezifisch auf den Sachunterricht bezogenes Identitätsmodell wurden herausgearbeitet. Außerdem wurden die theoretischen Grundlagen für die empirische Untersuchung zu einem großen Teil gelegt. Offen bleibt eine dezidierte Auseinandersetzung damit, welche Rolle Identität im Kontext der didaktischen Ziele des Sachunterrichts zuzuweisen wäre – eine Auseinandersetzung mit dem Verhältnis von Bildung und Identität.

Ein auf Sachunterricht bezogenes Modell der Identitätsentwicklung

Die Erarbeitung eines sachunterrichtsbezogenen Modells der Identitätsentwicklung ist ein zentrales Ziel dieser Arbeit (vgl. 1 Einleitung). Mit Ausnahme des Modells von Erikson treffen die in Kapitel 2 dargelegten und diskutierten Theorien keine oder doch nur sehr eingeschränkt Aussagen zum Grundschulalter. Insofern scheint es an der Zeit, ein solches Modell zu entwickeln und zur Diskussion zu stellen. Insbesondere für die empirische Untersuchung sollte ein solches Modell sehr hilfreich sein, weil es die theoretischen Bezüge in Bezug auf Didaktik hin bündelt die Entwicklung von Kriterien für die empirische Forschung unterstützt.

Für die Formulierung eines solchen Modells liegt das von Keupp (1999) formulierte Paradigma nahe, dass universalistische Identitätstheorien, die die anthropologischen Grundtatbestände der individuellen Selbstverortung betonen, mit den gesellschaftlich aktuellen Problemkontexten der Identitätsarbeit zu verbinden sind, da sich (Sach)unterricht immer im Spannungsfeld von individueller Entwicklung und gesellschaftlichen Problemen bewegt (vgl. auch Kapitel 4).

Didaktische Prozesse zielen stets und wesentlich (wenn auch nicht ausschließlich) auf die Zukunft. Eine zentrale Grundlage der Gestaltung von Unterricht sind deshalb immer Ziele, also anders ausgedrückt spezifisch didaktische Zukunftsentwürfe. Nach Luckmann sind die Entwicklung von Zeitbewusstsein (das kognitive Operieren zwischen den Zeithorizonten, vgl. Abschnitt 2.1.3) und die Entwicklung der persönlichen Identität abhängig voneinander. Essentieller Teil von Identität ist es, sich selbst in die Zukunft entwerfen zu können. Unter gegenwärtigen Verhältnissen ist das zur Herausforderung geworden, weil die Zahl der zur Auswahl stehenden möglichen Zukunftsprojekte und -visionen immer größer

© Der/die Autor(en), exklusiv lizenziert durch Springer Fachmedien Wiesbaden GmbH, ein Teil von Springer Nature 2022
M. Siebach, *Identität als Diskursgegenstand der Didaktik des Sachunterrichts*, Sachlernen & kindliche Bildung – Bedingungen, Strukturen, Kontexte, https://doi.org/10.1007/978-3-658-36518-9_3

wird, durch beschleunigte gesellschaftliche Wandlungsprozesse die Unsicherheit steigt und längerfristiges Planen grundsätzlich schwieriger wird. Damit geht vermutlich auch zunehmend eine Kurzzeitorientierung einher. Aber gerade in dieser Situation bleibt die Fähigkeit, sich in die Zukunft zu entwerfen, eine essentielle Bedingung für die Handlungsfähigkeit. Ohne Zukunftsperspektive verlieren Lebensvollzüge und Lernprozesse den wichtigsten Teil ihrer Sinnhaftigkeit und damit fehlen auch Motivation und Kraft für die Bewältigung von Gegenwartsproblemen. Insofern ist die Arbeit am Zeitbewusstsein (mit besonderem Fokus auf Zukunft) als bedeutender Aspekt eines zeitgemäßen Bildungsauftrags zu verstehen.

Der Anspruch, einen Beitrag zum Wohlergehen und Wohlbefinden von Schüler*innen zu leisten, ist grundlegend für jegliche humanistisch zu nennende Bildung. In diesem übergreifenden Sinn ist auch der Begriff der Kindorientierung zu verstehen. Dies gilt gleichermaßen für die Gegenwarts- wie die Zukunftsperspektive; Schule und Unterricht müssen Wohlergehen und Wohlbefinden sowohl in der Gestaltung des Schul- und Unterrichtsalltags als auch in den didaktischen Zielsetzungen zur Richtschnur haben. Lernziele sind nur dann begründungsfähig, wenn in ihnen ein Potential dafür erkennbar ist, zum Wohlergehen in der Zukunft beizutragen. Schule und Unterricht müssen sich daran messen lassen, ob sie den altersgemäßen Bedürfnissen von Kindern gerecht werden, individuelle Entwicklungspotentiale fördern und damit dazu beitragen, Chancen auf ein gutes Leben in der Zukunft zu eröffnen (vgl. auch Duncker, 2014, S. 164). Humanistisch verstandene Bildung hat nicht die Aufgabe, gesellschaftlich reproduzierte Ansprüche an Individuen durchzusetzen, sondern ganz im Gegenteil Individuen dabei zu unterstützen, Kriterien für ein gutes Leben in der Gesellschaft zu formulieren, dieses einzufordern und das Rüstzeug dafür zu erlangen.[1]

Für die weiteren Überlegungen ist deshalb zunächst entscheidend, was zentrale Bedürfnisse sind, die erfüllt werden müssen, um Wohlbefinden gegenwarts- und zukunftsbezogen zu ermöglichen. Dabei ist der spezifische Kontext von (Sach)unterricht zu berücksichtigen. Ich stütze mich auf zwei Theorien, die mir als passfähig zum (Sach)unterricht erscheinen: das der Salutogenese von Aaron Antonovsky sowie das der psychischen Grundbedürfnisse, welches einerseits von Joseph Nuttin („general need of relational functioning") und andererseits von

---

[1] Das ist anschlussfähig an die Argumentation von Duncker (2014, S. 167): „[Die Anthropologische Argumentation] versteht die Grundschule nicht als zweckorientiertes Mittel zum Erreichen gesellschaftlichen Nutzens, sondern als einen Raum für kindliches Lernen, in dessen Beanspruchungen der Weg des Kindes in das Erwachsenwerden pädagogisch ausgelegt werden kann."

Edward Deci und Richard Ryan (self-determination theory) unabhängig voneinander, aber inhaltlich weitgehend deckungsgleich entwickelt wurde (vgl. Krapp, 2005, S. 628).[2]

Der „sense of coherence" gilt in der Salutogenese-Theorie als Stützfaktor (Resilienzfaktor) für die Gesunderhaltung und die Bewältigung schwieriger Lebenslagen. Dieser beruht auf drei Faktoren: (1) Herausforderungen, Probleme und Schwierigkeiten müssen *verstehbar* sein, (2) als *bewältigbar* wahrgenommen werden und (3) persönlich *bedeutsam* sein (vgl. Antonovsky, 1997, S. 34). Der Faktor der Verstehbarkeit meint Transparenz, Übersichtlichkeit und Nachvollziehbarkeit; mithin sind mit Verstehen kognitive Aspekte angesprochen. Der Faktor der Bewältigbarkeit meint Zuversicht und Zutrauen in die eigene Kompetenz, die Herausforderungen zu bewältigen – in Abhängigkeit von der Transparenz, Übersichtlichkeit und Nachvollziehbarkeit dieser Herausforderungen. Mit Bedeutsamkeit ist die Sinnhaftigkeit angesprochen, die Frage, ob Herausforderungen und mögliche Bewältigungsstrategien als sinnhaft und damit fürs eigene Leben als bedeutsam wahrgenommen werden.

Bei Nuttin findet sich das „Postulat eines urtümlichen, in der Natur des Menschen verankerten motivationalen Antriebssystems": „im Dienste [von] Selbsterhaltung und [...] Optimierung der Entwicklung" (Krapp, 2004, S. 629). Er (und Deci & Ryan) leiten daraus ebenfalls drei basale psychosoziale Grundbedürfnisse ab, die sich gegenseitig bedingen: das Erleben von *Autonomie*, von *Zugehörigkeit* und *Kompetenz* (vgl. ebd., S. 631–336). Diese Grundbedürfnisse sind so zu begreifen, dass sie in einem engen gegenseitigen Abhängigkeitsverhältnis stehen, ist doch beispielsweise Autonomie nur mittels Kompetenzerfahrungen zu erleben und verhalten sich Autonomie und Zugehörigkeit als komplementär, als Pole zueinander: Autonomie ist nur vor dem Hintergrund von Zugehörigkeitserfahrungen und gleichwertige Zugehörigkeit nur vor dem Hintergrund von Autonomieerfahrungen erlebbar.

Diese sechs als voneinander abhängig zu verstehenden Faktoren können als Grundbedingungen für Wohlbefinden und Wohlergehen gelten. Sie sind nur im Austausch mit Anderen, also in sozialen Interaktionen zu befriedigen. Nur in Interaktionen können Bedürfnisse deklariert und verhandelt sowie Sinn und Anerkennung ausgehandelt werden. Interaktionen sind – nach Goffman und Krappmann – *das* Medium der Identitätsentwicklung, weil Interaktionspartner*innen hier höchst ambivalenten Erwartungen ausgesetzt sind: unverwechselbar Eigenes zu zeigen und soziale Rollenerwartungen zu erfüllen. Identität wird in

---

[2] Krapp (2004, S. 627) legt allerdings dar, dass Nuttin für die Theorie und die einzelnen Grundbedürfnisse eine „sehr viel differenziertere Begründung" liefere.

Interaktionen, anknüpfend an frühere Erfahrungen und mit Bezugnahme auf Zukunftsentwürfe, stets neu und situativ konstruiert. Identität kommt hier – im Sinne Luckmanns – eine grundlegende Rolle zu: Sie ist Voraussetzung von Handlungsfähigkeit und damit auch – im Sinne Krappmanns – von Interaktionsfähigkeit, oder anders ausgedrückt, für die Teilnahme an Interaktionen (vgl. Krappmann, 1997). Als Interaktionspartner*in wird nur akzeptiert, wessen Identität in irgendeiner Weise sichtbar und fassbar ist; von dem klar ist, wer er ist und von dessen Verhalten man keine bösen Überraschungen zu erwarten hat. Positive Überraschungen hingegen sind willkommen: als etwas, was Interaktionspartner*innen besonders und einzigartig macht, ohne soziale Regeln zu verletzen und damit die soziale Ordnung zu gefährden (vgl. Krappmann, 1997, S. 81 f.). Da sich Identität aber im interaktionistischen Sinne in den Interaktionen immer neu konstruiert, wird klar, dass sie zugleich als Vorbedingung *und* Ergebnis von Interaktionen zu verstehen ist.

Identität zeigt sich als Fort- und Überschreibung einer narrativen Struktur (vgl. Kraus, 2004, S. 168), die autobiografisch orientiert und abhängig von der (Weiter)entwicklung des Zeitbewusstseins bezüglich Vergangenheit und Zukunft ist (vgl. Abschnitt 2.3.5). Diese narrativen Strukturen werden zunehmend durch Performanz mit Elementen einer Extended Identity, der Inszenierung durch Dinge und Konsumstile und durch Performanz in digitalen Medien ergänzt (vgl. Schäfer, 2015).

Bedeutsame identitätsbezogene Elemente in Interaktionen sind Anerkennung und Sinnstiftung. Die jeweils präsentierten Aspekte des Selbstbildes sollen über soziale Anerkennung stabilisiert werden. Sachunterricht kann mit Angeboten für Interessensentwicklung, mit Wissensbeständen und mit erworbenen Kompetenzen sozial bedeutsame Modelle im Sinne Eriksons anbieten, die als zu verhandelnde Gegenstände zur Identitätsstabilisierung beitragen können. Auch auf der Ebene der Sinnstiftung offeriert der Sachunterricht sozial bedeutsame Modelle, etwa durch sozial- und naturräumliche Orientierungen, die Identifikationspotentiale für Schüler*innen eröffnen und bei der Reflexion und Unterstützung von Zugehörigkeitserfahrungen hilfreich sind. Beide Elemente, Anerkennung und Sinnstiftung, tragen zur Stabilisierung von Kohärenz bei, ebenso wie die reflexive Beschäftigung mit der eigenen Biografie und ihren familiären, raum-, zeit-, kultur- und geschlechtsbezogenen Aspekten.

Identitätsentwicklung ist aus dieser Perspektive als permanenter Prozess von Identifikationsakten zu verstehen. Identität wird interaktiv in einem steten Abgleich von Selbst- und Fremdidentifikationen konstruiert. Selbst- und Fremdidentifikationen stehen in einem dynamischen Wechselverhältnis: *Fremdzuweisungen* können Teil der Identität werden, wenn sie angenommen, also in persönliche Identitätskonstrukte integriert werden; dabei werden sie aber stets modifiziert. *Selbstidentifikationen* hingegen müssen erst Akzeptanz durch Andere finden, um stabilisiert zu werden. Dadurch werden sie allerdings ebenfalls stets modifiziert. Identität hat immer diese beiden Quellen: individuelle Bedürfnisse und gesellschaftliche Erwartungen. Anders gesprochen muss Identität stets „durch das Nadelöhr des Anderen gehen, bevor sie sich selbst konstruieren kann" (Hall zit. nach Eickelpasch & Rademacher, 2004, S. 77). Deci & Ryan deklarieren in ihrer self determination-Theorie „zwei generelle, aber im Prinzip antagonistische aufeinander bezogene Entwicklungsziele des Person-Umwelt-Systems", persönliches Wachstum und Sicherung sozialer Strukturen (Krapp, 2005, S. 633). Beide Dimensionen müssen vom Individuum stets verknüpft werden. Keupp spricht von einem „subjektiven Konstruktionsprozeß, [...] in dem Individuen eine Passung von innerer und äußerer Welt suchen" (Keupp, 1999, S. 7), und bezeichnet Identität als „Problem an der Nahtstelle von Subjekt und Gesellschaft" (ebd., S. 9). Er nennt diese Prozesse von Um und −Neukonstruktion Identitätsarbeit. Sie sorgt für die kontinuierliche Verknüpfung des Individuums mit dem sozialen Gefüge und ermöglicht Individuen erst soziale Handlungsfähigkeit (vgl. Keupp, 2004, S. 5).

Die Identitätskonstruktionen beziehen sich auf bestimmte „Teilidentitäten" wie körperliche, geschlechtliche, familiäre, nationale, religiöse, raumbezogene (regionale, ortsbezogene, kiezbezogene) oder kulturelle und viele denkbare weitere Teilidentitäten, die auf der Ebene der Metaidentität sinnhaft verknüpft werden (vgl. ebd., S. 11). Im Sachunterricht kann Identitätsarbeit immer dann (aus)geübt werden, wenn in sozial situierten Interaktionen sachbezogene Identifikationen und situativ reflexive Selbstthematisierungen stattfinden, das Verhältnis zu Anderen geklärt wird oder die Reflexion oder gar der Abschied von Zugehörigkeiten erfolgt.

Aus diesen Überlegungen heraus finden sich in meinem Modell der Identitätsentwicklung im Sachunterricht vier Perspektiven wieder (vgl. Abbildung 3.1):

- die psychosoziale Zielperspektive von Sachunterricht, die die grundlegende normative Rahmung von Unterricht in den Blick nimmt
- die Perspektive des situativen Unterrichtsgeschehens, die Unterrichtsgeschehen als Gesamtheit der Interaktionen im Unterricht und ihre identitätsrelevanten Aspekte in den Blick nimmt
- die Identitätsebene, die reflexiv die Gesamtidentität (Metaidentität) und mögliche relevante Teilidentitäten in den Blick nimmt
- die Interaktionsperspektive (Handlungs- und Aushandlungsperspektive), die theoriebezogen die einzelne konkrete Interaktionssituation in den Blick nimmt

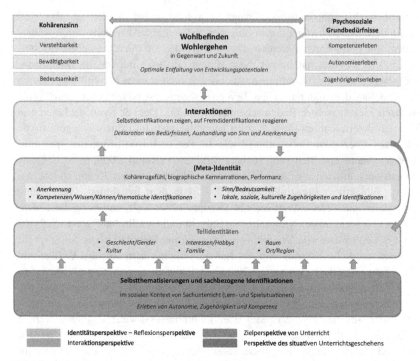

Abbildung 3.1 Modell der Identitätsarbeit im Sachunterricht

Die Ebenen der Identitätsarbeit (in Abbildung 3.1 die drei unteren) stellen das für den Sachunterricht adaptierte Modell Keupps dar. Das gesamte Modell geht von einer fortschreitend zirkulären Synthese von sachunterrichtlichen Alltagserfahrungen aus. Diese beginnt mit vielen einzelnen Interaktionserfahrungen, deren Wahrnehmung, Bewertung und Verlauf von der Metaidentität abhängt (Luckmann). Diese situativen Interaktionserfahrungen werden auf zunächst der Ebene der Teilidentitäten wirksam. Die Ebene der Metaidentität wiederum wird fortlaufend neu konfiguriert, je nachdem welche Teilidentitäten gerade in welcher Weise dominieren.

Durch die Mehrebenenstruktur ist das Modell sowohl theoretisch als auch empirisch anschlussfähig. Es ermöglicht die Einnahme differenter identitätsbezogener Perspektiven auf Sachunterricht. Damit liegt ein Vorschlag vor, wie der Umgang mit Identität für den Sachunterricht theoretisch in den Blick genommen werden könnte. Von diesem Modell ausgehend ließe sich Sachunterricht sowohl auf der Ebene von Konzeptionen als auch konkret unterrichtsbezogen reflektieren. Außerdem ermöglicht es, unterschiedliche Themen, Inhalte und Umgangsweisen, die den Sachunterricht von jeher ausmachen, wie raumbezogenes Lernen, historisches Lernen, ästhetische Umgangsweisen, Geschlecht und Gender, sexuelle Bildung und –Prävention etc., in einen größeren Zusammenhang zu stellen und somit bezüglich Bildungszielen präsenter und transparenter zu machen und damit über die Vielfalt des konkreten Unterrichts hinweg besser verfolgbar zu machen.

Identität und Bildung -ein Exkurs 4

An dieser Stelle bietet es sich an, das Verhältnis von Bildung und Identität vertiefend zu diskutieren, um die theoretischen Überlegungen zu ergänzen und abzuschließen. Das Kapitel dient in erster Linie der Kontextualisierung des Identitätsthemas in einem didaktischen Grundparadigma des Sachunterrichts.

4.1 Bildungsbegriff und bildungstheoretische Didaktik im Sachunterricht

Ähnlich wie in anderen Schulfächern ist es auch im Sachunterricht weit verbreitet, übergeordnete Konzeptionen und auch den konkreten Unterricht mit Bildungszielen zu begründen (vgl. Köhnlein, 2012; 2015), hinter denen als normative Bezugsgröße der emanzipatorische Bildungsbegriff steht.[1] Im Rückgriff auf diesen Begriff, den insbesondere Wilhelm von Humboldt Anfang des 19. Jahrhunderts infolge der Aufklärung entfaltet hat, entwickelte Klafki seine bildungstheoretische Didaktik. Bildung gilt dort als

---

[1] Die bildungstheoretische Didaktik kann für den Sachunterricht allerdings keinesfalls als allgemein verbindlich gelten. Nach Tänzer (2014, S. 57) lässt sich eine lerntheoretische Grundlegung von Sachunterricht als Gegenposition identifizieren. Auch eine Art „konstruktivistische Didaktik" ist gerade in „gemäßigter" Form weit verbreitet (vgl. Möller & Sunder, 2014, S. 131 f.). Bei der lerntheoretischen Grundposition steht zunächst die Orientierung an den Inhalten und Erkenntnismethoden der Bezugswissenschaften im Mittelpunkt. Die schülergerechte Auswahl der fachlichen Inhalte und Methoden für den Sachunterricht ist dann von einer Lerntheorie abhängig, die als Modell dafür dient, wie und was Kinder unter welchen Voraussetzungen lernen können.

M. Siebach, *Identität als Diskursgegenstand der Didaktik des Sachunterrichts*, Sachlernen & kindliche Bildung – Bedingungen, Strukturen, Kontexte, https://doi.org/10.1007/978-3-658-36518-9_4

[...] Erschlossensein einer dinglichen und geistigen Wirklichkeit für einen Menschen – das ist der objektive oder materiale Aspekt; aber das heißt zugleich: Erschlossensein dieses Menschen für diese seine Wirklichkeit – das ist der subjektive und der formale Aspekt zugleich im ,funktionalen' wie im ,methodischen' Sinne. (Klafki, 1975, S. 45)

Als erste grundlegende bildungstheoretische Zieldimension postuliert Klafki die – zusammenzudenkende – Entfaltung von „Selbstbestimmungs-, Mitbestimmungs- und Solidaritätsfähigkeit" (Klafki,1992, S. 13). Das ist ein genuin politischer Bildungsauftrag, der im Kern an Immanuel Kants Forderung nach Überwindung von Unmündigkeit anschließt (vgl. Kant, 1784, S. 481).

Als zweite Zieldimension benennt Klafki drei Kategorien: „Bildung für alle" erfordert konsequent gedacht inklusive Schul- und Unterrichtsstrukturen und - kulturen, „Bildung im Medium des Allgemeinen" postuliert die Orientierung an universellen Problemen, die *alle* angehen und für deren Bewältigung *alle* benötigt werden, „Bildung in allen Grunddimensionen menschlicher Interessen und Fähigkeiten" macht ebenfalls deutlich, dass es um die Berücksichtigung *aller* geht (vgl. Klafki, 1992, S. 14) und damit Bildung als inklusiv zu verstehen ist. Für das Fach Sachunterricht formulierte Klafki zwei didaktische Grundprinzipien: die Orientierung an „epochaltypischen Schlüsselproblemen" (vgl. ebd., S. 19) und an einer „vielseitigen Interessen- und Fähigkeitsförderung" (ebd., S. 24).

Die Bildungstheorie Klafkis scheint in vielerlei Weise an die rezipierten Identitätstheorien und das Modell der Identitätsentwicklung im Sachunterricht anschließbar zu sein. Bedeutsam ist zunächst der Einbezug grundlegender Bedürfnisse, der sich bei Klafki im Begriff der Selbstbestimmungsfähigkeit zeigt; er kann wie die direkte Antwort auf das Grundbedürfnis nach Autonomie verstanden werden. Mitbestimmungs- und Solidaritätsfähigkeit wiederum können als Voraussetzungen zum Erleben von Zugehörigkeit verstanden werden. Vielseitige Interessen- und Fähigkeitsförderung sowie das Erschließen epochaltypischer Schlüsselprobleme korrespondieren mit dem Bedürfnis nach Kompetenzerleben. Auch im Kontext von Salutogenese erscheint der didaktische Bezug zu grundlegenden Problemen, die unterrichtlichen Bemühungen zu ihrem Erkennen, Durchdringen und dem Aufzeigen der Bemühungen um Lösungsmöglichkeiten, sinnvoll und notwendig. Außerdem scheint es passend, dass in der Bildungstheorie gesellschaftliche Entwicklungen (in Form der Schlüsselprobleme) und die Entwicklung des Subjekts stets zusammengedacht werden.

Um die Anschlussfähigkeit der beiden theoretischen Konzepte (Bildungstheorie und Identitätstheorie) zu gewährleisten, macht es zudem Sinn, dass auch

Bildung als Prozess zu verstehen ist, der sich in unzähligen einzelnen Interaktionen vollzieht. In den Blick geraten so auch, in Anlehnung an die von Breidenstein (2010) skizzierte Unterrichtstheorie, Interaktionsprozesse im (Sach)unterricht.

4.2 Bildung als normativer didaktischer Sonderfall von Identitätsbildung

Das Verhältnis von Identität und Bildung ist durch einen normativen Faktor bestimmt. Duncker (2014, S. 164) charakterisiert diese Normativität folgendermaßen:

> „Der normative Aspekt kommt – ganz in geisteswissenschaftlicher Tradition – in der Einnahme einer wertbezogenen Perspektive zum Ausdruck, die sich als Parteinahme und Engagement für die Belange des Kindes und seiner Entfaltungsmöglichkeiten artikuliert und solchen Entwicklungen mahnend und handelnd entgegentritt, die die Individuierung des Kindes zu behindern und einzuschränken drohen."

Identitätsentwicklung und Identitätsarbeit finden permanent statt, aber (wie schon im Abschnitt zu Chancen und Risiken der Transformation gezeigt) nicht automatisch in einer Weise und mit Ergebnissen, die aus der Perspektive von Bildungszielen als wünschenswert gelten können. Bildung meint deshalb den spezifischen Prozess und das spezifische Ergebnis einer *normativ* entworfenen Identitätsentwicklung. Als (normative) Zielperspektive kann die Fähigkeit von Schüler*innen postuliert werden, eine hinreichend stabile und hinreichend flexible Identität (vgl. auch NRW, 2001, S. 15) situativ und situationsübergreifend herzustellen. Dazu gehört die Fähigkeit, eigene Bedürfnisse zu erkennen und zu äußern, Selbstbilder reflexiv zu entwerfen und darzustellen sowie Fremdattributionen reflexiv zu erfassen und gegebenenfalls zurückzuweisen. Dabei dürfte es zentral darum gehen, plurale Identifikationen zulassen zu können und zugleich fähig zu sein, diese stimmig zu integrieren. Auch das reflektierte Bewusstsein eigener Herkunft/Herkünfte und die Fähigkeit, Zukunftsentwürfe zu postulieren, gehört in diesem Verständnis zur normativen Zielperspektive von Identitätsarbeit im (Sach)unterricht und kennzeichnet in diesem Sinne Bildung. Aspekte von Enkulturation, das Heranführen an eine bestimmte demokratische „Bildungskultur", auch in Form von Identifikationen mit Bildungsinhalten, die mit anderen geteilt werden, können ebenfalls als Beitrag zur Teilhabe an gesellschaftlichen Prozessen gewertet werden. Damit eröffnet diese Art von Identitätsbildung neue Wege zum Erleben von Zugehörigkeiten. Aus dieser Perspektive heraus betrachtet scheint es sinnvoll, Bildung mit gelingender Identitätsbildung gleichzusetzen.

Um (immer wieder) gelingende Identitätsentwicklung zu unterstützen, ist der Rückgriff auf den emanzipatorischen Bildungsbegriff nötig und hilfreich. Bildung ist so verstanden Ergebnis von Identitätsarbeit und Identität somit die Voraussetzung für Bildungsprozesse.

4.3 Die Bedeutsamkeit der Bildungstheorie für den Sachunterricht

Sachunterricht ist das Schulfach (aller Schulformen) mit der größten inhaltlichen Breite. Diese inhaltliche Vielfalt zu integrieren, ist die große Herausforderung, die das Fach von Beginn an begleitet und es scheint klar, dass eine überwölbende Konstruktion nötig ist, um die Einheit des Faches zu gewährleisten. Unterschiedliche Konzeptionen des Sachunterrichts erheben den Anspruch, dies zu leisten, stellvertretend seien hier der vielperspektivische Sachunterricht nach Köhnlein und Kahlert (vgl. Tänzer, 2015, S. 61–63), der kommunikative Sachunterricht Kaisers (vgl. ebd., S. 66) und der im Bildungsrahmen Sachlernen von Pech und Rauterberg (ebd., S. 62 f.) an Umgangsweisen orientierte Sachunterricht genannt.

Jenseits des Bildungsbegriffs lassen sich schwerlich überzeugende Argumente dafür finden, naturwissenschaftliche, sozial- und kulturwissenschaftliche, historische, technische und geografische Unterrichtsinhalte und übergreifende Themen wie Mobilitätserziehung oder Gesundheitserziehung im selben Fach zu verhandeln. Ohne den Bildungsbegriff zerfällt der Sachunterricht schnell in Teilbereiche.[2]

Die Ausrichtung am Bildungsbegriff erlaubt es zudem nicht, Sachunterricht in erster Linie als Propädeutikum für zukünftige Schulfächer und Wissenschaftsdisziplinen zu verstehen. Stattdessen ergibt sich der Auftrag, für alle Schüler*innen passende Zugänge zu suchen und eine vielfältige Interessenförderung zu etablieren, die Schüler*innen als Ganzes mit all ihren Möglichkeiten in den Blick nimmt und sich nicht auf Spezialisierung richtet. Der Anspruch auf vielfältige Zugänge und die Eröffnung unterschiedlicher Entwicklungsmöglichkeiten für alle rechtfertigt das Fach Sachunterricht überhaupt erst als Ganzes. Er ist es, der die Einheit des Sachunterrichts herstellt.

Klafkis Bildungsbegriff muss als politisch bezeichnet werden, weil er Schule als unauflöslich in gesellschaftliche Problemlagen involviert begreift: „Schule und Unterricht – und selbstverständlich auch die Arbeit in der Grundschule – sind

---

[2] In der Tendenz ist das schon beobachtbar, beispielsweise an der Aufteilung in sozialwissenschaftlich und naturwissenschaftlich orientierte Professuren an einigen Universitäten.

unausweichlich von gesellschaftlichen Faktoren geprägt und auf sie bezogen" (Klafki, 1992, S. 16). Und weiter: „Schwierigkeiten resultieren daraus, daß unsere Kinder [...] in einer komplexen, von etlichen Widersprüchen [...], starken externen Reizen und angsterzeugenden Krisen gekennzeichneten Welt aufwachsen" (ebd., S. 18).

Für den Sachunterricht konkretisiert Klafki die Kategorie der „Bildung im Medium des Allgemeinen" folgerichtig eminent politisch. Probleme, die *alle* angehen, damit sie als für *alle* verbindlich gelten, können für ihn nur die großen Gegenwarts- und Zukunftsprobleme sein. Gefordert sei „ein Aufriß solcher Schlüsselprobleme" (ebd., S. 19), der so etwas wie eine Theorie des gegenwärtigen Zeitalters und seiner Potenzen und Risiken im Hinblick auf die Zukunft erfordert (vgl. ebd.). Er nennt Krieg und Frieden, die Umweltfrage, das rasante Bevölkerungswachstum, die gesellschaftlich produzierte Ungleichheit, die Gefahren und Möglichkeiten neuer Medien und das Problem der Ich-Du-Beziehungen als Schlüsselprobleme (vgl. ebd).

4.4   Identität als epochaltypisches Schlüsselproblem

Die Bedeutsamkeit von Identität und die Gefahren, die von beschädigter Identität und blockierter Identitätsentwicklung ausgehen, lassen es als sinnvoll erscheinen, sie als ein epochaltypisches Schlüsselproblem im Sinne Klafkis zu begreifen. Das *Problem der Identität* zeigt sich im Streben nach dem Erleben von Zugehörigkeiten, Anerkennung und Selbstbestimmung, als Frage nach Herkunft und Zukunft und als Problem der Konstruktion langfristig tragfähiger Sinnkonstruktionen.

Die Identitätsfrage hat eine besondere bildungstheoretische Bedeutsamkeit, weil sie den eigentlichen Kern der bildungstheoretischen Idee jenes humboldtschen „Ich und Welt verknüpfen" berührt (vgl. Humboldt, 1960/1792, S. 64). Identität bedeutet (nach Erikson, Mead, Krappmann, Goffman, Habermas und Luckmann) Vergesellschaftung, das heißt die Verknüpfung von individueller Entwicklung mit Gesellschaft ergo Kultur. Außerdem stellt Identität nach dem in Kapitel 3 entworfenen Identitätsmodell die Grundvoraussetzung für die Teilnahme an Interaktionen dar; mithin dafür, dass Verknüpfungen überhaupt stattfinden können. Die Art und Weise dieser Verknüpfungen aber hängt zum einen von dem ab, was als Identität präsentiert und akzeptiert wird. Es ist klar, dass Identitäten – ob von Mitschüler*innen und/oder Lehrer*innen zugeschrieben oder selbst artikuliert – de facto Einfluss auf den Zugang zu bestimmten Bildungsgütern haben. Zum anderen hängt die Art und Weise der Verknüpfung wesentlich von der Qualität der Interaktionsvorgänge ab.

Auch die Identitätsfrage ist als Schlüsselproblem – wie die anderen Schlüsselprobleme – als übergeordnete Kategorie zu verstehen, die Unterrichtsinhalte legitimiert, strukturiert und übergreifend (im Sinne des Bildungsbegriffs) miteinander verbindet. Sie ist zudem eng mit den anderen Schlüsselproblemen verknüpft. So ist die Frage nach Krieg und Frieden maßgeblich vom Zustand des innergesellschaftlichen Friedens und der demokratischen Ordnung abhängig, die wiederum eng mit der Frage der gesellschaftlich produzierten Ungleichheit zusammenhängt. Diese wiederum ist direkt und vielfältig mit dem Problem der Identität verwoben; nach Keupp (2004, S. 24–34) ist der Erfolg von Identitätsarbeit maßgeblich vom Zugang zu ungleich verteilten Ressourcen abhängig. Lösungsversuche der ökologischen Frage wiederum hängen, wie die Konzepte der „Bildung für nachhaltige Entwicklung" (BNE) zeigen (vgl. Schreiber, 2015, S. 35), unmittelbar mit der sozialen Frage und der Frage der Demokratie zusammen. Der engste Anschluss aber besteht zweifellos zum Problem der Ich-Du-Beziehung; ein wichtiger Punkt dabei ist Anerkennung in persönlichen und in Gruppenbeziehungen (vgl. Klafki 1992, S. 19–24).

Als Schlüsselproblem verstanden kann die Identitätsfrage zur Strukturierung und Konzeptionierung von Sachunterricht beitragen. Sie verbindet unterschiedliche Perspektiven (z. B. historische und raumbezogene) und unterschiedliche Themen wie „mein Körper", Geschlecht und Gender, interkulturelles Lernen, biografisches Lernen sowie Berufe und Arbeit. Relevanz der Identitätsfrage für den gesamten Sachunterricht ergibt sich darüber hinaus durch die Bedeutung von Interessenförderung und Kompetenzerleben, die ebenfalls enge Bezüge zur Identitätsproblematik aufweisen.

4.5   Fachliche Bildung und Identitätsbildung

Zu betonen ist, dass kein Widerspruch zwischen fachwissenschaftlich gebundener Bildung (Methoden der Erkenntnisgewinnung, soziale Praxis der Wissenschaften, wissenschaftliche Modelle) und identitätssensibler Bildung besteht. Beides bedarf der Reflexivität und der persönlichen Identifikationen (in Bezug auf Fachwissen: mit sozialer Praxis der Domänen, mit Methoden, mit Inhalten). Bewusst sein muss allerdings die Relativität von fachwissenschaftlichen und curricularen Ansprüchen. Damit etwas für die Schüler*innen überhaupt bildungswirksam sein kann, ist in erster Linie persönliche Bedeutsamkeit und Sinnstiftung entscheidend.

Sach(wissen)orientierte Bildungsprozesse sind deshalb nur möglich, wenn Identitätsarbeit als wesentlicher Entwicklungsprozess berücksichtigt wird, da Sinnstiftung im Rahmen der persönlichen Identitätsarbeit stattfindet. Thorid Rabe und Olav Krey (2018) diskutieren einen Zusammenhang von Identität und Entscheidungen zum Bildungsweg bezüglich Physik.[3] Analog könnten für den Sachunterricht Zusammenhänge zwischen Prozessen der Identitätsbildung und Interesse oder Offenheit für bestimmte fachliche Inhalte und Zugangsweisen diskutiert werden. Die umgekehrte Perspektive, die Frage nach der Bedeutsamkeit fachlichen Lernens und fachlicher Auseinandersetzung für die Identitätsbildung, ist aus bildungstheoretischer Sicht allerdings ebenso wichtig.

Sachunterricht als einem einzelnem Fach der Grundschule kann im Kontext zunehmend kulturell heterogener Herkunftsfamilien als erster Sozialisierungsinstanz, neoliberaler Ökonomisierung und Wertepluralisierung selbstverständlich nur eine begrenzte identitätsbezogene und bildungsbezogene Wirksamkeit zugesprochen werden. Aber dieses Wirkungspotential immerhin sollte in Hinblick auf den Bildungsbegriff reflektiert werden (vgl. Siebach, 2016, S. 10); dafür aber muss Identität seitens der Sachunterrichtsdidaktik als eine zentrale Herausforderung für Bildungsprozesse verstanden werden.

4.6   Identität und Sachunterrichtsdidaktik: Zentrale Analysekriterien

Zusammenfassend und die theoretische Auseinandersetzung abschließend soll nun diskutiert werden, welche Aspekte des in den Theoriekapiteln Zusammengetragenen als besonders bedeutsam für die Sachunterrichtsdidaktik anzusehen sind.

Allgemein formuliert ist didaktisch zunächst das besonders bedeutsam, was Einfluss darauf hat, *was* im Unterricht thematisiert wird, *in welchem Zusammenhang* es thematisiert wird und *wie* es thematisiert wird. Identität wurde als ein zentrales Problem unserer Zeit herausgearbeitet, dessen gewachsene Bedeutung und Brisanz aus beschleunigten gesellschaftlichen Wandlungsprozessen resultieren. Identität(en) sind uneindeutiger, pluralistischer, unabgeschlossener und konfliktreicher geworden. Die Entwicklung von Identität(en) ist aufwändiger und mit dem Schwinden soziokultureller Eindeutigkeiten weniger selbstverständlich geworden. Auch Kinder im Grundschulalter sind davon betroffen; müssen sich

---

[3] Die Diskussion von Identitätsarbeit erfolgt bei Rabe & Krey aus der Perspektive eines gravierenden fachdidaktischen Problems: dem Mangel an wissenschaftlichem Nachwuchs in den Naturwissenschaften im Allgemeinen und in der Physik im Speziellen. Die Autor*innen diskutieren eine ungenügende Berücksichtigung von Prozessen der Identitätsarbeit bei Entscheidungen zum Bildungsweg. Hier wird also gefragt, wie Identitätsbildung darauf wirkt, ob und wie fachliches Lernen stattfinden kann.

mit Fragen von Zugehörigkeiten auseinandersetzen, Selbst- und Fremdbilder aus-
balancieren und Entscheidungen darüber treffen, womit sie sich identifizieren
wollen und womit nicht. Didaktische Entscheidungen sollten diese Herausforderungen unbedingt berücksichtigen, um einen adressatengerechten Unterricht zu
gewährleisten und den Bildungsauftrag zu erfüllen.

Auf der Ebene des konzeptionellen didaktischen Diskurses wäre deshalb eine
Zusammenhänge herstellende Diskussion dieser beiden Aspekte *–gesellschaftlicher Wandel und Identität als zentrale Herausforderung–* nötig und wünschenswert.
Da Identitätsfragen vielfältige Bereiche des Lebens betreffen – körperliche
und sexuelle Entwicklung, Geschlecht und Gender, Zeit- und Biografiebewusstsein, personen- und sachbezogene Identifikationen, inter- bzw. transkulturelle
Sozialisation, soziale Mediennutzung, Zugehörigkeit zu Peer-Groups etc.- wäre
außerdem eine *thematisch breite sowie themenübergreifende Diskussion* nötig.

Im normativen Kontext von Bildung sollten zudem didaktischen Entscheidungen nur solche *Identitätsverständnisse* zugrunde liegen, *die Emanzipation,
Gerechtigkeit und Solidarität ermöglichen.* Essentialistische, statische, undiffe-
renzierte, einseitige und ausgrenzende Identitätsvorstellungen sollten keine Rolle
spielen; eine Zurückweisung solcher Vorstellungen wäre nötig. Außerdem wäre
ein kognitives Identitätsverständnis aus der Kognitionspsychologie hierfür als
wenig hilfreich einzuschätzen.

Aus diesen zusammenfassenden Überlegungen heraus können vier zentrale
Kriterien dafür formuliert werden, die beschreiben, wann die Thematisierung
von Identität sowohl als auf der Höhe des sozialwissenschaftlichen Diskurses
um Identität als auch den normativen Paradigmen von Allgemeinbildung entsprechend gelten kann:

1. Identitätsentwicklung wird als eine zentrale Herausforderung von Bildung im
   Sachunterricht verstanden.
2. Identitätsentwicklung wird in Hinblick auf den beschleunigten gesellschaftlichen Wandel diskutiert.
3. Identitätsentwicklung wird als eine übergreifende Bildungsaufgabe des Sachunterrichts verstanden, die unterschiedliche Teilbereiche, Perspektiven und
   Themen betrifft, z. B. Die
   o Entwicklung von Zeitbewusstsein
   o Entwicklung von Geschichtsbewusstsein
   o Raumbezogene Bildung
   o Interkulturelle/transkulturelle Bildung
   o Geschlechts-/genderbezogene Bildung
   o Sexuelle Bildung

o Medienbildung

o Ästhetische Bildung im Sachunterricht

o Identifikationen mit Inhalten, Themen und Tätigkeiten

o Sach- und tätigkeitsbezogene Selbstreflexionen

o Soziale Aushandlungsprozesse

4. Der Identitätsbegriff wird so verwendet, dass er mit einem emanzipatorischen Bildungsverständnis vereinbar ist. Er sollte

o ein dynamisches und nichtessentialistisches Verständnis beinhalten,

o hinreichend ausdifferenzierbar sein,

o Mehrfachidentifikationen zulassen,

o auf ein möglichst weitgehendes Erleben von Zugehörigkeit und die Verhinderung von Ausgrenzung zielen,

o Kohärenzerleben in den Blick nehmen und

o Identitätsgenese als Wechselspiel von Selbst- und Fremderfahrungen fassen.

Damit sind die theoretischen Überlegungen insgesamt abgeschlossen, auf deren Grundlage die sich anschließenden empirischen Untersuchungen erfolgen.

Identitätskonstruktion im Sachunterricht? Eine diskursanalytische Studie

5

In der Einleitung wurde das empirische Interesse dieser Arbeit umrissen und die Fragestellung vorgestellt. In diesem Kapitel wird zunächst das Forschungsdesign beschrieben und diskutiert. Darauf folgt die Vorstellung und Diskussion der Ergebnisse der einzelnen Analyseschritte. Der letzte Analyseschritt fasst dann die Ergebnisse der vorangegangenen Schritte zusammen.

5.1 Forschungsdesign

5.1.1 Diskursforschung und wissenssoziologische Diskursanalyse

Unter „discourse" wird im angelsächsischen Sprachraum ein Gespräch oder eine Unterhaltung verstanden; in den romanischen Sprachen eher eine gelehrte Abhandlung oder Rede. Im Deutschen hingegen werden mit dem Diskursbegriff ein öffentlich diskutiertes Thema, eine besondere Argumentationskette oder auch organisierte Diskussionsprozesse bezeichnet. Für die Entfaltung des Diskursbegriffs in den Sozialwissenschaften waren vor allem die theoretischen Entwicklungen des französischen Strukturalismus und Poststrukturalismus entscheidend. Ferdinand de Saussures strukturalistische Sprachtheorie stellte dafür den Ausgangspunkt dar. Sprache wird hier als historisch determinierte soziale Institution verstanden, die auf einem allgemeinen System von Zeichen beruht, das jedem konkreten sprachlichen Ausdruck zugrunde liegt. Sprachliche Äußerungen beziehen sich demzufolge nicht direkt auf außersprachliche konkrete Gegenstände, sondern gewinnen ihre Bedeutung aus ihrer Stellung im Gesamtsystem

© Der/die Autor(en), exklusiv lizenziert durch Springer Fachmedien Wiesbaden GmbH, ein Teil von Springer Nature 2022
M. Siebach, *Identität als Diskursgegenstand der Didaktik des Sachunterrichts*, Sachlernen & kindliche Bildung – Bedingungen, Strukturen, Kontexte, https://doi.org/10.1007/978-3-658-36518-9_5

der Zeichen; aus einer Struktur von Abgrenzungen und Differenzierungen *inner-halb* der Sprache. Dieses Denkmodell wurde zuerst von Claude Lévi-Strauss auf ethnologische und kulturanthropologische Fragestellungen übertragen. Aufgabe der Wissenschaften ist aus dieser Perspektive die Rekonstruktion der jeweiligen objektiven Strukturen für ihre Forschungsgegenstände (vgl. Keller, 2011, S. 13–16).

Die Verbreitung des Diskursbegriffs hängt eng mit dem Wirken Michel Foucaults zusammen. Ausgehend von der Sprachtheorie Saussures legte er dar, dass allgemeine Erkenntnisstrukturen und grundlegende Wissensordnungen den konkreten Erkenntnistätigkeiten und ihren sprachlichen Ausformulierungen in den wissenschaftlichen Disziplinen stets vorausgehen (ebd., S. 16). Mit dem Post- oder Neostrukturalismus wurde diese These dahingehend modifiziert, dass es auch Rückwirkungen konkreten Sprachgebrauchs und konkreter Erkenntnistätigkeiten auf die grundlegenden Wissensordnungen und Erkenntnisstrukturen gibt und diese deshalb wiederum als dynamisch zu verstehen sind (ebd., S. 17 f.). Das Verhältnis grundlegender Wissensordnungen zu konkretem Sprachgebrauch ist in dieser Lesart also eine wechselseitiger Abhängigkeit. Aufgabe von Diskursforschung ist es dann, die dynamischen Wechselwirkungen von konkretem Sprachgebrauch (oder konkreten Erkenntnistätigkeiten) und Wissensordnung zu rekonstruieren.

Sozialwissenschaftlich können Diskurse nach Keller (2003, S. 129) als „in unterschiedlichen Graden institutionalisierte themen-, disziplin-, bereichs- oder ebenenspezifische Bedeutungsarrangements verstanden werden, die in spezifischen Sets von Praktiken produziert, reproduziert und auch transformiert werden". Es sind kollektiv erzeugte „Unternehmungen der Wissensproduktion" (ebd.), die in einem jeweils spezifischen institutionellen und zeitgebundenen Kontext zu verorten sind. Sie „erzeugen, verbreiten, reproduzieren oder transformieren" (ebd.) Wirklichkeitsordnungen und Weltdeutungen („symbolische Sinnwelten" (ebd.)) sowie Handlungen und Praktiken von Akteuren. Zur Charakterisierung von Diskursen äußert sich Keller weiter:

> Diskurse existieren als relativ dauerhafte und regelhafte, d. h. zeitlich und sozial strukturierte Strukturierung von Prozessen der Bedeutungszuschreibung. Sie werden in diesen Prozessen durch das Handeln von sozialen Akteuren ‚real'. Sie stellen spezifisches Wissen auf Dauer (Institutionalisierungsaspekt) und tragen zur Verflüssigung und Auflösung institutionalisierter Deutungen und scheinbarer ‚Unverfügbarkeiten' bei (Delegitimationsaspekt) (ebd., S. 129 f).

Diskurse sind themen- und problemzentriert; in ihnen werden diese Themen und Probleme zugleich konstituiert (ebd., S. 130). Empirisch zu untersuchen ist,

welchen Stellenwert Themen und Probleme gesellschaftlich (oder in gesellschaftlichen Subszenen) erlangen und wie dies geschieht. Von einzelnen Äußerungen
oder Texten (Diskursfragmenten) wird dabei aber abstrahiert, denn „Diskurse
sind abgrenzbare übersituative Zusammenhänge von Äußerungsformen (Praktiken der Artikulation) und Inhalten (Bedeutungen), die mehr oder weniger stark
institutionalisiert sind" (ebd., S. 129).

Abzugrenzen von diesem Begriffsverständnis ist der Begriff der Diskursethik
von Jürgen Habermas, der aus der Tradition der kritischen Theorie stammt und
gerade im deutschen Sprachraum viel rezipiert wird. Habermas stellt ein sozial-
und sprachphilosophisch begründetes normatives Modell auf, das an sich auf kein
Forschungsprogramm zielt (ebd., S. 18). Allerdings bezieht sich die diskurshistorische Analyse von Ruth Wodak, eine spezifische Form der critical discours
analysis (Titscher et al., 1998, S. 190–203) in ihrer theoretischen Grundlegung auf
die Diskursethik, indem sie konkrete Diskurse dahingehend untersucht, wie sie
sich von diskursethisch normativ begründungsfähigen Argumentationsstrukturen
unterscheiden (Keller, 2011, S. 18).

Rainer Diaz-Bone (2015b, S. 91) charakterisiert diskursbezogene Forschungs-
perspektiven dadurch, dass „soziologische und geschichtswissenschaftliche Diskursanalysen Texte als Materialisierungen bedeutungsstiftender Praktiken und
kollektiver Wissensformen auffassen". Und Keller (2011, S. 46 f.) beschreibt das
Anliegen von Diskursanalysen folgendermaßen:

> Die Diskursanalyse zielt auf die Rekonstruktion der institutionell-praktischen,
> symbolisch-semantischen Verknappungs-Mechanismen, die zum Auftauchen spezi-
> fischer Aussagen an bestimmten Stellen führen. Nicht alles, was sich sagen ließe,
> wird gesagt; und nicht überall kann alles gesagt werden. Dass jeweils gerade eine
> spezifische Art von Aussagen […] und keine andere auftreten, lässt sich durch die
> erwähnten Regeln, die Foucault „Formationsregeln" nennt, erklären. Sie struktu-
> rieren, welche Aussagen überhaupt in einem bestimmten historischen Moment an
> einem bestimmten Ort erscheinen können.

Diskursforschung zeigt also auf, *was* sagbar und sichtbar wurde, *wie* etwas sagbar
und sichtbar wurde und *was* unausgesprochen blieb.

Für die Bearbeitung der hier zu bearbeitenden Fragestellung(en) bot sich ein
Vorgehen an, das sich an der Theorie, Methodologie und Methode der wissenssoziologischen Diskursanalyse orientiert, welche „Strukturierungen, Prozesse und
Machteffekte gesellschaftlicher Wissensverhältnisse und Wissenspolitiken in spezifischen oder allgemeinen gesellschaftlichen Arenen" untersucht (Keller, 2015,

S. 93 f.).[1] Keller stellt sich in die Tradition der Wissenssoziologie, indem er argumentiert:

> Im Rahmen eines Paradigmas hermeneutisch-interpretativer Sozialforschung hat Diskursanalyse [...] ihren Platz als Ansatz der methodisch kontrollierten Analyse institutionell-organisatorisch objektivierter Wissensvorräte, ihrer historisch bestimmbaren Genese, ihrer diskursinternen Regulierung und ihrer diskursexternen Auswirkungen im gesellschaftlichen Kontext. (Keller, 2003, S. 127)

Die wissenssoziologische Diskursanalyse wird von Keller allerdings als „ein Forschungsprogramm oder eine Forschungsperspektive, *keine* spezifische Methode" charakterisiert (ebd., Hervorhebung M. S.). Den Forschungsgegenstand einer Diskursanalyse erfasst er als analytisches Konstrukt: „Gesellschaftliche Phänomene als Diskurse zu analysieren, bedeutet, sie unter spezifischen Gesichtspunkten zusammenzufassen und zu rekonstruieren" (ebd.). An anderer Stelle führt Keller (ebd., S. 135) weiter aus, welche Untersuchungsperspektiven die von wissenssoziologische Diskursanalyse ermöglichen:

> Diskurse können z. B. daraufhin untersucht werden, wie sie entstanden sind und welche Aushandlungsprozesse in der Konstruktion des Diskurses stattfinden, welche Veränderungen sie im Laufe der Zeit erfahren, was ihre Protagonisten, Adressaten und Publika sind, welche manifesten und/oder latenten Inhalte (kognitiver, moralisch-normativer und ästhetischer Art) sie transportieren, d. h. welche Wirklichkeit sie konstituieren, welcher Mittel sie sich dabei bedienen, wie sie intern strukturiert und reguliert sind, auf welcher Infrastruktur sie aufbauen, welche (gesellschaftlichen) Folgen und Machtwirkungen sie haben und in welchem Verhältnis sie zu anderen zeitgenössischen oder historischen Diskursen stehen.

Die Fragestellungen dieser Forschungsarbeit fanden sich in einer ganzen Zahl dieser Perspektiven wieder, denn es waren Zeitpunkt und Kontexte des Erscheinens der Diskursfragmente, manifeste und latente Inhalte, die Dynamik ihrer Veränderungen und Bezüge zum sozialwissenschaftlichen und gesellschaftlichen Diskurs sowie Einflüsse des Identitätsthemas auf fachdidaktische Auseinandersetzungen von Interesse.

Zur Bearbeitung der Forschungsfragen waren darauf abgestimmte Methoden auszuwählen und im Sinne einer wissenssoziologischen Diskursanalyse

---

[1] Die wissenssoziologische Diskursanalyse nach Keller verbindet zwei Theoriestränge miteinander, die in der zweiten Hälfte des 20. Jahrhunderts bahnbrechend waren; die von Berger und Luckmann begründete Wissenssoziologie und die Diskurstheorie Foucaults. Der Terminus „wissenssoziologisch" verweist auf den auf die Herstellung bzw. Rekonstruktion von Sinn bezogenen Wissensbegriff von Berger und Luckmann.

zu nutzen. Keller (ebd. S. 136) spricht von „einer organisierenden Perspektive [...], die verschiedene [...] (Forschungs-)Methoden der Datenerhebung und -auswertung [...] nach Maßgabe ihrer Forschungsfragen heranzieht". Er führt weiter aus:

> Das konkrete methodische Vorgehen bei sozialwissenschaftlichen Diskursanalysen lässt sich aus diesem Grunde nicht vorab, ein für allemal festlegen oder auf eine spezifische Methode einengen. Es hängt ab von der jeweiligen Fragestellung, von Untersuchungsinteressen und Untersuchungsgegenständen. (ebd.)

Ein wichtiger Baustein der Diskurstheorie nach Foucault ist der Begriff des *Dispositivs*. Diskurse kristallisieren sich, wie dargestellt, um Deutungs- und Handlungsprobleme; in meinem Fall ging es um die Deutung von Identitätsvorstellungen (oder um die Nichtdeutung) und um daraus folgende (oder nicht erfolgende) Handlungsschlussfolgerungen für den Sachunterricht. Die Bündelung aller „Mittel, Mechanismen und Maßnahmen" zur Platzierung und Lösung des Problems wird Dispositiv genannt. Dispositive stellen die „Infrastruktur" von Diskursen dar. Anders formuliert sind Dispositive das an Diskursen, was in die Welt eingreift und Wirkungen außerhalb des Diskurses zu erzeugen bestrebt ist (vgl. ebd.). Konkrete Dispositive können äußerst heterogen zusammengesetzt sein, sie können formal unterschiedliche Materialien und verschiedene Äußerungsformen umfassen und verschiedenen institutionellen Settings entstammen. Keller (ebd.) nennt als Beispiel „Organisationen, die die Diskurse erzeugen, Gesetze, Regelwerke, Klassifikationen, Bauten, Erziehungsprogramme usw.".

Auch im Fall dieser Untersuchung kann zunächst sehr Heterogenes als Dispositiv gelten, beispielsweise Publikationen unterschiedlicher Reichweite und Bedeutsamkeit, die Sichtbarmachung und Bedeutungsaufladung des Identitätsbegriffs durch Positionierung und Umfang in Texten, aber auch das Sprechen zur Identitätsthematik in Hochschulen, auf Fortbildungen, in Ausbildungsseminaren, in Kollegien, in Klassenzimmern, in Elterngesprächen. Auch die (strategische) Auswahl der geäußerten Identitätsvorstellungen und die Auswahl der offengelegten Bezüge bei Äußerungen konnten als Elemente des Dispositivs betrachtet werden. Dazu gehörte auch die Entscheidung für bestimmte Bezugsquellen wie Tageszeitungen, Social Media, politische Statements oder wissenschaftliche Publikationen.

Natürlich konnten nicht alle denkbaren Elemente des Dispositivs analysiert werden; eine anhand des Forschungsinteresses sinnvoll begründete Auswahl musste vorgenommen werden. Die Entscheidung fiel dahingehend, den wissenschaftlichen Diskurs zu Identität im Sachunterricht zu untersuchen. Das wichtigste Argument dafür war, dass von wissenschaftlichen Veröffentlichungen

Impulse ausgehen, die auch auf andere Elemente des Dispositivs ausstrahlen. Insbesondere ist ein starker Zusammenhang zwischen Veröffentlichungen und dem Sprechen in Hochschulen und Ausbildungsseminaren anzunehmen. Außerdem sind die wissenschaftlichen Veröffentlichungen der Ort, an dem Themensetzungen für das Fach zuerst probiert werden. Der genaue Zuschnitt des ausgewählten Datenkorpus der wissenschaftlichen Veröffentlichungen ist in einem gesonderten Abschnitt dargelegt (5.1.4 Korpusentscheidungen).

Keller (ebd.) postuliert drei forschungspraktische Stufen einer wissenssoziologischen Diskursanalyse. Zuerst erfolgt die thematische, disziplin- bzw. akteursbezogene Festlegung des zu untersuchenden Diskurses. In meinem Fall ergab sich die thematische Festlegung auf Identität, die disziplinbezogene Festlegung auf den Sachunterricht und die akteursbezogene Festlegung auf die Community der Sachunterrichtsdidaktik, die als weitgehend deckungsgleich mit der Fachgesellschaft Gesellschaft für Didaktik des Sachunterrichts (GDSU) gelten kann. Als nächsten Schritt benennt Keller die Ausformulierung der Fragestellung an den Diskurs. Aus der Ausdifferenzierung der Fragestellungen ergab sich zugleich die „Bestimmung der Untersuchungsgrößen" (ebd.).

Fragestellung

Welche Bedeutung hat das Thema Identität im konzeptionellen Diskurs in der Sachunterrichtsdidaktik?

Teilfragen und Unterfragen

1. Wie umfangreich sind die Bezugnahmen zur Identitätsthematik in Veröffentlichungen der Sachunterrichtsdidaktik insgesamt, auch im Verhältnis zum Gesamtdiskurs der Sachunterrichtsdidaktik?
   1.1. Wie stellen sich die Bezugnahmen im zeitlichen Verlauf dar?
2. Welche Vorstellungen von Identität lassen sich in Veröffentlichungen zum Sachunterricht rekonstruieren?
   2.1. Welche wissenschaftlichen Bezüge können rekonstruiert werden?
   2.2. Welche Themen werden in Verbindung mit Identität diskutiert?
   2.3. Welche Verbindungen lassen sich zwischen Diskursteilen erkennen?
3. Wie wird fachdidaktisch bezüglich Identität in Veröffentlichungen zum Sachunterricht argumentiert?

Der dritte Schritt nach Keller ist die Auswahl der Erhebungsverfahren und ihre Anwendung. Keller selbst nennt sozialwissenschaftlich-hermeneutische Verfahren, die aber nach Maßgabe der Fragestellungen auch mit statistischen und quantifizierenden Verfahren kombiniert werden können (vgl. ebd., S. 138).

Bei der Begründung der Auswahl, Kombination und Umsetzung der Methoden kann Jörg Strübing et al. (2018) für das Vorgehen in Anspruch genommen werden, methodisch besonders flexibel auf den Gegenstand „Identitätsdiskurs im Sachunterricht" zu reagieren und somit der Forderung nach „Gegenstandangemessenheit" (ebd., S. 86) nachzukommen. Die Autor*innen postulieren „die Anforderung flexibler Adaptation von Tools an […] Gegenstände" sowie „Findigkeit und theoretische Beweglichkeit in der Datenanalyse" (ebd., S. 86 f.). Sie präferieren „ein Vorgehen, das insgesamt kreativer und experimenteller sein muss, als es Untersuchungspläne zulassen" (ebd., S. 87). Mit diesen Argumenten erklären sich Auswahl und Modifikationen der Methoden als ein modifiziertes methodisches Vorgehen.

5.1.2 Methodische Entscheidungen

Für die Beantwortung der Fragen im Rahmen einer wissenssoziologischen Diskursanalyse war es nötig, ein sehr spezifisches Inventar zueinander passender methodischer Bausteine zu finden und dabei vor experimentellen Lösungen und bisher nicht begangenen Wegen nicht zurückzuschrecken. Das methodische Inventar musste ermöglichen,

- einen bestimmten thematischen Bezug – die Identitätsthematik – innerhalb eines umfangreichen Korpus von Veröffentlichungen zu identifizieren,
- die identifizierten Textteile in Bezug auf Kontexte, Bezugsthemen, Metaphern, explizite und implizite Referenzen zu untersuchen,
- verschiedene Konzeptionen von Identität herauszuarbeiten und wenn möglich ihren sozialwissenschaftlichen Bezügen zuzuordnen und in der Dynamik ihrer gegenseitigen Verweise zu rekonstruieren,
- die Wirkungsmächtigkeit des Identitätsdiskurses mit Blick auf die Fachdidaktik einzuschätzen und
- auf Grundlage dieser Untersuchungen den Identitätsdiskurs im Sachunterricht kritisch einzuschätzen in Bezug auf seine Theorie, die Konsistenz der herausgearbeiteten Identitätsvorstellungen sowie die Folgerichtigkeit und den Umfang didaktischer Schlussfolgerungen.

Zur Gewährleistung dieser vielfältigen Anforderungen bot es sich an, automatisierte computergestützte Analyseverfahren (Text Mining), welche die Auswertung großer Textmengen erlauben, mit qualitativen Verfahren zu kombinieren. Zur Begründung lässt sich mit Diaz-Bone (2015a, S. 92) argumentieren, dass der

Einsatz automatisierter computerbasierter Verfahren als systematischer und damit plausibler in der Erzeugung eines Textkorpus gelten kann, das den Diskurs repräsentiert und kohärente Strukturen aufweist.

Alexander Stulpe und Matthias Lemke (2016, S. 43) argumentieren ebenfalls für die teilweise computergestützte Analyse. Sie beschreiben einen „[...] modulare[n] Analyseprozess. Dieser zielt wesentlich darauf, angesichts einer für die menschliche Lesekapazität nicht mehr erschließbaren und daher substanziell unbekannten Datenmenge, computergestützte und menschliche Analyseleistungen optimal zu kombinieren."

Computergestützte Analyseverfahren ermöglichen es also, größere Datenmengen in den Blick zu nehmen. Sie sollen „einen Beitrag dazu leisten, das schwierige Verhältnis von Vogelperspektive und Detailanalyse auszubalancieren" (ebd., S. 54). Im Fall dieser Untersuchung war es so möglich, ein deutlich größeres Datenkorpus in die Untersuchung einzubeziehen, einen größeren Überblick zu gewinnen und somit, nach Stulpe und Lemke (ebd., S. 55), die Urteilskraft zu stärken. Auch Emma Davidson et al. (2019) beschreiben die Vorteile einer Kombination aus Data Mining und hermeneutischem Vorgehen, um größere Datenmengen zunächst nach bestimmten Inhalten zu untersuchen und diese dann weiter qualitativ zu analysieren.

Stulpe und Lemke (2016) stellen mit Blended Reading ein mehrstufiges methodisches Setting vor, das „Text Mining-Verfahren, welche automatisch größere Textmengen strukturieren und damit einen Teil der Analyse übernehmen" (Philipps, 2018, S. 368), mit interpretativen Analysen verbindet (vgl. Stulpe & Lemke, 2016, S. 43). Mit einem solchen Verfahren lässt sich zudem das Problem der Eingrenzung des Diskurses nachvollziehbar bewältigen und die damit getroffene Auswahl gut empirisch begründen. Damit konnte meine Textauswahl eine größere Repräsentativität für das Diskursthema beanspruchen (vgl. Stulpe & Lemke: S. 37 f., 43 f., 54–56) als bei anderen Verfahren wie etwa heuristischen Strategien der Textauswahl, die dem Konstrukt der theoretischen Sättigung verpflichtet sind.

Blended Reading

Das mit „Blended Reading" bezeichnete Verfahren wurde speziell für qualitative Forschungsvorhaben entwickelt, die zunächst einen großen Datenbestand untersuchen und bot sich daher für meine Studie an. Zunächst wurde das *Datenkorpus* (Zuschnitt des Datenkorpus vgl. Abschnitt 5.1.4) in maschinenlesbarer Form bereitgestellt. Das weitere Vorgehen kann als „modularer Analyseprozess" (vgl. Stulpe & Lemke, 2016, S. 43) bezeichnet werden. Zunächst wurde das Datenkorpus mittels Distant Reading (vgl. ebd., S. 44) untersucht und strukturiert und

später exemplarische Ausschnitte über das Close Reading qualitativ analysiert.
Die Analyseschritte orientierten sich an der von Stulpe und Lemke vorgestellten
Struktur, mussten aber gelegentlich angepasst werden (vgl. Tabelle 5.1).

Tabelle 5.1 Konsekutive Analyseebenen und Einzelverfahren im Blended Reading nach
Stulpe & Lemke (2016, S. 44)

Verfahrensebene	Verfahren (modulweise)	Leistung; Analysedimension
1. Ordnung	Frequenzanalyse	Datenstrukturierend, quantitativ, hypothesenprüfend bzw. deduktiv; nicht inhaltlich
2. Ordnung	Kookkurrenz-analyse	Quantitativ, explorativ bzw. induktiv; inhaltlich
	Topic-Modelle	Quantitativ, explorativ bzw. induktiv; inhaltlich
3. Ordnung	Annotation	Qualitativ, interpretengestützt; inhaltlich
	Active Learning	Auf Basis qualitativer Vorarbeiten durch Forscher*in quantitativ, explorativ bzw. induktiv; inhaltlich

Distant Reading
Vorgeschaltet wurde die Suche nach Textpassagen, in denen Identität überhaupt
zur Sprache kommt; hier wurde mit der *Textsuche*-Funktion von NVivo12 nach
Identitätsbegriffen (Wortstammsuche zu „Identität") gearbeitet.
    Von Anfang an musste jedoch parallel nach alternativen Begriffen gesucht
werden, da es denkbar war, dass Autor*innen den Identitätsbegriff zwar nicht
nutzen, wohl aber Ähnliches meinen. Mögliche Bezeichnungen waren Persönlichkeit oder Persönlichkeitsentwicklung; denkbare Erweiterungen der Wortliste
waren auch Formulierungen wie „biografisches Lernen" oder „eigenes Leben",
die im wissenschaftlichen Sachunterrichtsdiskurs gelegentlich Verwendung finden
(vgl. z. B. Daum, 2004).
    Die Textsuche über die Wortliste stellte den ersten Analyseschritt dar. Es
wurden alle Textstellen identifiziert, in denen der Begriff Identität – auch in
Zusammensetzungen – und die genannten Alternativbegriffe der Wortfeldsuche
verwendet wurden. Alle Veröffentlichungen, in denen diese Textstellen enthalten waren, bildeten nun das *Textkorpus* des Identitätsdiskurses; es waren alle
Veröffentlichungen identifiziert, in denen Identität verhandelt wird.

Mit einer *Frequenzanalyse* ließ sich dann zunächst ein (jahrgangsweise erho-
bener) quantitativer zeitlicher Verlauf mit statistischen Häufungen darstellen. Es
wurde also geklärt, in welchen Jahren Identitätsbegriffe besonders häufig oder
besonders selten auftauchen. Dann folgte eine *Topic-Analyse*. Sie strukturiert ein
Textkorpus semantisch nach Begriffsclustern und unterteilt es also in thematisch
abgegrenzte Felder. Hier waren Ergebnisse zu erwarten, welche Themen eigentlich im Sachunterricht im Kontext von Identität verhandelt werden. Anschließend
erfolgte eine *Kookkurrenzanalyse*.

> Mit Kookkurrenzanalysen – also der Berechnung von Begriffen, die überzufällig häu-
> fig gemeinsam mit einem bestimmten Begriff innerhalb eines Satzes, Absatzes oder
> Dokuments auftreten – kann der typische Gebrauchskontext von Wortformen inner-
> halb eines Korpus untersucht werden. (Lemke zit. nach Stulpe & Lemke, 2016, S. 48)

Mit diesem Analyseschritt wurden zwei Ziele verfolgt. Zum einen ging es darum,
zu überprüfen, ob das Wortfeld der Wortfeldanalyse als vollständig gelten kann
oder ob eventuell zusätzliche Begriffe einbezogen werden müssen und ein erneu-
ter vollständiger Analysedurchlauf von Anfang an erfolgen sollte. Zum anderen
konnten hier wiederum weitere Antworten auf die Frage erwartet werden, im
Kontext welcher Themen Identitätsbegriffe Verwendung finden.

Außerdem wurde das Textkorpus einer *Similaritätsanalyse* unterzogen. Im
Gegensatz zur Kookkurrenzanalyse wurde nun nicht danach gesucht, welche
Worte überzufällig häufig gemeinsam mit Identität vorkommen, sondern danach,
welche Begriffe im selben (oder ähnlichen) sprachlichen Kontext wie Iden-
tität genutzt werden.[2] Hier ging es zum einen darum, wieder Begriffe und
Themen zu finden, die mit Identität zusammenhängen. Zum anderen sollten noch-
mals Begriffe ausfindig gemacht werden, die möglicherweise als Synonyme zu
Identität genutzt werden.

Mit der abschließenden *Volatilitätsanalyse* wurde ermittelt, wie volatil die
Verwendungskontexte von Identität im Diskursverlauf waren. Außerdem konnten
die Veränderungen der Verwendungskontexte (anhand jahrgangsbezogener Kookkurrenzen) jahresweise ermittelt werden. Dadurch wurden im Längsschnitt die
inhaltlichen Veränderungen der Verwendung des Begriffs Identität aufgezeigt.

---

[2] Similar ist dabei nicht als synonym zu verstehen; vielmehr *kann* similare Verwendung
bedeuten, dass Begriffe Synonyme sind, *muss* es aber nicht. Folgende Beispielsätze mögen
den Unterschied verdeutlichen: Chemie ist ein naturwissenschaftliches Fach. Biologie ist ein
naturwissenschaftliches Fach. Die Begriffe Chemie und Biologie werden hier similar, aber
nicht synonym verwendet.

Close Reading

Close Reading meint nach Stulpe & Lemke (2016, S. 43) zunächst lediglich ein Gegenlesen von Einzeltexten, um die Ergebnisse des Distant Reading zu überprüfen und beispielhaft darzustellen. Hier wurde dieses Vorgehen im Sinne von Davidson et al. (2019) erweitert, denn wesentlich ging es darum, den Diskurs inhaltlich zu erfassen und zu qualifizieren. Somit standen hier Text Mining und qualitative Methodik gleichwertig nebeneinander. Als konkretes methodisches Verfahren des Close Reading wurde eine strukturierende *qualitative Inhaltsanalyse* gewählt.

Es war wiederum vorher ein Verfahren zu wählen, dass die Menge der zu untersuchenden Daten noch einmal reduziert. Anstelle eines denkbaren heuristischen Verfahrens, das auf theoretische Sättigung zielt, wurde der Weg einer nochmaligen Reduktion des Textkorpus gewählt, die mit der Reichweite und Charakteristik der Veröffentlichungsformate begründbar war: Veröffentlichungen in wissenschaftlichen Fächern können zwei grundlegenden Kategorien zugeordnet werden. Zum einen gibt es die laufenden wissenschaftlichen Veröffentlichungen in Fachzeitschriften, Konferenzbänden, Jahresbänden, Festbänden und sonstigen Sammelbänden, die die jeweils aktuelle Diskussion in den Wissenschaftsdisziplinen abbilden. Zum anderen gibt es in gewissen Abständen immer wieder Veröffentlichungen, die versuchen, den aktuell als verbindlich geltenden Wissensstand einer Wissenschaftsdisziplin darzustellen, also bereichsspezifisches Wissen zu kanonisieren. Das sind die Lehrbücher der wissenschaftlichen Disziplinen (oder Teildisziplinen), die in einer gewissen Frequenz aktualisiert werden. Aus zwei Gründen war es sinnvoll, sich beim Close Reading bei der strukturierenden qualitativen Inhaltsanalyse auf diese Lehrbücher und einige andere Monografien (die bedeutsame Neuerungen für den Sachunterricht markieren) zu beschränken. Das erste Argument dafür ist das schon angesprochene des kanonisierten Wissens, welches in diesen Veröffentlichungen in komprimierter Form zu finden ist. Wenn Identität bedeutsam für den Sachunterricht sein sollte – konzeptionell didaktisch bedeutsam –, dann müsste das in diesen Veröffentlichungen auffindbar sein. Das zweite Argument ist das der Reichweite. Einführungsbände sind das, womit sich Dozent*innen und Studierende an Hochschulen und in Ausbildungsseminaren im großen Maßstab auseinandersetzen. Sie können daher eine gewisse Repräsentativität dafür beanspruchen, wie Sachunterricht konzeptionell aufgefasst wird und das umfasst auch den Aspekt, welche Rolle dabei Identität spielt.

Das Ziel einer strukturierenden qualitativen Inhaltsanalyse ist, „bestimmte Aspekte aus dem Material herauszufiltern, unter vorher festgelegten Ordnungskriterien einen Querschnitt durch das Material zu legen oder das Material aufgrund bestimmter Kriterien einzuschätzen" (Mayring, 2015, S. 67). In meinem Fall ging es darum, die unterschiedlichen Vorstellungen von Identität und den Umgang in Bezug auf didaktische Fragen im Material herauszuarbeiten. Dabei legte ich aber nicht wie bei Philipp Mayring beschrieben ein aus der Theorie abgeleitetes Kategoriensystem vorab fest, sondern entwickelte dies, allerdings in enger Orientierung an der Theorie, aus dem Material heraus; also induktiv, wie Mayring dies für die zusammenfassende Inhaltsanalyse fordert (vgl. Mayring, 2015, S 68). Diese Modifikation war deshalb nötig, weil ich im Material nicht nur die herausgearbeiteten Theoriebezüge erwartete, sondern auch zum Teil wenig explizite und unter Umständen gar nicht auf Theorie, sondern auf differentes, auch diffuses Alltagsverständnis bezogene Bedeutungen. Insofern war es sinnvoll, methodisch abzusichern, dass beides im Blick blieb.

Analytische Kritik
Der die Untersuchung abschließende Analyseschritt musste eine Zusammenschau der verschiedenen Einzelanalysen ermöglichen. Sinnvoll schien es, dies mit einer kritischen Perspektive auf Sachunterricht als didaktischem Fach zu verbinden und einzuschätzen, inwiefern die Identitätsfrage im Sachunterricht im Untersuchungszeitraum angemessen berücksichtigt wurde. Das war die Voraussetzung dafür, um im Schlusskapitel Ausblicke formulieren zu können.

Für diesen abschließenden Analyseschritt wurde ein methodisches Vorgehen gewählt, das einerseits am grundlegenden methodischen Paradigma der diskurshistorischen Analyse, einer Form der critical discours analysis (CDA) orientiert ist, welche Ruth Wodak in ihrem gemeinsam mit anderen herausgegebenen Buch „Methoden der Textanalyse. Leitfaden und Überblick" (Titscher et al., 1998) darlegt. Andererseits schließt das gewählte methodische Vorgehen auch an die Überlegungen Max Webers zum Idealtypus als Analyseinstrument an (vgl. Weber 1995/1922, S. 78–83). Ausgehend von Habermas Theorie des kommunikativen Handelns wird in der CDA ein normatives Idealmodell eines bestimmten Diskurses als Maßstab der kritischen Analyse des strategischen Sprachgebrauchs im realen Diskurs genutzt (vgl. Keller, 2011, S. 18). Weber spricht vom Idealtypus (von Handlungen), den er als nötige Kontrastfolie für die Analyse realer Handlungen versteht (vgl. Weber 1995/1922, S. 81).

Auch bei der grundlegenden Zielsetzung für den letzten Analyseschritt wird an Überlegungen der CDA angeschlossen. Stefan Titscher et al. (1998, S. 181) erklären das Grundverständnis der CDA folgendermaßen: „Die Kritische Diskursanalyse versteht sich selbst als engagierte Forschung mit emanzipatorischem Anspruch: Sie will in die soziale Praxis und die sozialen Beziehungen eingreifen

[...]." Auch die kritische Bestandsaufnahme des Identitätsdiskurses im Sachunterricht und die daraus folgenden Impulse können als solch ein emanzipatorischer Anspruch gelten. Zu betonen ist allerdings, dass sowohl Titscher et al. (1998) als auch Weber (1995/1922) lediglich als grundlegende methodische Inspiration genutzt wurden. In dieser Untersuchung ging es weder um die Analyse des strategischen Gebrauchs von Sprache im Sinne von Titscher et al., noch um die Analyse von Handlungen im engeren Sinne nach Weber (1995/1922). Insofern wurde der letzte Analyseschritt auch nicht diskurshistorische Analyse, sondern „Analytische Kritik" genannt.

Das in Kapitel 3 theoretisch begründete Modell von Identität im Kontext von Schule und Unterricht konnte als Kontrast für die kritische Bestandsaufnahme des Identitätsdiskurses in der Sachunterrichtsdidaktik herangezogen werden, musste dafür aber noch operationalisiert werden. Die Ergebnisse zeigten Defizite und didaktische Entwicklungspotentiale. Tabelle 5.2 fasst die Analyseschritte noch einmal zusammen.

Es ergab sich damit der folgende Ablaufplan für das Forschungsprogramm (Tabelle 5.3):

5.1.3 Gütekriterien

Auch für die Diskursforschung ist selbstverständlich relevant, welchen Kriterien der „Wissenschaftlichkeit, Güte und Geltung" (Steinke, 2010, S. 319) sie genügen soll. Ines Steinke (ebd., S. 323 f.) plädiert dafür, den Widerspruch zwischen der Forderung nach allgemeingültigen Bewertungskriterien qualitativer Forschung und der stark eingeschränkten Standardisierbarkeit solcher methodischen Zugänge einerseits dadurch zu vermitteln, dass ein breit angelegter Kriterienkatalog formuliert wird und dieser andererseits untersuchungsspezifisch modifiziert wird. Als Kernkriterien schlägt Steinke intersubjektive Nachvollziehbarkeit, Indikation des Forschungsprozesses, empirische Verankerung, Limitation, Kohärenz, Relevanz und reflektierte Subjektivität vor. Steinke betont, dass für die Bewertung einer Studie stets mehrere der vorgeschlagenen Kriterien hinzuzuziehen sind (ebd., S. 324–331).

Die *Gewährleistung intersubjektiver Nachvollziehbarkeit* des Forschungsprozesses kann auf drei Wegen erfolgen. Die zentrale Technik ist die Dokumentation des Forschungsprozesses. Dokumentiert werden sollte im Einzelnen (ebd., S. 324 f.):

Tabelle 5.2   Überblick über die Analyseschritte

Wissenssoziologische Diskursanalyse (Keller)			
Ziel: Identitätsdiskurs in der Didaktik des Sachunterrichts rekonstruieren Zeitpunkt und Kontexte der Diskursteile Manifeste und latente Inhalte Dynamik ihrer Veränderungen Bezüge zum sozialwissenschaftlichen und gesellschaftlichen Diskurs Einflüsse auf fachdidaktische Prozesse und Diskurse			
Blended Reading (Stulpe & Lemke) Ziele: Identitätsdiskurs im Sachunterricht identifizieren, Identitätskorpus definieren, statistisch und inhaltlich beschreiben Diskursteile (Fragmente) identifizieren Diskursteile (Fragmente) qualifizieren			**Analytische Kritik des Identitätsdiskurses im Sachunterricht** Ziele: kritische Bewertung des Identitätsdiskurses im Sachunterricht Bewertungsmaßstab: theoretisches Modell (=idealtypische Kommunikation zu Identität im Sachunterricht) Besonderheiten Einseitigkeiten Defizite Anknüpfungspunkte für Veränderungen
Distant Reading Ziel: Identitätsdiskurs im Sachunterricht identifizieren, statistisch beschreiben		**Close Reading** Ziele: Diskurs inhaltlich beschreiben und strukturieren, Texte inhaltlich aufbrechen und vergleichbar machen	
NVivo 12 Text- und Begriffssuche	**Interactive Leipzig Corpus Miner (iLCM)** Frequenz Kookkurenz Topics Similarität Volatilität	**Strukturierende Inhaltsanalyse** (Mayring) Induktiv aus dem Datenmaterial gewonnene Kategorien in bewusster Theorie-perspektive	

Das *Vorverständnis:* Inm vorliegenden Fall umfasste es das im Theorie-teil dargelegte Verständnis von Identität als didaktisch relevantem Phänomen für den Sachunterricht. Außerdem gehörte zum Vorverständnis der durch die Sichtung von Stichwortverzeichnissen und wenigen Einzelveröffentlichungen gewonnene Verdacht, dass Identität allenfalls randständige Bedeutung in der Sachunterrichtsdidaktik zukommt und diese theoretisch unterdeterminiert rezi-piert wurde. Außerdem gehört zum Vorverständnis die transparente Darlegung des Forschungsinteresses; dieses wurde in der Einleitung beschrieben.

Die *Erhebungsmethoden* und *Erhebungskontexte* sowie die *Auswertungsme-thoden:* Die Erhebungs- und Auswertungsmethoden wurden im Methodenkapitel und im Abschnitt zum Textkorpus erläutert. Erhebungskontexte konnten als weit-gehend irrelevant betrachtet werden, da es sich bei den auszuwertenden Daten um

Tabelle 5.3 Ablaufplan der Analyseschritte

1. Festlegung/Eingrenzung **Datenkorpus**	
2. Distant Reading	
	a NVivo Textsuche **Textkorpus** Identitätsdiskurs in der Sachunterrichtsdidaktik
	b Interactive Leipzig Corpus Miner (iCLM) Topic Analyse Kookkurrenzanalyse Similaritätsanalyse Volatilitätsanalyse/jahresbezogene Kookkurrenzanalysen
3.Auswahl **Teilkorpus**: Lehrbücher, Perspektivrahmen, ausgewählte Monografien	
4.Close Reading: strukturierende Inhaltsanalyse (NVivo 12)	
5. Analytische Kritik des Identitätsdiskurses im Sachunterricht	

wissenschaftliche Veröffentlichungen handelte, deren Zustandekommen relativ standardisierten Bedingungen unterliegt.

Die *Daten:* Dokumentiert wurden die einbezogenen Texte (Datenkorpus, Textkorpus und Teilkorpus) und die herausgefilterten Textteile, die Aussagen zu Identität oder Aspekten von Identität treffen.

Entscheidungen und Probleme: Methodenwahl und Eingrenzungskriterien des Textkorpus wurden im Methodenkapitel und im Abschnitt zum Textkorpus diskutiert.

Eigene Kriterien, denen die Arbeit genügen soll: Hier ist auf den Abschnitt mit der Zielsetzung und den Fragestellungen zu verweisen.

Als weitere Wege zur Gewährleistung intersubjektiver Nachvollziehbarkeit nennt Steinke (ebd., S. 326) „Interpretationen in Gruppen" und die „Anwendung kodifizierter Verfahren". Mit der strukturierenden qualitativen Inhaltsanalyse wurde ein kodifiziertes Verfahren angewendet. Außerdem wurden die analysierten Textausschnitte in Kleingruppen mit anderen Wissenschaftler*innen interpretiert und immer wieder diskutiert. Insbesondere die Strukturierung des Kategoriensystems, die Benennung und Charakterisierung der einzelnen Kategorien und Subkategorien und die Zuordnung von Textausschnitten zu diesen wurde iterativ in Zusammenarbeit mit anderen Wissenschaftler*innen überarbeitet.

Mit *Indikation des Forschungsprozesses* meint Steinke (ebd., S. 326) die Angemessenheit des gesamten Forschungsprozesses. Im Einzelnen ergibt sie sich aus der Bewertung, ob die Methoden dem Gegenstand angemessen sind, ob sie subjektiven Perspektiven der Autor*innen Platz einräumen, ob sie Irritationen des Vorverständnisses ermöglichen, ob das Sampling angemessen ist und ob die gewählten methodischen Zugänge zueinander passförmig sind. Alle diese Aspekte wurden im Methodenkapitel und im Kapitel zum Textkorpus differenziert diskutiert.

Mit der Formulierung des Kernkriteriums der *empirischen Verankerung* ist gemeint, dass die „Bildung *und* Überprüfung von Hypothesen bzw. Theorien [...] empirisch, d. h. in den Daten begründet (verankert) sein" soll. Ergebnisse und Schlussfolgerungen mussten in hinreichender Tiefe textlich belegt werden (ebd., S. 328).

Limitation bezieht sich auf die Überprüfung der Verallgemeinerbarkeit der Ergebnisse. Das Kriterium hat für meine Untersuchung geringe Relevanz, da der Anwendungsbereich von vorherein limitiert auf den wissenschaftlichen Diskurs in der Sachunterrichtsdidaktik war. Allenfalls im Bereich von ange-sprochenen Hypothesen bezüglich der rekonstruierbaren Identitätskonzepte und der Rezeption von Identitätstheorien spielen Geltungsgrenzen eine allerdings untergeordnete Rolle.

Kohärenz bezieht sich auf die Darlegung der Ergebnisse. Diese müssen in sich schlüssig dargelegt sein, „Widersprüche in den Daten und Interpretationen bearbeitet [...] oder offengelegt werden" (ebd., S. 330).

Relevanz meint pragmatischen Nutzen (ebd.). Hier ist zu bewerten, ob die Fragestellung relevant für die Beantwortung von pragmatischen Fragen sein kann. Die didaktische Bedeutsamkeit wurde im vorliegenden Fall im Theo-riekapitel umfangreich begründet. Im Schlusskapitel werden zudem praktische Schlussfolgerungen diskutiert.

Mit *reflektierter Subjektivität* ist die „konstituierende Rolle des Forschers als Subjekt (mit Forschungsinteressen, Vorannahmen, Kommunikationsstilen, bio-graphischem Hintergrund etc.)" und ihre Sichtbarmachung angesprochen. Das Kriterium wurde durch die Offenlegung einiger der genannten subjektiven Aspekte insbesondere in der Einleitung ernst genommen.

Die Kombination mehrerer methodischer Zugänge wird von Diaz-Bone (2015c) als weiteres Gütemerkmal genannt, da diese durch unterschiedliche Zugänge und Perspektiven Ergebnisse besser absichern könnten (ebd., S. 169). Das gilt sowohl für die Kombination von automatisierten Auswertungsverfahren und qualitativen Inhaltsanalysen als auch für die Kombination unterschiedli-cher automatisierter Analyseverfahren. Da im methodischen Design verschiedene Methoden kombiniert wurden, kann von einer methodologischen Triangulation gesprochen werden (vgl. Mey, 2015, S. 415).

5.1.4 Korpusentscheidungen

Der Zuschnitt von Textkorpora ist bei Diskursanalysen stets als zentraler Arbeits-
schritt zu betrachten und gut zu begründen (vgl. Keller 2003, S. 136–138).
Im Folgenden werden die den einzelnen Analyseschritten zugrundeliegenden
Korpora beschrieben und der Zuschnitt jeweils begründet

a: Datenkorpus

Mit Korpus ist die Gesamtheit der zu untersuchenden Daten gemeint (vgl.
Busse & Teubert, 1994, S. 14; Keller, 2003, S. 138). Für Keller und die wissenssoziologische Diskursanalyse gilt, dass sich aus dem zu untersuchenden Diskurs
und der Formulierung der Fragestellung der Zuschnitt des Datenkorpus ergibt
(Keller, 2003, S. 136). Eine Diskursanalyse beginnt mit der Festlegung des zu
untersuchenden Diskurses. Bei der Definition des diesen Diskurs repräsentieren-
den Korpus gilt es, eine Reihe Entscheidungen zu treffen. Keller verweist darauf,
dass begründet werden muss, „welche Dokumente einem Diskurs zugerechnet
werden können [und] wie sinnvoll das empirische Material eingeschränkt und
analytisch handhabbar gemacht werden kann" (ebd. S. 137). Dazu gehören die
Zeiträume und Gegenstände der Untersuchung.
Dietrich Busse und Wolfgang Teubert (1994, S. 14) verstehen unter Diskursen

> [...] virtuelle Textkorpora, deren Zusammensetzung durch im weitesten Sinn inhaltli-
> che (bzw. semantische) Kriterien bestimmt wird. Zu einem Diskurs gehören alle Teile,
> die

- sich mit einem als Forschungsgegenstand gewählten Gegenstand, Thema,
  Wissenskomplex oder Konzept befassen, untereinander semantische Beziehungen aufweisen und/oder in einem gemeinsamen Aussage-, Kommunikations-,
  Funktions- oder Zweckzusammenhang stehen,
- den als Forschungsprogramm vorgegebenen Eingrenzungen in Hinblick
  auf Zeitraum/Zeitschnitte, Areal, Gesellschaftsausschnitt, Kommunikationsbe-
  reich, Texttypik und andere Parameter genügen,
- und durch explizite oder implizite (text- oder kontextsemantisch erschließ-
  bare) Verweisungen aufeinander Bezug nehmen bzw. einen intertextuellen
  Zusammenhang bilden. (ebd.)

In Anlehnung an Keller (2003, S. 137 f.) wurde das Material durch Orientierung an wichtigen Ereignissen und soziokulturellen Umbrüchen, durch theoriegeleitete Materialsuche sowie computergestützte Datenaufbereitung eingeschränkt.

Für die erste Kategorie und zeitliche Eingrenzung konnten das nur Ereignisse und Umbrüche sein, die das Fach Sachunterricht insgesamt betrafen. Prinzipiell waren hier unterschiedliche Szenarien denkbar. Im ersten Fall wäre das Bezugsereignis die Etablierung des Faches in den Ländern der Bundesrepublik Deutschland ab Anfang der 1970er Jahre gewesen; als dazugehörender soziokultureller Umbruch hätten die sozialliberalen Bildungsreformen ab 1969 und eben die Einführung des Fachs Sachunterricht in diesem Kontext identifiziert werden können. Im zweiten Fall wäre die gesamte Vorgeschichte des Fachs einzubeziehen gewesen, also auch die Veröffentlichungen zur Heimatkunde und zum Sachlernen allgemein. Eine weitere Möglichkeit war, einen (späteren) plausiblen Zeitpunkt zu benennen, ab dem das Fach als voll etabliert im Fächerkanon der Grundschule gelten kann. Als markantes Ereignis bot sich die Gründung der Fachgesellschaft, der GDSU im Jahr 1992 an. Es scheint hinreichend plausibel, dass ein Fach mit der Etablierung seiner Fachgesellschaft in eine neue und qualitativ elaborierte Phase seiner Entwicklung eintritt, zumal damit auch die Einrichtung institutionell sanktionierter und fachbezogen – intersubjektiv kontrollierter Publikationsreihen und -orte einhergeht. Köhnlein (2013, S. 16) argumentiert in diesem Sinne:

> Eine Fachdidaktik entsteht, wenn das Lehren und Lernen eines (institutionell) bestimmten Inhaltsbereiches zum Gegenstand wissenschaftlicher Forschung und Entwicklung gemacht wird. Sie gewinnt disziplinäre Identität und hat den Status eines akademischen Faches erreicht, wenn sie eigene Kongresse abhalten kann (und muss) und ein eigenes Korpus an Publikationen aufbaut, aus dem nicht zuletzt seine praxisbezogene Relevanz für die Bildung junger Menschen auch für die Öffentlichkeit sichtbar wird. Das gelingt in der Regel nicht ohne die Zusammenarbeit in einer Fachgesellschaft und die Repräsentation der Disziplin durch diese.

Für diesen Zeitpunkt ließ sich zudem ein markanter soziokultureller Umbruch benennen: der Zusammenbruch des autoritären Gesellschaftsmodells sowjetischer Prägung in Mittel- und Osteuropa, die deutsche Wiedervereinigung und damit die universelle Durchsetzung neoliberal-spätkapitalistischer Gesellschaftsformationen. Die Wiedervereinigung markiert zudem auch den Zeitpunkt, zu dem das Fach Sachunterricht in allen Bundesländern (wenn auch mit unterschiedlichen Bezeichnungen) etabliert war – auch auf dem Gebiet der ehemaligen DDR.

Außer pragmatischen Gründen der Textbegrenzung konnten gewichtige inhaltliche Gründe gegen die erstgenannten Varianten ins Feld geführt werden. Zum

einen verbot sich eine zu lange Rückschau, weil die Analyse an den Identitätsbegriff und seine Verwendung in den Sozialwissenschaften, insbesondere in der
Soziologie gebunden bleiben sollte, auch wenn gleichzeitig die mehr oder weniger enge Verwendung von Synonymen im Blick zu behalten war. Die Werke von
Erikson, der den Begriff der Identität in den Sozialwissenschaften maßgeblich
etablierte, erschienen auf Deutsch erst in den 1970er Jahren. Der sozialwissenschaftliche Diskurs zu Identität gewann erst ab den 1980er Jahren an Intensität.
Um diesen Umstand zu illustrieren, wurde eine Frequenzanalyse bei Google
Books nach „identität" in der bei Google verfügbaren deutschsprachigen Literatur
durchgeführt (vgl. Abbildung 5.1).

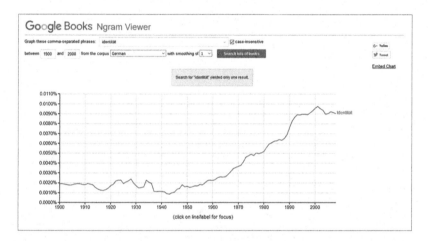

Abbildung 5.1 „Identität" bei Google Books Ngram Viewer (abgerufen am 22.10.2017)

Es zeigte sich ein kontinuierlicher Anstieg seit den 1950er Jahren und ein
deutlicher und steilerer Anstieg Ende der 1980er Jahre. Für die Untersuchung
des Identitätsdiskurses innerhalb des Sachunterrichts, mithin eines erziehungs-
wissenschaftlichen Anwendungsfeldes, schien die Suche nach dem allgemeinen
Begriff aber weniger erfolgversprechend als nach den Begriffen Identitätsbildung und Identitätsarbeit, die einen stärkeren Bezug zur Anwendung im Bereich
von Bildung und Didaktik aufweisen, was sich auch in der Verwendung dieser
Begriffe in sozialwissenschaftlichen Veröffentlichungen zu pädagogischen Kontexten zeigte (Keupp, 2003; 2012). In der Frequenzanalyse ergaben diese Begriffe
noch deutlichere Resultate (vgl. Abbildung 5.2).

Insofern schien es nicht ratsam, in die Analyse Veröffentlichungen einzubeziehen, die vor Ende der 1980er Jahre erschienen, zumal mit einer verzögerten
Rezeption im fachdidaktischen Diskurs zu rechnen war. Aus diesen Gründen orientierte sich der Beginn des Untersuchungszeitraums an der Gründung der GDSU
1992. Den Abschluss des Untersuchungszeitraums markierte der Beginn dieser
empirischen Untersuchung im Jahr 2016.

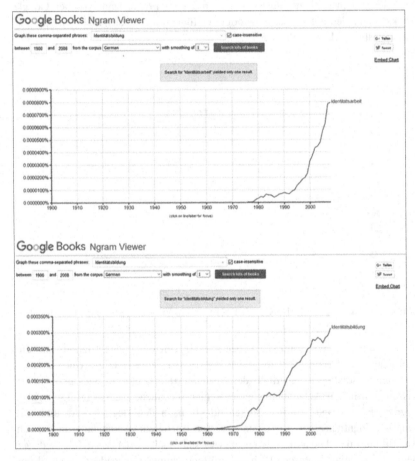

Abbildung 5.2 „Identitätsbildung" und „Identitätsarbeit" bei Google Books Ngram
Viewer (abgerufen am 22.10.2017)

Die theoriegeleitete Materialsuche betraf inhaltliche Kriterien zur Reduktion des Materials. Dafür wurde der zu Beginn des Kapitels genannte Terminus „wissenschaftliche Texte der Sachunterrichtsdidaktik" näher bestimmt und begründet. In dieser Arbeit wird der Identitätsdiskurs im Sachunterricht auf der Ebene wissenschaftlicher Veröffentlichungen untersucht. Als wissenschaftliche Publikationen konnten zunächst Texte gelten, die in wissenschaftlichen Zeitschriften oder Jahresschriften erschienen oder von einer wissenschaftlichen Fachgesellschaft (in meinem Fall der GDSU) herausgegeben wurden. Dazu zählten außerdem Einzelschriften, die einen erkennbaren fachwissenschaftlichen Zuschnitt aufwiesen; in meinem Fall waren das vor allem Lehrbücher (Einführungsbände), die einen konzeptionellen Anspruch vertreten. Ein wichtiger Teil des fachdidaktischen Diskurses insgesamt betrifft solche *Konzeptionen des Sachunterrichts*. Laut Kahlert (2015, S. 209) stellen „Konzeptionen [...] einen theorieorientierten Verständigungsrahmen mittlerer Reichweite bereit, der die für Unterricht wichtigen Entscheidungsfelder umfasst und sie zueinander in Beziehung setzt". Außerdem sind sie Kristallisationspunkte für die wissenschaftliche Theoriebildung in den Fachdidaktiken (ebd., S. 209). Laut Kahlert sind Konzeptionen dadurch charakterisiert, dass sie sich im Rahmen wissenschaftlicher Verständigung über Ziele und Aufgaben eines Faches herausbilden, einen Theorierahmen bieten, um Forschung in einem auf Unterricht bezogenen Zusammenhang zu ermöglichen, die schulpolitische Entwicklung beeinflussen können[3] und bei der Beurteilung von Unterricht als normativer Bezugsrahmen dienen (vgl. ebd.).

Aus dieser Perspektive bilden Konzeptionen eine sehr komplexe und wirkmächtige Ebene in der Fachdidaktik (ebd. S. 207–209). Die Berücksichtigung von Identität und Identitätsbildung im Sachunterricht als relevantem Problem der Gegenwart war eine Frage der konzeptionellen Ausrichtung des Fachs. Die Auseinandersetzung mit diesen Aspekten musste auch in wissenschaftlichen Veröffentlichungen der Fachdidaktik zu finden sein. Für die Beantwortung der Fragen war es aber nicht hinreichend, nur die ausformulierten und als solche klassifizierten Konzeptionen zu analysieren. Vielmehr war es nötig, in der ganzen Bandbreite wissenschaftlicher Veröffentlichungen der Fachdidaktik nach Spuren des Identitätsdiskurses zu suchen. Denn Konzeptionen müssen sich in fachdidaktischer Auseinandersetzung und Kritik bewähren; insofern waren auch die Diskussionen im Umfeld und die mehr oder weniger expliziten Bezüge zum konzeptionellen Diskurs von Interesse. Außerdem ging es darum, Spuren der Identitätsproblematik auch dann zu rekonstruieren, wenn sie keinen oder nur geringen Einfluss auf

---

[3] Schulpolitische Entwicklung kann durch Lehrpläne, Unterrichtsmaterialien, Unterrichtsgestaltung sowie reformorientierten Eingriffe in die Schulpraxis beeinflusst werden.

die konzeptionelle Entwicklung des Sachunterrichts erlangten, denn auch das hat Aussagekraft für die Beschreibung und Bewertung des Gesamtdiskurses. Nicht zuletzt stellen die Spuren des Identitätsdiskurses außerhalb der expliziten Konzeptionen das Reservoir der Äußerungen dar, die Eingang in zukünftige Lehrbücher und Konzeptionen des Sachunterrichts finden könnten.

Für die Analysen stellen sinnvollerweise Bezugstheorien (Identitätstheorien) den theoretischen Hintergrund dar. Diese Theorien werden ihre deutlichsten Spuren in der gesamten Textproduktion des Sachunterrichts in wissenschaftlichen Veröffentlichungen hinterlassen haben; nur hier sind direkte Bezüge erwartbar. Insofern konnte die Beschränkung auf wissenschaftliche Veröffentlichungen auch aus dieser Perspektive begründet werden. Mit diesem Argument ließ sich außerdem gut rechtfertigen, auf stark praxisbezogene und methodisch akzentuierte Veröffentlichungen zu verzichten. Es fallen demnach Veröffentlichungen wie Lehrbücher, Artikel in unterrichtspraktischen Zeitschriften sowie auf Methoden und Unterrichtsbeispiele zentrierte Schriften heraus, da diese entweder nicht als wissenschaftliche Veröffentlichungen gelten können oder keine Repräsentativität für die konzeptionelle Diskussion beanspruchen können. Auf eine pragmatische Formel gebracht ist die von mir als wissenschaftlich-konzeptionell bezeichnete Diskursebene im Begrüßungstext der Onlinezeitschrift *widerstreit-sachunterricht* beschrieben: Gemeint ist ein bestimmtes

> Verständnis von Sachunterricht. Für dieses Verständnis ist zunächst grundlegend, dass es sich ausschließlich auf den wissenschaftlichen Bereich des Schulfaches bezieht. Das heißt, […][sie] bietet […] keine Hinweise zur Arbeit im Unterricht im engeren Sinne, sondern versteht sich als Raum für einen wissenschaftlichen Diskurs zum Sachunterricht. (widerstreit-sachunterricht.de, abgerufen am 23.9.2019)

Als Grenzkriterium wurde ein Anteil von unter 40 % direkt auf Unterrichtspraxis zielende Inhalte definiert, da dieses Kriterium einen eindeutigen wissenschaftlich-konzeptionellen Schwerpunkt gewährleistete. Kern des Datenkorpus waren Veröffentlichungen, die einzelne Konzeptionen des Sachunterrichts darlegen, wie wissenschaftliche Lehrbücher oder Einführungsbände. Außerdem waren zunächst alle wissenschaftlichen Artikel zum Sachunterricht Teil des Korpus. Allerdings fielen alle Artikel und Veröffentlichungen heraus, die ausschließlich die Geschichte des Fachs zum Inhalt haben oder ausschließlich Konzeptionen und Positionen anderer Autor*innen wiedergeben (oder zusammenfassen), da es sich hierbei um Diskussionsbeiträge auf einer Metaebene handelt; einen Diskurs über den Diskurs, der nicht Inhalt dieser Untersuchung werden sollte.

Einzubeziehen waren alle wissenschaftlichen Veröffentlichungen der Fachgesellschaft GDSU. Das waren: der Perspektivrahmen Sachunterricht in den

Versionen von 2002 und 2013,[4] die vier perspektivenbezogenen Begleitbände zum Perspektivrahmen, der GDSU-Band von 2014 sowie die Publikationsreihen *Probleme und Perspektiven des Sachunterrichts* (die noch beim Leibniz-Institut für die Pädagogik der Naturwissenschaften und Mathematik erschienenen ersten beiden Bände von 1991 und 1992 einbezogen, da diese der Gründungsphase der GDSU zuzuordnen sind), *Forschungen zur Didaktik des Sachunterrichts* (ab 1997) und das *GDSU-Journal* (ab 2011). Des Weiteren gehörten zum Datenkorpus alle wissenschaftlichen Artikel (mit den genannten Einschränkungen) aus *widerstreit-sachunterricht* (seit 2003) zum Sachunterricht (Ausgaben und Beihefte), da die Onlinezeitschrift sich als „Raum für einen wissenschaftlichen Diskurs zum Sachunterricht" (widerstreit- sachunterricht: Startseite) versteht und so auch genutzt wird. Außerdem waren Artikel aus dem *Jahrbuch Grundschulforschung* (seit 2001) und der *Zeitschrift für Grundschulforschung* (seit 2010) einzubeziehen, die einen Bezug zum Sachunterricht im Titel, im Abstract oder in der Einführung herstellen, da sie sich damit selbst im wissenschaftlichen Sachunterrichtsdiskurs verorten.

Somit sah das zu untersuchende Datenkorpus folgendermaßen aus:

- Einführungen, Sammelbände, Monografien zur Didaktik des Sachunterrichts (wissenschaftliche Werke der Sachunterrichtsdidaktik, direkter Praxis- und Methodenanteil unter 40 %)
- Publikationen der Fachgesellschaft GDSU

  o Perspektivrahmen Sachunterricht
  - 2002
  - 2013
  - 4 perspektivenbezogene Beihefte *konkret*
  o Die Reihe *Probleme und Perspektiven des Sachunterrichts*
  o Die Reihe *Forschung zur Didaktik des Sachunterrichts*
  o Die Reihe *Journal Sachunterricht*
  o Die Einzelpublikation *Die Didaktik des Sachunterrichts und ihre Fachgesellschaft GDSU e. V.*

---

[4] Die Perspektivrahmen sind als eine Art Curricula keine wissenschaftlichen Veröffentlichungen. Allerdings sind sie als verbindliche Texte zum gesamten Sachunterricht eine Quelle, auf die nicht verzichtet werden sollte. Die Besonderheit (in verschiedener Hinsicht mangelnde Vergleichbarkeit mit den anderen Veröffentlichungen) dieser Texte wurde aber im Blick behalten.

• *widerstreit-sachunterricht* (wissenschaftliche Artikel, keine Gespräche, Interviews, biografischen Dokumente, keine Artikel aus der Kategorie „Bezugsdiskurse")

   o Ausgaben
   o Beihefte

• *Jahrbücher Grundschulforschung*

   o Alle Artikel mit „Sachunterricht" im Titel oder direktem Bezug zum Sachunterricht in Abstract/Einführung

• *Zeitschrift für Grundschulforschung*

   o Alle Artikel mit „Sachunterricht" im Titel oder direktem Bezug zum Sachunterricht in Abstract/Einführung

b: *Textkorpus: Identitätsdiskurs im Sachunterricht*

Das Textkorpus, das weitergehend mit dem Interactive Leipzig Corpus Miner (iLCM) analysiert wurde, bestand aus den Ausschnitten des Datenkorpus, in dem Identität tatsächlich verhandelt wird.

   Busse & Teubert (ebd. S. 14) verstehen Textkorpora als „Teilmengen der jeweiligen Diskurse". Im Fall dieser Untersuchung lag das Textkorpus nach der mehrstufigen Stichwortsuche mit NVivo 12 vor. Es umfasste alle Daten, in denen Identität, weitere Identitätsbegriffe (z. B. Zusammensetzungen) oder Synonyme verhandelt werden.

c: *Teilkorpus – Inhaltsanalyse*

Wie beschrieben, wurden zur strukturierenden Inhaltsanalyse nur Lehrbücher und andere wichtige Veröffentlichungen herangezogen. Die Lehrbücher waren: Helmut Schreier (1994), Astrid Kaiser (1995), Kaiser (2006), Sabine Ragaller (2001), Dagmar Richter (2002), Joachim Kahlert (2002 und überarbeitete Ausgaben von 2005, 2009, 2016), Walter Köhnlein (2012) und Hartmut Giest (2016).

   Zusätzlich wurden Monografien einbezogen, die für eine bedeutsame Neuorientierung in der Sachunterrichtsdidaktik stehen. Edith Glumpler (1996) legte erstmalig eine systematische Monografie zum Thema interkultureller Bildung im Sachunterricht –einer identitätsrelevante Thematik- vor. Andreas Hartinger (1997) steht für die empirische Wende im Sachunterricht. Simone Seitz (2005) hat das Inklusionsthema erstmalig zentral im Sachunterricht verhandelt. Dagmar-Beatrice Gaedtke-Eckardt (2013) brachte das Thema heterogentitätsgerechten Förderns erstmalig systematisch in den Sachunterricht ein. Außerdem wird der Perspektivrahmen Sachunterricht (2013) als länderübergreifendes Curriculum mit einbezogen.

Aus allen beschriebenen Korpusentscheidungen ergibt sich ein strukturiertes System von Korpora, die den einzelnen Analyseschritten zugrunde liegen (Abbildung 5.3).

Abbildung 5.3 Korpora

Damit ist die Darlegung des Forschungsdesigns abgeschlossen. Die Studie wurde als wissenssoziologische Diskursanalyse verortet, mit dem Blended Reading wurde ein gestuftes Vorgehen aus statistischen und qualitativen Verfahren ausgewählt und begründet und mit der kritischen Analyse ein Verfahren vorgestellt, dass den zusammenführenden letzten Analyseschritt mit einer kritischen Bestandsaufnahme des Umgangs des Sachunterrichts mit Identität verbinden soll. Außerdem wurden Gütekriterien diskutiert und die Zuschnitte der Korpora dargelegt und begründet. Das konkrete und detaillierte Vorgehen bei den einzelnen Analyseschritten allerding wird in den Ergebniskapiteln den Darstellungen der Ergebnisse um einer leichteren Nachvollziehbarkeit willen vorangestellt; auf die

Darstellung der detaillierten konkreten methodischen Umsetzung wurde deshalb im Methodenkapitel verzichtet.

5.2 Ergebnisse des Distant Reading

Das Distant Reading diente im Rahmen des Blended Reading dazu, auf statistischem Weg Strukturen und Muster im Datenkorpus aufzuzeigen. Zunächst ging es aber darum, diejenigen Diskursteile aufzufinden, in denen Identität thematisiert wird (Dokumente und Textstellen). Außerdem hatte dieser Forschungsabschnitt auch die Aufgabe, quantitative Aussagen zum Identitätsdiskurs im Sachunterricht treffen zu können, Kontexte und Themen zu Identität aufzuzeigen und Hinweise auf inhaltlich- thematische Veränderungen im Diskurs zu erhalten.

5.2.1 Frequenzanalyse

Frequenzanalysen strukturieren Textkorpora nach bestimmten Prinzipien. Für diese Untersuchung wurde eine diachrone Strukturierung gewählt, da der zeitliche Verlauf des Identitätsdiskurses im Textkorpus interessierte. Dies geschah anhand von ausgewählten Intervallen; in diesem Fall wurde jahrgangsbezogen nach der Nutzung von Identitätsbegriffen gesucht. Die Frequenzanalyse wurde im gesamten Datenkorpus durchgeführt, das 1.587 Dokumente (von Einzelartikeln in Sammelbänden und Zeitschriften bis zu ganzen Monografien) umfasst. Analysetools waren der interactive Leipzig Corpus Miner (iLCM) und NVivo12. Die beiden Programme haben unterschiedliche Vorteile.

Der iLCM bietet für die Begriffsuche und Frequenzdarstellung verschiedene Optionen wie die Suche nach absoluten und relativen Ergebnissen (zum Gesamtkorpus), jeweils wahlweise auf Worte (Gesamtwortmenge des Jahres) und Dokumente (Gesamtdokumentenmenge des Jahres) bezogen. Es kann nach dem Vorkommen einzelner Begriffe, mehrerer Begriffe gleichzeitig oder nach Begriffen in lemmatisierter Form (auf die Grundform bezogen) gesucht werden. Die Forschungsfragen richteten sich auf inhaltliche Aspekte, demzufolge waren vor allem inhaltlich bedeutungstragende Begriffe wichtig. Entscheidend war in Sätzen deshalb vor allem die Subjekt- oder Objektfunktion, also das, was handlungstragend ist bzw. das, worum es geht. Auf Adjektive wurde verzichtet, obwohl sie Nomen in Sätzen näher bestimmen. Bei Probeversuchen tauchten jedoch nur Adjektive in den Listungen auf, die sehr unspezifisch waren. Für die Analyse wurden folglich nur Substantive berücksichtigt. Die Ergebnisse werden beim iLCM als Diagramme ausgegeben. Allerdings sind die konkreten Dokumente, in denen die Begriffe gefunden werden, nur in einem mehrschrittigen und recht aufwendigen Prozess zu identifizieren. Die Fundstellen sind zudem nicht markiert, was das qualitative Weiterarbeiten an diesen Textstellen (im Modus des Close Reading) erschwert. NVivo12 hat keine direkte Funktion für Frequenzanalysen. Durch die Textsuchfunktion können aber alle Nennungen identifiziert werden und über die Dokumentencodes, die das Erscheinungsjahr beinhalten, ist es möglich, daraus eine Frequenzanalyse zu erstellen, aber mit erheblich größerem Aufwand als beim iLCM. Außerdem kann man in der deutschen Version von NVivo12 keine Wortstammsuche durchführen. Die im Suchfeld zusammen eingegebenen Begriffe werden allerdings aggregiert behandelt, das heißt man bekommt als Ergebnis alle Nennungen aggregiert ausgegeben. Die vom iLCM mit den Diagrammen ausgegebenen Begriffslisten (alle lemmatisierten Substantive mit „identität") wurden als Suchtext in NVivo 12 eingegeben und auf das exakt gleiche Textkorpus aus 1.587 Dokumenten angewendet. Der große Vorteil von NVivo 12 liegt darin, dass man direkt in die Dokumente schauen kann und die Fundstellen in den Dokumenten markiert sind. Außerdem wird für jedes Dokument die Anzahl der vorkommenden Suchbegriffe und ihr Anteil am Text bezüglich der Gesamtwortmenge des Dokuments ausgegeben. Das Programm bietet zudem eine sehr gute Übergangsmöglichkeit vom Distant zum Close Reading; es ist ja für qualitative Forschung vorgesehen. Aus all diesen Gründen schien es vorteilhaft, beide Programme kombiniert zu nutzen.

Bezogen auf die Fragestellungen lassen sich mit dem Verfahren Aussagen darüber treffen,

- wie sich die quantitative Nutzung von Identitätsbegriffen über den Untersuchungszeitraum hinweg entwickelt hat,
- in wie vielen Dokumenten pro Jahr Identitätsbegriffe genutzt werden,
- in welchem Verhältnis Dokumente mit Nennungen zu allen Veröffentlichungen des gleichen Jahrgangs stehen,
- wie viele Nennungen pro Jahr festzustellen sind,
- welches Verhältnis diese Nennungen pro Jahr zur Gesamttextmenge des Jahres haben und
- welche Tendenzen sich im quantitativen Gebrauch der Begriffe abzeichnen.

Ergebnisse

In 353 von 1.587 Veröffentlichungen fanden sich Referenzen bezüglich lemmatisierter Identitätsbegriffe. In etwa jeder fünften Veröffentlichung des Datenkorpus wurden also Identitätsbegriffe genutzt. Außerdem schien es auf den ersten Blick

so, dass in diesen 353 Veröffentlichungen diese Begriffe nicht besonders häufig
verwendet werden (insgesamt 1.397 Mal).

146 Veröffentlichungen enthielten nur eine einzelne Nennung. Diese Veröffentlichungen wurden alle auch inhaltlich analysiert; zum Verständnis der
aufgeführten Zahlen werden an dieser Stelle im Sinne des Blended Reading
Ergebnisse des Close Reading vorgezogen. In 19 dieser Veröffentlichungen fand
sich die Referenz lediglich im Literaturverzeichnis, ohne Nennung im Text; in
41 weiteren hatten die Begriffe eine andere als im Fokus dieser Arbeit ste-
hend (persönliche Identität), etwa „Identität des Sachunterrichts". In weiteren
35 Veröffentlichungen wurden Identitätsbegriffe lediglich als Schlagwort ohne
Bedeutungsvertiefung oder Erläuterung genutzt. Es ist also zusammenfassend
festzuhalten, dass von den Veröffentlichungen mit nur einer Nennung mehr als
ein Drittel wegfiel. Letztlich blieben demzufolge nur 293 von den 1.587 Veröffentlichungen des Datenkorpus übrig, was etwa 18 % der Veröffentlichungen
ausmacht; unter den Veröffentlichungen mit nur einer Nennung fand sich zudem
ein hoher Anteil mit lediglich einer schlagwortartigen Verwendung (in 40 % der
restlichen Veröffentlichungen mit nur einer Nennung).

In Abbildung 5.4 sind die absoluten Nennungen für Lemmatisierungen mit
„identität" pro Jahr zu sehen.

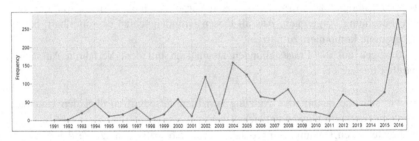

Abbildung 5.4 Absolute Begriffsnennungen pro Jahrgang „Identität" (lemmatisiert, nur
Substantive)

Zu bedenken ist, dass die Anzahl in den verschiedenen Jahren auch deshalb äußerst unterschiedlich ist, weil die Menge der Veröffentlichungen pro
Jahr sehr unterschiedlich ist. Das hat verschiedene Ursachen. Zum einen kamen
im Laufe des Untersuchungszeitraums immer wieder neue Publikationsorgane
hinzu, sodass sich die Gesamtzahl der Veröffentlichungen pro Jahr im Verlauf
des Untersuchungszeitraums erhöhte. Bei der Reihe *Probleme und Perspektiven
des Sachunterrichts*, den Jahresbänden der Jahrestagungen der GDSU, erhöhte

sich zudem im Verlauf der Jahre die Anzahl der Beiträge pro Band. Außerdem gab es vier Jahre, in denen besonders viele Veröffentlichungen erschienen: 2004 mit den Bänden *Basiswissen Sachunterricht*, 2007 und 2015 mit den beiden umfangreichen Ausgaben des *Handbuchs Didaktik des Sachunterrichts* und 2013 mit dem *Perspektivrahmen Sachunterricht* und einigen Sammelbänden. Deutlich spiegelt dies auch die dokumentenbezogene absolute Frequenzanalyse wider (Abbildung 5.5).

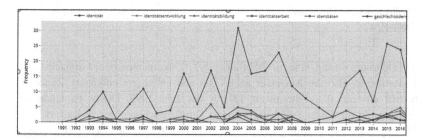

Abbildung 5.5   Dokumente mit Identitätsnennung (6 wichtigste Begriffe) absolut

Insofern ist die absolute Zahl der Nennung der Identitätsbegriffe sowie die absolute Anzahl der Dokumente mit Nennung nicht besonders aussagekräftig. Bedeutsam ist vielmehr das *relative* Verhältnis von Nennungen zum Gesamtwortschatz sowie das Verhältnis von Dokumenten mit und ohne Nennung des Identitätsbegriffs, wie sie sich in den Abbildungen 5.6 und 5.7 zeigen.

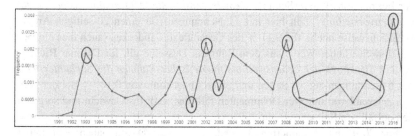

Abbildung 5.6   Relative Begriffsnennungen pro Jahrgang „identität" (lemmatisiert, nur Substantive)

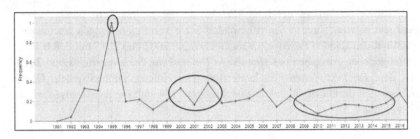

Abbildung 5.7   Dokumente mit Begriffsnennung „Identität" relativ (lemmatisiert, nur Substantive)

Erklärungswürdig sind in Abbildung 5.7 (Dokumentenebene) zunächst die Extremwerte, also die Ausreißer nach oben und unten (rot umkreist). Zunächst betrifft das nur den Extremwert 1,0 für das Jahr 1995. Dieser ist leicht zu erklären, da für dieses Jahr lediglich eine Veröffentlichung (Astrid Kaisers *Einführung in die Didaktik des Sachunterrichts*) vorliegt und diese auch Referenzen enthält (anders ausgedrückt: alle Veröffentlichungen des Jahres 1995 enthalten Referenzen).

Sowohl auf der Dokumentenebene als auch auf der Wortebene sind die Werte für die Jahre 1993, 2001, 2002, 2003, 2008 und 2016 erklärungsbedürftig. Für 1993 liegen insgesamt 12 Dokumente vor, die alle aus dem Sammelband *Dimensionen des Zusammenlebens* aus der Reihe *Probleme und Perspektiven des Sachunterrichts* stammen. In vier dieser Dokumente findet sich die Verwendung von Identitätsbegriffen. Die Nutzung von Identitätsbegriffen ist bei diesem thematischen Zuschnitt aus Theoriesicht zumindest nicht überraschend. Besonders der Beitrag von Helmut Schreier *Gemeinschaft – altes Mißverständnis oder aktuelle Leitvorstellung?* fällt hier mit 11 Nennungen (für einen 20-seitigen Artikel vergleichsweise hoch), die 0,11 % des Gesamttextes abdecken (auch dies ein vergleichsweise hoher Wert), aus dem Rahmen. Dasselbe gilt für Dagmar Richters Artikel *Strukturen der Lebenswelt als theoretischer Rahmen des Sachunterrichts* mit 6 Nennungen auf 13 Seiten und einer Abdeckung von 0,10 %. Bei der kleinen Auswahl von nur vier Dokumenten fällt das stark ins Gewicht und sorgt für den auffälligen Spitzenwert für 1993.

Für 2001 liegen immerhin 35 Dokumente vor. Davon haben aber nur 8 Nennungen aufzuweisen. Eines dieser Dokumente ist eine recht umfangreiche Monografie, der Band *Sachunterricht* von Sabine Ragaller, der als Lehrbuch für die Vorbereitung auf das Staatsexamen in Bayern konzipiert wurde. Er enthält auf 241 Seiten (das macht etwa ein Drittel des gesamten Umfangs aller Publikationen für 2001 aus) nur 5 Nennungen und hat eine Abdeckung von < 0,01 % aufzuweisen. Das erklärt den niedrigen Wert für 2001 schon zum guten Teil. Außerdem hatte der Jahresband *Probleme und Perspektiven des Sachunterrichts* mit dem Titel *Wissen, Können und Verstehen – über die Herstellung ihrer Zusammenhänge im Sachunterricht* einen eher weit vom Identitätsthema entfernten Inhalt, was die geringe Artikelanzahl mit Identitätsbezug (3) und die geringe Abdeckung erklären könnte.

Für 2002 liegen insgesamt 44 Dokumente vor, von denen 18 Nennungen enthalten. Die vergleichsweise hohen Werte für dieses Jahr könnten damit zusammenhängen, dass das Thema des Jahresbandes *Probleme und Perspektiven* in diesem Jahr mit *Die Welt zur Heimat machen* als ausgesprochen identitätsrelevant gewertet werden kann, was sich in der hohen Anzahl der Beiträge mit Nennungen und zum Teil hohen Abdeckungsquoten niederschlägt (z. B. Eva Gläser *Vom lokalen Heimatgefühl zur glokalen kulturellen Identität*, 18 Nennungen auf 12 Seiten, 0,31 % Abdeckung).

Für 2003 liegen 33 Veröffentlichungen vor, von denen nur 10 Nennungen enthalten. Aus den Themen der Sammelbände *Lernwege und Aneignungsformen im Sachunterricht* (Probleme und Perspektiven) und *Sozialwissenschaftlicher Sachunterricht* ergeben sich zunächst keine Anhaltspunkte für die niedrigen Werte.

Die hohen Werte von 2008 und 2016 sind überwiegend auf die Veröffentlichungen von Gebauer et al. (2008) und Siebach (2016) mit extrem hohen Werten zurückzuführen (2008: 68 Nennungen / 10 Seiten, Abdeckung 2,01 %; 2016: 161 Nennungen / 13 Seiten, Abdeckung 1,59 %).

Um die extremen Ausschläge auszugleichen und mögliche allgemeine Tendenzen besser erkennen zu können, sind in Abbildung 5.8 noch einmal jeweils zwei Jahre zusammengerechnet. Die Jahre 1991 (ohne Referenzen) und 2016 (Extremwert wegen Beitrag von Siebach) wurden weggelassen.

Bei Betrachtung aller drei Diagramme lassen sich folgende Tendenzen festhalten: Nach einem thematisch bedingten ersten Höhepunkt (1993, Jahresband *Dimensionen des Zusammenlebens*) verharren die Bezugnahmen bis 1998 auf niedrigem Niveau. Von da an bewegen sich die Werte bis 2004 mit Ausschlägen in beide Richtungen tendenziell nach oben und bleiben bis 2008 zumindest auf einem vergleichsweise hohen Niveau. Auffällig ist der Absturz der Werte 2009 und das Verharren auf vergleichsweise niedrigem Niveau bis zumindest 2013. Danach (2014–2016) scheint wieder ein Aufwärtstrend feststellbar. Hierbei ist allerdings zu bedenken, dass dieser Trend zu einem großen Teil auf zwei Einzelbeiträge zurückzuführen ist: die Beiträge von Schrumpf (2016) *Geschlechterdiskurs und Sachunterricht* (23 Nennungen, 1,15 % Abdeckung) und Siebach

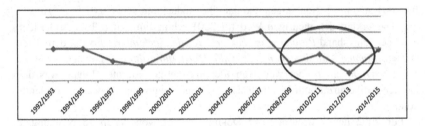

Abbildung 5.8 Relative Begriffsnennungen „Identität" (lemmatisiert, nur Substantive), gemittelt auf 2 Jahre

(2016) *Postmoderner Wandel und Identitätsarbeit. Eine Bildungsherausforderung für den Sachunterricht* (161 Nennungen, Abdeckung 1,59 %).

Der Anstieg der Werte ab etwa 1998 lässt sich möglicherweise gut durch den intensiven Diskurs um Identität in der Gesellschaft und vor allem in den Sozialwissenschaften in der zweiten Hälfte der 1990er Jahre erklären.[5] Erklärungsbedürftig bleibt hingegen der Einbruch der Werte nach 2008 und das Verharren danach auf niedrigem Niveau, denn die Intensität und Quantität gesellschaftlicher und wissenschaftlicher Auseinandersetzung mit Identität hat seitdem nicht abgenommen.

Erhellend für den Einbruch der Werte könnte möglicherweise das folgende Diagramm sein, das die relativen Frequenzen auf Wortebene zu den Begriffen „Identität" und „Inklusion" abbildet (Abbildung 5.9).

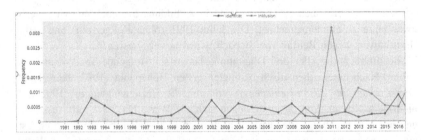

Abbildung 5.9 Frequenzanalyse „Identität" und „Inklusion" relativ, auf Wortebene

---

[5] Beispielsweise erschienen 1996 *Das erzählte Selbst* von Kraus, 1997 *Identitätsarbeit heute* von Keupp und Höfer und 1999 *Identitätskonstruktionen* von Keupp et al.

Auch Inklusion ist ein Thema, das in Gesellschaft und Wissenschaft an Bedeutung gewonnen hat; hier begann ab Beginn der 2000er Jahre eine stürmische Diskursentwicklung. Es zeigt sich folgerichtig auch in wissenschaftlichen Veröffentlichungen des Sachunterrichts von 2008 bis 2013 ein stetiger Anstieg der Nennungen des Inklusionsbegriffs. Für den gleichen Zeitraum ist für „Identität" erst ein Absturz und dann ein Verharren auf niedrigem Niveau zu konstatieren. Es kann somit festgestellt werden, dass der Inklusionsdiskurs ab 2008 im Sachunterricht quantitativ an Fahrt gewann, aber der Identitätsbegriff daran keinen vergleichbaren Anteil hatte und sich quantitativ eine geringere Bedeutung zeigt. Für eine Reihe anderer Begriffe (Bildung, Physik, Kompetenz, Kompetenzentwicklung etc.) konnten keine ähnlichen Muster (Werte für Identität fallen, Werte für ausgewählten Begriff steigen) gefunden werden.

Insofern kann vermutet werden, dass ein anderer Diskurs (vielleicht eben der Inklusionsdiskurs) dominanter wurde und den Identitätsdiskurs verdrängte. Selbstverständlich könnten aber auch andere Erklärungen sinnvoll sein, für einen empirischen Zusammenhang gibt es zwar Anhaltspunkte, er ist jedoch keinesfalls nachweisbar.

Für 2017 und 2018 lagen zum Zeitpunkt der Erstellung des Textkorpus zur Untersuchung mit dem iLCM noch nicht alle Dokumente vor, da manche Publikationen noch nicht erschienen waren. Aus diesem Grund endet der Untersuchungszeitraum auch 2016, da nur bis dahin alle Dokumente vollständig sind. Allerdings konnten die später erschienenen Beiträge zumindest noch mit NVivo12 untersucht werden, um Tendenzen zur gegenwärtigen Situation zu erkennen.

Für 2017 sind 86 Beiträge zu verzeichnen. Davon enthalten 13 Referenzen. Lediglich zwei Beiträge (Landwehr, 2017 *Sexualbildung* und Lauterbach, 2017 *Vielperspektivität*) haben nennenswerte Referenzen (11 und 6) und eine nennenswert hohe Abdeckung (0,18 % und 0,11 %). Lauterbach allerdings ist die Einleitung zum Jahresband der GDSU aus der Reihen „Probleme und Perspektiven des Sachunterrichts" und die Identitätsbegriffe beziehen sich alle auf die Identität des Faches Sachunterricht; dieser Beitrag fällt also ebenfalls heraus. Damit scheint klar, dass auch der relative quantitative Anteil der Identitätsbezüge an der Gesamtwortmenge der Veröffentlichungen für 2017 gering sein dürfte.

Für 2018 lagen zum Zeitpunkt der Untersuchung 49 Beiträge vor. Davon enthalten 8 Referenzen. Keiner der Beiträge hat eine Abdeckung > 0,03 %. Auch für 2018 muss demzufolge der quantitative Anteil des Identitätsbegriffs bezüglich der Gesamtwortmenge äußerst gering sein. Insofern deutet sich kein quantitativer Bedeutungszuwachs in jüngster Zeit an, die Identitätsnennungen bleiben höchstwahrscheinlich weiter auf niedrigem Niveau.

Zusammenfassung
Quantitativ betrachtet stieg die Bedeutung von Identitätsbegriffen im Sachunterricht von 1998 bis 2004 und verharrte von 2004 bis 2008 auf relativ hohem Niveau. In dieser Zeit wurde der Identitätsbegriff relativ regelmäßig verwendet. Man könnte insofern für diesen Zeitraum tatsächlich von einem Identitätsdiskurs sprechen.

Danach gab es für den Zeitraum bis 2013 erst einen signifikanten Absturz der Werte und dann ein Verharren auf niedrigem Niveau. Für die Jahre 2014 bis 2016 kann nicht von einer (quantitativen) Wiederbelebung des Identitätsdiskurses gesprochen werden, da der sichtbare Anstieg im Wesentlichen auf zwei einzelne Beiträge zurückzuführen ist. Die Beiträge von Gebauer et al. (2008), von Schrumpf (2014) und Siebach (2016) können insofern als Ausnahmeerscheinungen gewertet werden, da hier Identitätsbegriffe zentral waren, sehr häufig genutzt wurden und die Werte für die jeweiligen Jahre signifikant beeinflussten. Für die Jahre 2017 und 2018 kann (mit Vorsicht, weil die Veröffentlichungen dieser Jahre nicht vollständig vorlagen und nicht mit dem iLCM, sondern nur per NVivo12 untersucht werden konnten) die Tendenz formuliert werden, dass sich die quantitative Bedeutung von Identitätsbegriffen weiterhin als gering einschätzen lässt. Insofern ist aus quantitativer Perspektive bisher nicht von einer Wiederbelebung des Identitätsdiskurses im Sachunterricht auszugehen.

Offen bleibt, was die Debatte inhaltlich auszeichnet, was das Spezifische am Gebrauch von Identitätsbegriffen im Sachunterrichtsdiskurs ist.

5.2.2 Topic-Analyse

Topic Models strukturieren Textkorpora auf Basis von Token[6] auf der Wortebene. Die Verteilung auf Topics erfolgt nichtdeterministisch, das heißt die Modelle werden aufgrund einer zufällig generierten Datenauswahl statistisch approximiert. Aus diesem Grund wird im Ergebnisabschnitt der Begriff „erwartbare Ergebnisse" (bzw. erwartbare Nennungen) verwendet. Für Topic-Analysen können unterschiedliche Verfahren genutzt werden. Der iLCM arbeitet auf der Basis von 500 Iterationen mit einem Gibbs-Sampling, als Visualisierungsprogramm wird LDA (Latent Dirichlet Allocation) genutzt (vgl. Niekler et al., 2018). Auf der Basis von statistisch signifikant häufigem gemeinsamem Auftreten von Begriffen innerhalb eines Satzes werden Gruppen von Topics (Themen) gebildet. Alle

---

[6] Als Token identifiziert der iLCM Zeichenkombinationen, die durch Leerzeichen begrenzt sind.

Topics gemeinsam bilden das Gesamtkorpus ab. Die Topics werden in Form von signifikanten Wortlisten ausgegeben. Der Topic Explorer des iLCM ermöglicht eine breite Differenzierung zwischen zwei Polen. Einmal wird nach Häufigkeit der Begriffe im jeweiligen Topic geordnet. Im anderen Fall wird danach geordnet, in welchem Maß Begriffe das Topic ausschließlich repräsentieren, also ob sie auch (und in welchem Umfang) in anderen Topics vorkommen und inwiefern sie somit als Abgrenzungsmerkmal des Topics gegenüber anderen taugen (vgl. Sievert & Shirley, 2014). Der iLCM ermöglicht eine Gewichtung zwischen den beiden eben geschilderten Ordnungskriterien.

Topic Explorer strukturieren den Textkorpus anhand rein statistischer Operationen in inhaltlich abgrenzbare Themenfelder. Diese korrespondieren meist gut mit dem Vorwissen von Wissenschaftler*innen zur thematischen Differenzierung ihres Wissenschaftsbereichs (im Fall dieser Untersuchung des Sachunterrichts). Außerdem lassen sie sich beim direkten Lesen in den Veröffentlichungen (Close Reading) meist gut identifizieren.

Unbedingt nötig ist der Ausschluss für die Untersuchung irrelevanter Token. Dafür stehen beim iLCM kombinierte Filter zur Verfügung. Hier wurde die Suche weitgehend auf Substantive beschränkt, da diese für die vorliegende Untersuchung von allen Wortarten die wichtigsten inhaltlichen Bedeutungsträger sind. Eigennamen, auch Verlagsorte und ähnliches, wurden ausgeschlossen. Zusätzlich wurde eine Stoppwortliste genutzt, um Bibliothekscodes, getrennte Worte und einige wenige sehr allgemeine Begriffe auszuschließen. Außerdem wurden zusätzlich die 50 häufigsten Begriffe ausgeschlossen, da sich bei den Probedurchläufen in allen Topics zu viele sehr allgemeine Begriffe fanden. Diese Filterungen gelingen mit dem iLCM weitgehend, für die Wortartenfilterung mit einer Genauigkeit von 96,55 %, für den Ausschluss von Eigennamen mit einer Genauigkeit von 84,25 % (vgl. spacy.io/models/de), das heißt es finden sich in den Begriffslisten der einzelnen Topics nur noch vereinzelt Begriffe, die laut der in diesem Abschnitt genannten Kriterien eigentlich ausgeschlossen sein sollten.

Bezogen auf meine Fragestellungen lassen sich anhand einer Topic-Analyse Aussagen darüber treffen,

- in welcher Häufigkeit Identität und verwandte Begriffe (z. B. Identitätsarbeit, Geschlechtsidentität, Identitätsbildung) im Gesamtkorpus und in den betreffenden Topics vertreten sind (Gehören sie zu den häufigsten Begriffen?),
- in welchen dieser Topics das Identitätsthema verhandelt wird bzw. für welche Topics Identität bedeutsam ist,

- wie deutlich die betreffenden Topics von den Identitätsbegriffen repräsentiert werden und
- welcher Stellenwert der Identitätsthematik im Gesamtkorpus insgesamt zugeschrieben werden kann, bezüglich der Häufigkeit der Nennungen von Identitätsbegriffen, der Anzahl der Topics, in denen Identität verhandelt wird und in Bezug zum Umfang jener Topics im Vergleich zum Gesamtkorpus.

Ziel dieses Analyseschrittes war demzufolge zum einen die Aufschlüsselung des gesamten Korpus nach Themen, die im wissenschaftlichen Sachunterrichtsdiskurs verhandelt werden – als Vorbereitungsschritt für alles Folgende. Zentral ging es dann aber um die Bedeutsamkeit der Identitätsthematik im Diskurs. Bedeutsamkeit ist selbstverständlich nicht nur über statistische Daten zu bestimmen, aber sie stellt sich *auch* über Quantität dar, das heißt darüber, wie umfangreich die Verhandlung eines Themas im Verhältnis des Gesamtdiskurses und im Verhältnis zu spezifischen Themen ist. Mit dem Verfahren kann gezeigt werden, in welchen Begriffsfeldern Identität diskutiert wird und in welchen nicht.

Der iLCM erfordert die Entscheidung, wie viele Topics berechnet werden sollen, auf wie viele Topics das Datenkorpus also aufgeteilt werden soll. Um hier eine sinnvolle Entscheidung zu treffen, müssen zunächst einige Probeversuche durchgeführt werden, um einschätzen zu lernen, bis zu welcher Anzahl von Topics das Korpus unterdifferenziert geteilt ist und ab welcher Anzahl es sich als überdifferenziert darstellt. In meinem Fall wurden Probeversuche mit 10, 15, 20, 25 und 40 Topics gerechnet und anschließend die Einzeltopics inhaltsbezogen angesehen. Es zeigte sich, dass bei Versuchen unter 20 Topics Begriffe zusammengefasst wurden, die aus der Perspektive des Sachunterrichtsdidaktikers noch differenzierten Kategorien zugeteilt werden sollten.[7] Bei einer Anzahl von Topics > 20 hingegen war die Differenzierung in vielen Fällen zu weitgehend, inhaltlich kamen keine sinnvollen neuen Differenzierungen hinzu.[8] Daher wurde die Untersuchung schließlich mit 20 Topics durchgeführt.

---

[7] Beispielsweise beim Versuch mit 15 Topics: Ein Topic umfasste Begriffe aus der Medienbildung, Gesundheitserziehung, Mobilitätsbildung und Umweltbildung; das Topic Geschlecht war mit so vielen allgemeinen Begriffen gefüllt, dass spezifische Begriffe nicht unter den 30 häufigsten auftauchten.

[8] Die inhaltlich für den Sachunterricht erwartbaren Topics waren ab 20 Topics alle vorhanden; es bildete sich aber schon bei 25 eine Reihe von Topics, die inhaltlich gar nicht mehr einzuordnen waren und besser in ein allgemeines Topic zu Fragen der Didaktik gepasst hätten. Andere Topics sahen hier wie ein Begriffssalat aus, bei dem eine inhaltliche Zusammenfassung nicht mehr möglich schien.

Um einzuschätzen, als wie stabil das auf Approximationen beruhende nicht-deterministische Verfahren gelten kann, wurde die Analyse mit 20 Topics probeweise insgesamt sechsmal durchgeführt. Es ergaben sich stets fast identische Topics und vergleichbare Verteilungen. Für die Ergebnisdarstellung wurde dann aber nur eine dieser Analysedurchgänge herangezogen.

Beim iLCM kann noch bei weiteren Voreinstellungen differenziert werden. Da mein Fokus auf inhaltlichen Aspekten lag, habe ich für die Topics nur Substantive eingeschlossen. Einige Probeversuche haben zudem ergeben, dass bei der Berücksichtigung anderer Wortarten zu viele sehr allgemeine Begriffe (z. B. „berücksichtigt", „geschützt", „schließlich" etc.) die Listen der Topics füllen. Eine weitere Voreinstellung betrifft die baseform reduction (Umgang mit Wortstämmen). Hier habe ich mich für Lemmatisierungen entschieden, weil es das üblichste Verfahren ist.

Die Topics lassen sich anhand der häufigsten ($\lambda = 1$) und anhand der trennschärfsten Begriffe ($\lambda = 0$, welche für das Topic mit Ausschließlichkeit stehen, also in anderen Topics nicht vorkommen) klassifizieren. Laut Sievert und Shirley (2014) ermöglicht nur ein λ-Faktor zwischen 0,3 und 0,6 belastbare Aussagen über die Relevanz der gelisteten Begriffe. Für die Qualifizierung der Topics nutzte ich daher die Ergebnisse für die mittleren λ-Werte 0,3 und 0,6.

Topics
Abbildung 5.10 zeigt die Verteilung der 20 Topics auf 2 Distanzdimensionen. Auf der Achse PC1 entfaltet sich die erste (übergeordnete), auf Achse PC2 die zweite (nachgeordnete) Unterscheidungsdimension.[9] Sehr klar beschreibbar, thematisch spezifisch und gut unterscheidbar sind demzufolge die weit außen platzierten Topics (2, 3, 8, 11, 15, 18, 20) weniger spezifisch sind die unten, aber in der Mitte liegenden Topics (4,5,7) und umso allgemeiner und teilweise schwerer beschreibbar sind Topics, je weiter sie in der Mitte liegen. Die Größe der Kreise veranschaulicht den jeweiligen Anteil am Gesamtkorpus. In der Begriffsliste rechts sind die 40 häufigsten Begriffe für den Gesamtkorpus aufgeführt, die Länge der Balken gibt Auskunft über ihre Häufigkeit im Gesamtkorpus.

Es lassen sich bei der ersten Sichtung der Topics zwei Gruppen ausmachen: solche die eher allgemein (sachunterrichts-)didaktisch geprägt und zum Teil wenig spezifisch sind (und sich meist in der Mitte des Diagramms befinden) und

---

[9] Principal component reduction ist ein Verfahren, Distanzdimensionen für grafische Darstellungsmöglichkeiten zu reduzieren und beruht auf der principal component analysis (vgl. Bai & Hancock, 2013).

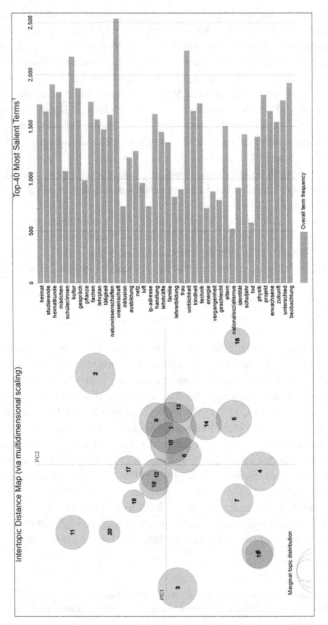

Abbildung 5.10 Topics und häufigste Begriffe

solche mit spezifischen sachunterrichtlichen Themen, die teils konkreten Inhaltsbereichen zuzuordnen sind, die sich z.t. auch in Curricula finden (wie historisches Lernen, ästhetische Bildung im Sachunterricht) oder für einen spezifischen Diskurs innerhalb des Sachunterrichts stehen (z. B. Inklusion im Sachunterricht; vgl. auch Tabelle 5.4).

Bei manchen Topics ist die Zuordnung allerdings nicht eindeutig möglich. Besonders betrifft das die Topics 16 (Gesundheitsbildung und Lernen) und 19 (physikalisches Lernen im Sachunterricht, Zeitkonzepte). Aber auch für die Topics 4, 17 und 20 bleibt die Zuordnung zum Teil widersprüchlich. Auch die genaue Lektüre einiger Dokumente, aus denen die Topics gebildet wurden, konnten wenig zu einer eindeutigen Zuordnung beitragen.

Im Folgenden werden Topics, die für meine Untersuchung relevant erscheinen, entsprechend der Zuordnung in der Tabelle kurz beschrieben. Dazu dient als Kriterium die Ausgabe der erwartbaren Nennungen in den Topics (estimated word frequencies; vgl. Abbildung 5.11).

Zur Veranschaulichung führe ich für einige Topics Textauszüge aus den analysierten Dokumenten an. Dadurch ist keine Validierung der Charakterisierungen und Unterscheidungen der Topics möglich, sie kann aber einen Eindruck vermitteln, was die inhaltliche Grundlage der Topics ist.

Allgemein sachunterrichtsbezogene Topics (wenig spezifisch)

Topic 1: Allgemeiner Diskurs des Sachlernens

Dieses Topic ist geprägt durch sehr allgemeine wissenschaftsbezogene und sachbezogene Begriffe. Bedeutsam sind hier „Wirklichkeit", „Sachverhalt", „Wissenschaft", „Wahrheit", „Begriff", „Funktion" etc. Es kommen auch explizit Domänenbegriffe wie „Naturwissenschaft" und „Physik", aber auch „Kultur" und „Technik" vor, außerdem ist „Vielperspektivität" gelistet. Das Topic umfasst mit 11,2 % einen vergleichsweise hohen und überdurchschnittlichen Anteil am Gesamtdiskurs, ist zugleich aber kaum spezifisch, was auch an seiner Position in der Nähe der Kreuzungspunkte der Achsen deutlich wird. Ein typisches Beispiel für einen Artikel dieses Topics ist Kahlert (1994, S. 71) *Ganzheit oder Perspektivität? Didaktische Risiken eines fachübergreifenden Anspruchs und ein Vorschlag,* von dem hier ein Ausschnitt präsentiert wird:

Den verschiedenen Bemühungen um ein tragfähiges Fundament unseres Faches ist die Einsicht gemeinsam, daß Sachunterricht sich nicht als bloßer Vorlauf der ausdifferenzierten Schulfächer weiterführender Schulen verstehen darf. Komplex wie

Tabelle 5.4　Topics in verschiedenen Bereichen

Allgemein sachunterrichtsbezogene Topics wenig spezifisch	Topics zu Inhaltsbereichen des Sachunterrichts	Topics zu Diskursen im Sachunterricht
Topic 1: Allgemeiner Diskurs des Sachlernens *Topic 4:* Historische, konzeptionelle und internationale Konzeptionen des Sachlernens *Topic 6:* Umgangsweisen, lerntheoretische Zugänge *Topic 10:* Umweltanforderungen, Realitätsverarbeitung, Anschauungsorientierung *Topic 14:* Reformpädagogik, Erfahrungsorientierung, Anschauungsunterricht *Topic 15:* Elementarbildung, Schulsystem, Domänen	*Topic 2:* Ästhetische Bildung im Sachunterricht Topic 5: Sozialwissenschaftliche Bildung im Sachunterricht *Topic 9:* Mädchen, Frauen, Geschlecht *Topic 11:* Naturwissenschaftliche Inhalte des Sachunterrichts *Topic 12:* Raum, Verkehrserziehung, Bildung für nachhaltige Entwicklung (BNE) *Topic 13:* Nationalsozialismus, Geschichtsdidaktik *Topic 17:* Philosophieren und außerschulische Lernorte *Topic 18:* Heimat, Kultur, interkulturelle Bildung *Topic 20:* Umweltbildung	*Topic 3:* Quantitative empirische Forschung im Sachunterricht *Topic 7:* Inklusion im Sachunterricht *Topic 8:* Lehrerbildung im Sachunterricht

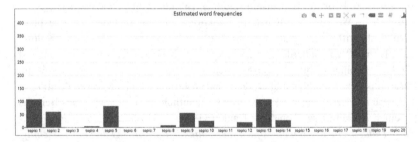

Abbildung 5.11　Estimated word frequencies in den Topics

die Lebenswirklichkeit von Kindern und Erwachsenen sich gestaltet, sind fachüber-
greifende, verschiedene Dimensionen integrierende Herangehensweisen erforderlich,
wenn der Sachunterrichtbei seiner Aufgabe, die Lebenswirklichkeit erschließen zu
helfen, nicht schon im Ansatz versagen soll.

Topic 10: Umweltanforderungen, Realitätsverarbeitung, Anschauungsorientierung

Das Topic ist von vielen sehr allgemeinen Begriffen geprägt und insgesamt
schwierig zu beschreiben; am ehesten kann ein psychologisch orientiertes
lerntheoretisches Topic vermutet werden. Einen Schwerpunkt kann man mit
„Umweltbeziehungen", „Umweltgegebenheiten", „Umweltanforderungen" und
„Umweltreizen" einerseits und Begriffen wie „Verarbeitungsweisen" oder „Reali-
tätsverarbeitung" andererseits identifizieren. Ein anderer Schwerpunkt wäre durch
die Begriffe „Anschauungsorientierung" und „Lebenswelterfahrungen" gekennzeichnet. Das Topic umfasst mit 7,2 % einen überdurchschnittlichen Anteil am
Gesamtdiskurs.

Topic 14: Reformpädagogik, Erfahrungsorientierung, Anschauungsunterricht

Das Topic enthält Begriffe wie „Erfahrungsorientierung", „Weltorientie-
rung", „Schulleben", „Reformpädagogik" und „Anschauungsunterricht", die auf
bestimmte konzeptionelle Leitprinzipien für den Sachunterricht verweisen. „Ich-
Stärkung" als Begriff mit möglichem Bezug zum Identitätsdiskurs ist unter den
40 häufigsten Begriffen gelistet. Das Topic umfasst mit 4,3 % einen leicht
unterdurchschnittlichen Anteil am Gesamtdiskurs.

Topics zu konkreten Inhaltsbereichen

Topic 2:   Ästhetische Bildung im Sachunterricht

Das Topic ist geprägt durch typische Begriffe aus der ästhetischen Bildung wie
„Objekt", „Kunst", „Wahrnehmung", „Körper", „Auge". Auch „Sinnlichkeit",
„Bewegung", „Leiblichkeit", „Schönheit" und „Naturerfahrung" sind gelistet. Das
Topic umfasst mit 7,2 % einen überdurchschnittlichen Anteil am Gesamtdis-
kurs. Ein typischer Artikel dieses Topics ist Schomaker (2004) *Mit allen Sinnen
..., oder? Über die Relevanz ästhetischer Zugangsweisen im Sachunterricht*. Als
Beispiel hier ein Ausschnitt (S. 51):

Ästhetische Erziehung als grundlegende Zugangsweise im Sachunterricht zu begreifen, geht somit von der Annahme aus, dass Erkenntnis nicht von der sinnlich-
ästhetischen Wahrnehmung zu lösen ist; Sinnlichkeit wird dem Verstand als Erkennt-
nisprinzip zugrunde gelegt.

Topic 5:   Sozialwissenschaftliche Bildung im Sachunterricht

Die Begriffe „Politik", „Gerechtigkeit", „Solidarität" und „Friedenserziehung" stehen eindeutig für sozialwissenschaftliche Inhalte des Sachunterrichts (siehe Abbildung 5.12).

Abbildung 5.12
Wordcloud Topic 5
Sozialwissenschaftliche
Bildung im Sachunterricht

Die ebenfalls gelisteten Begriffe „Umweltbildung" und „Nachhaltigkeit" verweisen darauf, dass diese oft im Kontext mit politischen und sozialwissen- schaftlichen Themen diskutiert werden. Die Begriffe „Schlüsselprobleme" und „Allgemeinbildung" zeigen, dass sozialwissenschaftliche, politische und Umwelt- bildung oft und in engem Kontext mit dem Bildungsbegriff Klafkis verhandelt werden. Das Topic umfasst mit 5,8 % einen geringfügig überdurchschnittlichen Anteil am Gesamtdiskurs.

Topic 9:   Mädchen, Frauen, Geschlecht

Das Topic beinhalte viele geschlechtsbezogene Begriffe wie „Mädchen", „Frau", „Geschlecht", „Männlichkeit". Es umfasst auch Begriffe zu Sexualität und Fami- lienbegriffe wie „Mutter", „Vater", „Kind", „Eltern". Im Topic sind die Themen Geschlechterverhältnis, Umgang mit Geschlechtsdifferenzen (Koedukation) und Sexualerziehung vorhanden (siehe Abbildung 5.13).
    Der Begriff „Geschlechtsidentität" ist nur zwischen den λ-Werten 0 bis 0,16 gelistet, was bedeutet, dass er (fast) nur in diesem Topic vorkommt, aber trotzdem nur sehr selten verwendet wird. Das Topic umfasst mit 5 % einen durchschnittli- chen Anteil am Gesamtdiskurs. Als Verdeutlichung für dieses Topic hier ein Zitat aus Kroll (2003) *Frauenbilder – Männerbilder* (S. 99):

Abbildung 5.13
Wordcloud für Topic 9
Mädchen, Frauen,
Geschlecht

In der Wissenschaft gibt es wenige Themen, die so emotional besetzt sind wie die Auseinandersetzung über Weiblichkeit und Männlichkeit. Keine Forscherin und kein Forscher kann behaupten, bei dem Thema der Geschlechterdifferenz nicht persönlich involviert und gleichzeitig befangen zu sein. Eine ausgewiesene Expertin, Barbara Schaeffer-Hegel, gibt zu, dass sie einen „Knoten im Kopf" bekommt, wenn sie über die Definition von Weiblichkeit nachdenkt. Eine Universalformel für Männlichkeit gibt es ebenso wenig.

Topic 12: Raum, Verkehrserziehung, Bildung für nachhaltige Entwicklung (BNE)

Die meisten Begriffe dieses Topics stammen aus dem geografischen Bereich, so „Geografie", „Raum", „Ort", „Stadt", „Land", „Stadtteil" und „Karte". Aber auch mobilitätsbezogene Begriffe wie „Verkehr", „Mobilitätsbildung", „Straßenverkehr" und „Auto" sind stark vertreten. Es zeigt sich hier, dass raumbezogene Bildung und Mobilitätsbildung in engem Zusammenhang stehen. Einzelne Begriffe wie „Zukunft", „Veränderung", „Lebenssituationen" und „Lebensweise" sind auch im Kontext von Bildung für nachhaltige Entwicklung (BNE) verortbar, die auch im Zusammenhang mit geografischer Bildung diskutiert wird (vgl. Auch Abbildung 5.14). Das Topic umfasst mit 4,6 % einen leicht unterdurchschnittlichen Anteil am Gesamtdiskurs.

Topic 13:   Nationalsozialismus, Geschichtsdidaktik

Das Topic umfasst Begriffe zur NS-Geschichte und zum Holocaust wie „Nationalsozialismus", „Judenverfolgung", „Gedenkstätte", „Nazi" und „Antisemitismus". Außerdem finden sich viele Begriffe aus der Geschichtswissenschaft

und Geschichtsdidaktik wie „Vergangenheit", „Quelle", „Epoche", „Zeitgeschichte", „Geschichtsbewusstsein", „Fragekompetenz" und „Geschichtskultur" (siehe Abbildung 5.15).

   Auch der Begriff „Mittelalter" ist vertreten und verweist darauf, dass es in diesem Topic um Geschichte und Geschichtsdidaktik im Allgemeinen und nicht ausschließlich um die NS-Geschichte geht. Unter den 40 häufigsten Begriffen findet sich auch Identität; er erscheint ab $\lambda > 0{,}77$ und ist damit relativ häufig. Er wird in der Geschichtsdidaktik oft als Gegenbegriff und im Kontext mit „Alterität" verwendet. Das Topic umfasst mit 4 % einen unterdurchschnittlichen Anteil am Gesamtdiskurs. Als Beispiel für einen Artikel dieses Topics hier ein Zitat aus Flügel (2012), *Konstruktionen des generationalen Verhältnisses Kindheit und das Thema Nationalsozialismus im Grundschulunterricht* (S. 82):

Dass das Thema Nationalsozialismus (und damit steht es sicherlich nicht alleine) Fragen der eigenen Identität, Verortung etc. berührt und aufwirft, hat auch die Arbeit von Georgi gezeigt, die in ihrer qualitativen Studie Jugendliche mit Migrationshintergrund interviewt und deren Geschichtskonstruktionen nachgespürt hat.

Topic 18: Heimat, Kultur, interkulturelle Bildung

Dieses Topic ist sehr gut abgrenzbar und beschreibbar, es umfasst vor allem Begriffe zu Heimat und Inter- bzw. Transkulturalität wie „Heimat", „Kultur", „Fremde", „Ausländer", „Minderheit", „Rassismus" oder „Migranten". Der Begriff „Identität" ist hier sehr prominent vertreten, er ist der dritthäufigste Begriff im Topic und erscheint bei λ-Werten > 0,18. Bei λ-Werten < 0,18 ist er nicht mehr gelistet, da er in anderen Topics auch vorhanden ist (siehe Abbildung 5.16).

Abbildung 5.16
Wordcloud Topic 18
Heimat, Kultur,
interkulturelle Bildung

Auch die Begriffe „Identitätsarbeit" und „Identitätsbildung" sind gelistet, sie kommen im Bereich von λ-Werten von 0 bis 0,71 vor. Somit gehören sie nicht zu den häufigsten Begriffen, aber repräsentieren das Topic gut und kommen in wenigen anderen Topics vor. Alle drei Begriffe sind also im λ-Bereich von 0,3 bis 0,6 gelistet und erfüllen damit das geforderte Kriterium. Das Topic umfasst mit 3 % einen deutlich unterdurchschnittlichen Anteil am Gesamtdiskurs. Ein Zitat von Egbert Daum (2002) *Wo ist Heimat? Über Verbindungen von Ort und Selbst* illustriert dieses Topic (S. 74):

Darüber hinaus oder gleichzeitig bezeichnet der Heimatbegriff ein subjektives Gefühl der Geborgenheit: Heimat ist ein Raum bzw. eine Region, mit der man sich eng verbunden fühlt, in der man sich seiner selbst, seiner Identität, gewiss sein kann.

Vorkommen und Verteilung von Identitätsbegriffen

Die für meine Fragen wichtigsten Topics sind selbstverständlich die, in denen Identitätsbegriffe in nennenswerter Zahl vorkommen. Als Kriterium dafür dient zunächst, ob „Identität" oder Identitätsbegriffe im Topic unter den 40 gelisteten Begriffen zwischen λ 0,3 und 0,6 erscheinen. Das gilt nur für Topic 18. Hier sind Identitätsbegriffe im gesamten Spektrum von λ 0,3 bis 0,6 vertreten: „Identität" ist mit 392 zu erwartenden Nennungen der in Topic 18 am dritthäufigsten verwendete Begriff. Das ist auch noch im Vergleich mit dem am häufigsten vorkommenden Begriff „Heimat" mit 1.391 erwartbaren Nennungen und dem zweithäufigsten Begriff „Kultur" mit 858 erwartbaren Nennungen vergleichsweise häufig. „Identitätsarbeit" und „Identitätsbildung" hingegen fallen mit jeweils 40 bis 50 erwartbaren Nennungen eher gering aus (vgl. Abbildung 5.17)

Zwei weitere Topics haben Identitätsbegriffe innerhalb der ausgegebenen Listung aufzuweisen, allerdings außerhalb des als Kriterium genannten mittleren λ-Bereichs.

In Topic 13, einem Topic, das vor allem Begriffe zur NS-Zeit, zum Holocaust und zur historischen Bildung umfasst, ist der Begriff „Identität" gelistet, erscheint aber erst ab einem λ-Wert > 0,77. Er wird hier mit 107 erwartbaren Nennungen angegeben. Der Abstand zum häufigsten Begriff („Vergangenheit", 537 Mal) ist nicht übermäßig groß. Insofern zeigt sich, dass Identität ein relativ wichtiger Begriff im Bereich historischer Bildung ist (siehe Abbildung 5.18).

In Topic 9 wird der Begriff „Geschlechtsidentität" im Kontext von Geschlecht, Geschlechtsrollen und Geschlechtsdifferenzen verwendet, allerdings nur bei λ-Werten < 0,28, damit selten, der erwartbare Wert ist mit 24 angegeben. Um dies einordnen zu können, lohnt sich der Vergleich mit dem häufigsten Begriff dieses Topics, „Mädchen". Dieser Begriff wird mit 1.283 erwartbaren Nennungen angegeben. Selbst „Männlichkeit" kommt mit 178 erwartbaren Nennungen über 7 Mal häufiger vor. Es kann also –überraschenderweise– festgehalten werden, dass Identität in Bezug auf Geschlechts- und Genderfragen scheinbar nur marginal verhandelt wird. Ein zweiter Begriffsblock des Topics 9 umfasst Begriffe zu Familie. Hierzu kann ebenfalls festgehalten werden, dass Familie nicht im Zusammenhang mit Identität verhandelt wird, denn die einzige (und seltene) Nennung „Geschlechtsidentität" passt weniger gut zum Thema Familie und wird in diesem Zusammenhang vermutlich nicht verwendet (vgl. Abbildung 5.19).

In allen anderen Topics sind Identitätsbegriffe auch außerhalb der Werte zwischen λ 0,3 und 0,6 nicht gelistet.

Als wichtiges Ergebnis der Topic-Analyse kann festgehalten werden, dass Identität mit erwartbaren ca. 900 Nennungen im gesamten Korpus unter den 40 am häufigsten genannten Begriffen vorkommt. Auch im Vergleich mit dem

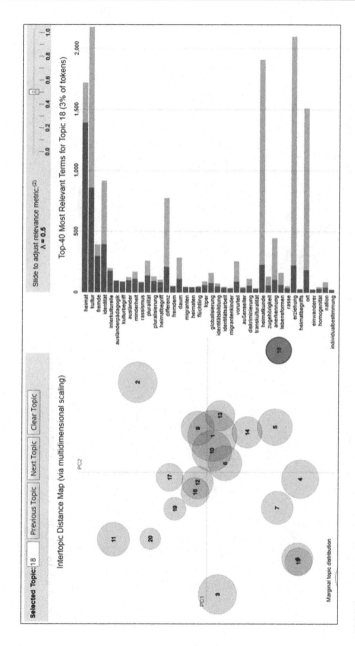

Abbildung 5.17 Ergebnisse Topic 18 Heimat, Kultur, interkulturelle Bildung

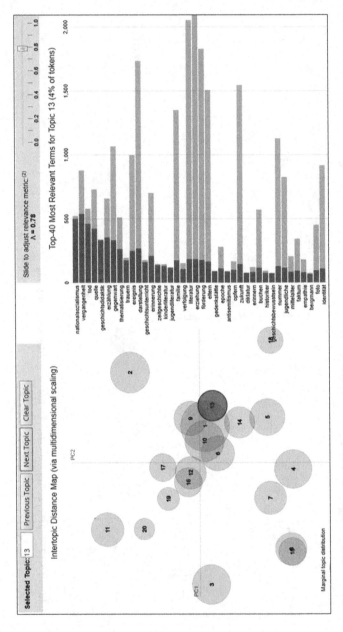

Abbildung 5.18 Ergebnisse Topic 13 Nationalsozialismus, Geschichtsdidaktik

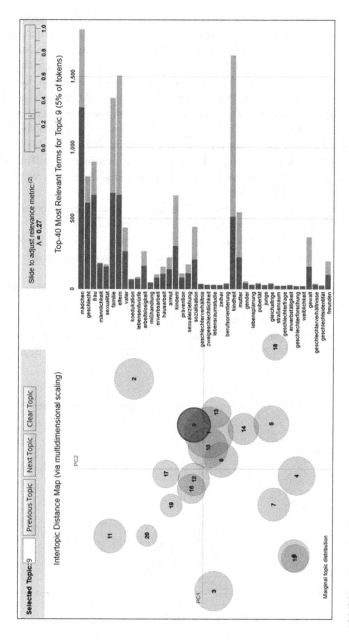

Abbildung 5.19 Ergebnisse Topic 9 „Mädchen, Frauen, Geschlecht"

am häufigsten genannten Begriff („Wissenschaft", mehr als 1.550 erwartbare Nennungen) zeigt sich eine nennenswerte Größe, insbesondere dann, wenn man bedenkt, dass die am häufigsten genannten Begriffe meist sehr allgemeiner Natur sind. Der Begriff „Identität" liegt bei der Zahl der Nennungen etwa gleichauf mit Begriffen, die für die Sachunterrichtsdidaktik auf einem ähnlichen Level im Distanzfeld zwischen allgemein versus spezifisch liegen, wie beispielsweise „Inklusion" oder „Geschlecht". Zu berücksichtigen ist allerdings, dass „Identität" nicht immer im Sinne von „persönlicher Identität" verwendet wird, häufig ist auch die „Identität des Fachs" oder etwas Anderes gemeint. Bei der inhaltlichen Analyse aller 156 Artikel des Korpus mit jeweils nur einer einzigen Begriffsnennung wurden 45 Fälle gefunden, in denen eine solche andere Bedeutung vorlag. Bis betrifft also etwa 30 % der Nennungen.

Des Weiteren zeigt sich, dass es im Wesentlichen zwei Themenkomplexe sind, die in Bezug zu Identität verhandelt werden, zum einen im Kontext von Kultur, Migration und Heimat und zum anderen im Kontext von historischer Bildung. Bei allen anderen identifizierten Topics finden sich vergleichsweise wenige Identitätsbezüge.

Diese jedoch ebenfalls aufzuzeigen, ermöglicht der Topic Explorer über die gelisteten Begriffe selbst; es werden die Topics angezeigt, in denen der jeweilige Begriff vorkommt, die Größe der Kreise stellt den Anteil dar, den das Topic an der Gesamtzahl der Nennungen des Begriffs ausmacht. Hier zunächst die Ergebnisse für den Begriff „Identität". Zum Vergleich wurden die Ergebnisse für den Begriff, „Physik", herangezogen (siehe Abbildung 5.20)

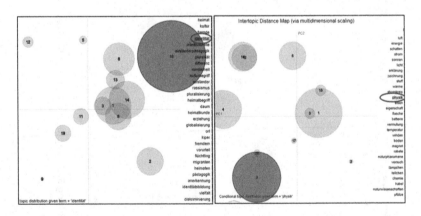

Abbildung 5.20 „Identität" und „Physik" in den Topics

Es zeigt sich, dass „Identität" ein Begriff ist, der in vielen, sogar über der Hälfte aller Topics (13) vorkommt. Auch hier ist zu sehen, dass der Bereich im Gesamtkorpus, in dem Identität am umfänglichsten verhandelt wird, mit den Themen Kultur, Migration und Heimat (Topic 18) umrissen werden kann. In diesem Topic ist fast die Hälfte aller Nennungen zu finden. Auch der Themenbereich der historischen Bildung (Topic 13) ist zu nennen, hier aber in einem vergleichsweise geringen Umfang. In allen anderen der Topics, in denen Identität vorkommt, ist der Begriff nicht unter den 40 häufigsten Nennungen zu finden. Zum Vergleich: Auch bei „Physik" ist der Begriff in über der Hälfte der Topics (11) zu finden. Es zeigt sich aber ein deutlich anderes Verteilungsmuster mit drei Topics, die nahezu gleich große Anteile umfassen und drei Topics, die ebenfalls einen nennenswerten Anteil umfassen und in denen „Physik" unter den 40 häufigsten Begriffen gelistet ist. Das ist insofern bemerkenswert, als dass „Physik" an sich ein sehr eng umrissener Begriff ist und man eher erwarten könnte, ihn nur in wenigen Topics zu finden.

Insofern kann von einer relativ einseitigen Verteilung der Verwendung von „Identität" im Gesamtkorpus gesprochen werden. Mit einer weiteren Funktion (estimated word frequencies) kann das differenzierter betrachtet werden (vgl. Abbildung 5.21 und Abbildung 5.22).

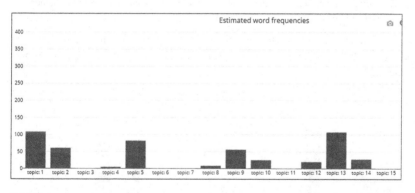

Abbildung 5.21 Estimated word frequencies: „Identität" in den Topics

Es fällt zunächst eine gewisse Gegenläufigkeit auf, die Werte zu „Physik" sind fast immer da hoch, wo sie für „Identität" gering sind. Topic 1 (Allgemeine Theorie des Sachlernens) bietet sich für den Vergleich gut an, da zum einen beide Begriffe einen nennenswerten Anteil an Nennungen haben und da das Topic zum anderen den größten Anteil am Gesamtkorpus ausmacht und sehr allgemein

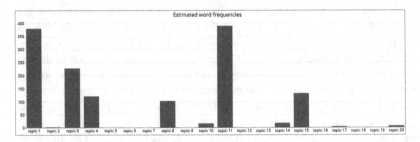

Abbildung 5.22   Estimated word frequencies: „Physik" in den Topics

ist, was sich auch an seiner zentralen Position in der Grafik ablesen lässt. Mit knapp 380 erwartbaren Nennungen liegt „Physik" hier um ein Mehrfaches höher als Identität. Zudem ist anzunehmen, dass sich in diesem Topic vergleichsweise viele Fälle finden, die mit „Identität des Faches" eine andere Bedeutung als die der persönlichen Identität trägt. Als Beispiel sei hier der Handbuchartikel *Sache als didaktische Kategorie* von Köhnlein (2015, S. 38) zitiert:

> „Seine Identität und ‚Grenzstärke' gewinnt der Sachunterricht aus seinen spezifischen Bildungsaufgaben, inhaltlich ausgefüllt durch die genannten, auf Wissensdomänen bezogenen Dimensionen und Perspektiven."

Zum weiteren Vergleich wird der Begriff „Persönlichkeit" herangezogen, bei dem es Bedeutungsüberschneidungen zum Begriff „Identität" gibt (siehe Abbildung 5.23).

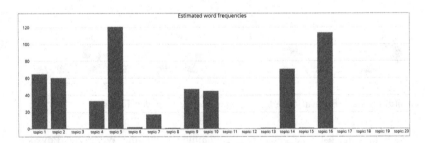

Abbildung 5.23   Estimated word frequencies: „Persönlichkeit" in den Topics

Hier finden sich in den Topics 1, 2, 5 und 9 ähnliche Ergebnisse. Auffällig sind die Unterschiede in Topic 13 (Holocaust, NS-Zeit, Geschichtsdidaktik) und Topic 18 (Heimat, Transkulturalität, Familie). Die Nichtverwendung von „Persönlichkeit" verweist hier wahrscheinlich darauf, dass in den beiden Themenbereichen üblicherweise (nur) Identität verwendet wird, um das Bedeutungsfeld abzudecken oder eine spezifische Bedeutung gemeint ist, die vom Bedeutungsfeld „Persönlichkeit" nicht oder nicht so gut abgedeckt ist.

In Tabelle 5.5 sind die (erwarteten) Nennungen aller Topics für „Identität" zusammengefasst. Im gesamten Korpus kommen die Begriffe „Identitätsarbeit" (45 Mal), „Identitätsbildung" (74 Mal), „Identitätsentwicklung" (59 Mal) und „Geschlechtsidentität" (26 Mal) als spezifischere Begriffe wesentlich seltener vor.

Identität oder verwandte Begriffe kommen im Gesamtkorpus in nennenswerter Anzahl vor, mit ca. 1.100 erwarteten Nennungen[10] zu den 40 häufigsten Begriffen im Korpus gehören und damit quantitativ als nicht vollkommen unbedeutend einzuschätzen sind. Allerdings muss von der Gesamtsumme wahrscheinlich eine Dunkelziffer von 20 bis 30 % mit Begriffsverwendungen anderer Bedeutung (z. B. „Identität des Faches") abgezogen werden.

Des Weiteren ist festzustellen, dass die Verwendung der Identitätsbegriffe sehr themenspezifisch ist; diese werden hauptsächlich im Themenbereich Kultur, Interkulturalität, Migration und Heimat sowie (in geringerem Maß) im Themenbereich historischer Bildung genutzt. Bei allgemeinen didaktischen Themen (repräsentiert von Topic 1) wird der Identitätsbegriff auch nennenswert genutzt, allerdings ist zu bedenken, dass gerade hier nicht wenige dieser zu erwartenden Nennungen mit hoher Wahrscheinlichkeit „Identität des Fachs" meinen und somit nicht auf Identität von Personen zielen. Außerdem gehört der Begriff keinesfalls zu den häufig verwendeten in diesem Topic.[11] Auffällig ist, dass im geschlechtsbezogenen Topic 9 Mädchen, Frauen, Geschlecht, also bei geschlechts- und genderbezogenen Themen, relativ geringe Werte ausgegeben werden. Es muss daher vermutet werden, dass bei diesem Thema Identität wider Erwarten (aus Theorieperspektive) keine große Rolle spielt.

Zusätzlich ist anzumerken, dass das Feld von Kultur, Interkulturalität, Migration und Heimat, in dem Identitätsbegriffe schwerpunktmäßig verwendet werden, im Diskurs einen eher kleinen Bereich darstellt und die Bedeutsamkeit für den Gesamtdiskurs dementsprechend geringer einzuschätzen ist.

---

[10] Das ist die ungefähre Summe aller erwartbaren Identitätsbegriffe im Korpus; in derselben Größenordnung liegen die *tatsächlich* mit NVivo gefundenen Nennungen mit 1.397.

[11] Für den auf Platz 40 gelisteten Begriff „Einheit" werden immerhin noch 255 Nennungen erwartet, da fallen 107 Nennungen für „Identität" deutlich ab.

Tabelle 5.5 Erwartete Nennungen aller Topics jeweils in Klammern

Keine Nennungen	Sehr seltene Nennungen	Seltene Nennungen	Mittlere bis häufige Nennungen
Topic 3: Quantitative empirische Forschung im Sachunterricht	*Topic 4:* Historische, konzeptionelle und internationale Konzeptionen des Sachlernens (5)	*Topic 12:* Raum, Verkehrserziehung, Bildung für nachhaltige Entwicklung (20)	*Topic 9:* Mädchen, Frauen, Geschlecht (56)
Topic 6: Umgangsweisen, lerntheoretische Zugänge im Sachunterricht	*Topic 8:* Lehrerbildung im Sachunterricht (9)	*Topic 19:* physikalisches Lernen im Sachunterricht, Zeitkonzepte (21)	*Topic 2:* ästhetische Bildung im SU (60)
Topic 7: Inklusion im Sachunterricht		*Topic 10:* Umweltanforderungen, Realitätsverarbeitung, Anschauungsorientierung (25)	*Topic 5:* Sozialwissenschaftliche Bildung im Sachunterricht (82)
Topic 11: Naturwissenschaftliche Inhalte des Sachunterrichts		*Topic 14:* Reformpädagogik, Erfahrungsorientierung, Anschauungsunterricht (28)	*Topic 13:* Nationalsozialismus, Geschichtsdidaktik (107)
Topic 15: Elementarbildung, Schulsystem, Domänen			*Topic 1:* allgemeiner Diskurs des Sachlernens (108)
Topic 16: Gesundheitsbildung und Lernen			*Topic 18:* Heimat, Kultur, interkulturelle Bildung (392)
Topic 17: Philosophieren und außerschulische Lernorte			
Topic 20: Umweltbildung			

5.2.3 Kookkurrenzanalyse

Mit Kookkurenzanalysen wird das gemeinsame Vorkommen von Worten (innerhalb von Sätzen) in Textkorpora untersucht. Die strukturalistische Annahme ist, dass beim gemeinsamen Auftreten von Begriffen eine syntagmatische Relation vorliegt, diese sich also funktional und inhaltlich ergänzen (vgl. Heyer et al., 2017, S. 20–25). Mit einer Kookkurrenzanalyse kann aufgezeigt werden, mit welchen anderen Begriffen Identität gemeinsam genutzt wird und welche dieser Verbindungen signifikant sind, das heißt ein besonders häufiges gemeinsames Auftreten festzustellen ist. Damit lassen sich thematische Kontexte von Identität erfassen.

Bei den Voreinstellungen sind verschiedene Auswahlmöglichkeiten vorhanden. Auch hier wurde Lemmatisierung gewählt, weil es die umfassende Form der baseform reduction ist. Die Suche wurde auf Substantive, Adjektive und Verben beschränkt, da diese die bedeutungtragenden Wortarten darstellen. Eine Beschränkung nur auf Substantive wäre in diesem Fall eine zu große Einschränkung, da bedeutungtragende syntagmatische Relationen zu Substantiven vor allem mit Adjektiven und Verben vorliegen. Für die einzubeziehenden Wörter wurde eine Mindestlänge von 3 Zeichen und eine maximale Länge von 30 Zeichen gewählt. Hier ging es darum, Zeichensalat und lange Quellcodes auszuschließen.

Als Signifikanzmaße stehen beim iLCM Log Likelihood, Mutual Information und Dice zur Verfügung. Es wurde Dice ausgewählt, weil dieses Signifikanzmaß in der Linguistik standardmäßig verwendet wird und vergleichsweise leicht interpretierbar ist. Die Signifikanzmaße des Dice-Koeffizienten werden zwischen 0 und 1 angegeben; 0 würde bedeuten, dass zwei Begriffe niemals miteinander auftreten, 1 würde bedeuten, dass sie stets gemeinsam auftreten.

Abbildung 5.24 zeigt die 12 häufigsten Kookkurrenzen für „Identität" an, außerdem sind die 3 signifikantesten Begriffe zu den jeweiligen Kookkurrenzen zu „Identität" dargestellt (Kookkurrenzen 2. Grades). Die Stärke der Verbindungslinien verdeutlicht die Größe der Signifikanz: je stärker, desto höher ist der Dice-Koeffizient.

Exemplarisch sei der Dice-Koeffizient für „Identität/Alterität" erläutert: 0,0819 bedeutet hier, dass die beiden Begriffe in etwa jedem zwölften Fall (in 8,19 % aller Fälle) im Textkorpus gemeinsam in einem Satz auftreten.

Festzuhalten ist, dass Identität im Textkorpus vor allem im Kontext von geschichtsdidaktischen („Alterität", „Wandel", „Dauer", „historisch") oder kulturbezogenen Begriffen („kulturell", „Kultur", „Fremdheit", „Heimat") verwendet

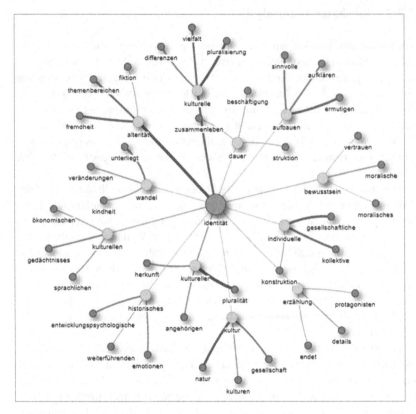

Abbildung 5.24   Kookkurrenzen für „identität" (Dice-Signifikanzen)

wird. Allerdings findet sich auch eine Gruppe von Begriffen, die eher allgemein auf Identität bezogen ist und eventuell einem eher theoretischeren Diskurs um die Bedeutung von Identität zuzuordnen ist, deren Signifikanzen allerdings insgesamt geringer ausfallen („Bewusstsein", „aufbauen", „individuelle", „Erzählung", „Persönlichkeit", „Erinnerung", „Gesellschaft", „Individuums", „Stärkung", „Differenz", „Bildung").

Für andere Identitätsbegriffe („Identitätsarbeit", „Identitätsbildung", „Identitätsentwicklung") sehen die Ergebnisse ähnlich aus, wegen der geringen Anzahl gemeinsamen Vorkommens wird aber auf die detaillierte Darstellung verzichtet.

Die Kookkurrenzanalyse bestätigt die Ergebnisse der Topic-Analyse. Identität tritt vor allem mit kulturbezogenen und geschichtsdidaktischen Begriffen gemeinsam auf, auch einige allgemein auf Identität zu beziehende Begriffe werden im Korpus, mit allerdings geringerer Signifikanz, gemeinsam mit Identität genutzt.

5.2.4 Similaritätsanalysen

Der iLCM ermöglicht die Suche nach similaren Begriffen, deren Distanz zu „Identität" mittels VSR (Vector Space Representation) dargestellt wird. Die strukturalistische Annahme ist, dass unterschiedliche Begriffe, die meist in ähnlichen sprachlichen Kontexten auftreten, grammatikalisch und inhaltlich eine ähnliche Funktion haben und somit in einer paradigmatischen Relation stehen. Das bedeutet aber nicht, dass das Programm nach Synonymen im semantischen Sinn sucht.[12] Es identifiziert vielmehr Begriffe, die in ähnlichen sprachlichen Kontexten verwendet werden. Für die Visualisierung wurde TSNE (t-distributed stochastic neighbor embedding) gewählt, eine Alternative zur PCA (principal component analysis), bei der die Ergebnisse weiter über die Fläche verteilt dargestellt und deshalb deutlich besser lesbar sind.

In Abbildung 5.25 sind die Werte für die Similarität der Begriffe zu „Identität" einzusehen. Die meisten der gelisteten Begriffe sind erwartbar. Interessant sind die Begriffe „Patchwork", „Zugehörigkeit", „Alterität" „Andersheit" und „Biographie". Diese werden offensichtlich in sehr ähnlichem Kontext wie „Identität" gebraucht, ohne dass von Synonymität gesprochen werden könnte. Es sind allerdings Begriffe, die aus Theoriesicht in einen engen Zusammenhang mit Identität stehen.

Die Begriffe „kollektive", „Patchwork", „Zugehörigkeit", „Alterität", „Andersheit", „Biographie" und „Persönlichkeit" werden demnach sprachlich in ähnlichen Kontexten wie „Identität" verwendet. Für „Alterität" zeigt sich zum wiederholten Mal eine enge Verbindung mit „Identität". Beim Close Reading werden diese Zusammenhänge fokussiert untersucht.

---

[12] Ein Beispiel: Wenn im Korpus die beiden Sätze „Chemie ist eine Bezugsdisziplin des Sachunterrichts" und „Soziologie ist eine Bezugsdisziplin des Sachunterrichts" vorkommen würden und die Begriffe „Chemie" und „Soziologie" sonst nicht vorkämen, würden sie als absolut similar gewertet werden.

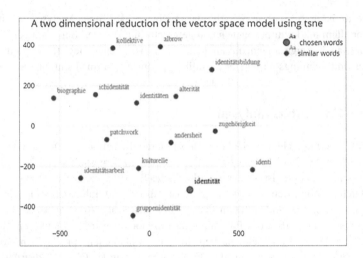

Abbildung 5.25   Similaritäten zu „identität"

5.2.5   Volatilitätsanalyse und jahresbezogene Kookkurrenzen

Unter Volatilität wird die Schwankung von Größen in definierten Zeiträumen verstanden. Der iLCM bietet unter der Bezeichnung context volatility die Möglichkeit, Veränderungen von Kookkurrenzen diachron zu untersuchen. Prinzipiell gelten hier dieselben Annahmen, wie sie im Abschnitt Kookkurrenzanalyse beschrieben sind. Werden dort syntagmatische Relationen zwischen Begriffen („Identität" und häufigste Kookkurrenzen) für das Gesamtkorpus analysiert, liegt der Fokus bei Volatilität auf Veränderungen dieser syntagmatischen Relationen über die Zeit hinweg (vgl. Kahmann et al., 2017). Berechnet wird die Volatilität dadurch, dass zu erwartende Veränderungen eines Zeitraums (zu erwarten wegen der Frequenzänderungen in diesem Zeitraum) ins Verhältnis zu den tatsächlichen Änderungen gesetzt werden.

Wenn Begriffe häufiger oder seltener gemeinsam mit „Identität" auftreten, im Kontext von „Identität" neu hinzukommen oder ganz verschwinden, so sind damit im Sinne von syntagmatischer Relation stets Bedeutungsänderungen für den Begriff „Identität" verbunden. Diese aufzuzeigen, stellt einen wichtigen Schritt innerhalb der Diskursanalyse dar. Methodisch erfolgt die Analyse der Entwicklung syntagmatischer Relationen zu „Identität", also der Kookkurrenzen des Begriffs (vgl. Heyer et al., 2017, S. 23), auf zwei verschiedenen Wegen.

Zum einen über die Analyse der Volatilität (context volatility). Hierbei geht es um die Suche nach signifikanten Veränderungen der Volatilität im Verhältnis zur Frequenz. Die context volatility ist in gewissem Umfang von der Frequenz der Begriffe abhängig. Analysiert wird die Veränderung über einen vorher definierten Vergleichszeitraum hinweg.

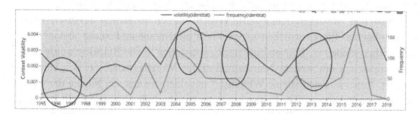

Abbildung 5.26 Frequenz und Volatilität

Abbildung 5.26 zeigt die Abhängigkeit der Volatilität von der Frequenz gut, die Kurven verlaufen weitgehend parallel. Besonders interessant aber sind die Zeiträume, in denen das nicht der Fall ist. Genau hier müssen die Veränderungen der Volatilität auch andere Ursachen als die der Frequenzänderung haben. Sie müssen also in der Veränderung von gemeinsamen Verwendungskontexten, linguistisch gesprochen der Veränderung syntagmatischer Relationen (also der Kokkurrenzen) begründet sein. Im vorliegenden Fall gilt dies für 1996, 1997, 2005, 2008 und 2013. Mit diesem methodischen Zugang können wichtige Diskursänderungen, Stufen oder Brüche aufgezeigt, mithin *Diskontinuitäten* gefunden werden.

Zum anderen können über den iLCM Kokkurrenzen jahresweise analysiert werden. Das ist sinnvoll, um auch *Kontinuitäten* aufzeigen zu können. So kann die Ausdifferenzierung der Kokkurrenzen zu Identität bei steigenden Frequenzen über den Untersuchungszeitraum hinweg analysiert werden.[13] Die Volatilität ist zwar von der Frequenz in jedem Fall beeinflusst, aber natürlich ist dies nicht die einzige Einflussgröße. Denkbar ist beispielsweise, dass Volatilität und Frequenz parallel ansteigen und gleichzeitig bestimmte Begriffe aus einem Themenfeld in den Vordergrund kommen. Auch solche Bewegungen können mit der differenzierten Analyse der jahresbezogenen Kokkurrenzen untersucht werden.

---

[13] Ein Beispiel wäre die Ausdifferenzierung von Begriffen zu „Kultur": „kulturell", „interkulturell", „transkulturell".

Die Werte der linken Skala (context volatility) sind Dice-Koeffizienten. Die Maße drücken aus, wie stark die Abweichungen vom Erwartbaren für das betreffende Jahr bezüglich des festgelegten vorhergehenden Vergleichszeitraums sind (History: in diesem Fall die drei vorhergehenden Jahre).

Die Voreinstellungen wurden weitgehend entsprechend denen der Kookkurrenzanalyse gewählt, da als Grundlage der Volatilitätsberechnungen jahresbezogen Kookkurrenzen analysiert werden (baseform reduction als Lemmatisierung, Mindest- und Maximalzeichenzahl). Verben wurden zusätzlich ausgeschlossen, da sich bei den Probeversuchen zu viele sehr allgemeine und wenig aussagekräftige Verben fanden (z. B. „verdeutlichen", „verstehen"). Die Blacklist wurde nach Probeversuchen um weitere Namen und einige Wortfragmente (z. B. „Veran-") ergänzt. Außerdem wurde eine Whitelist[14] angelegt, die aus den Namen der wichtigsten Identitätstheoretiker bestand, wie sie in Abschnitt 2.3 vorgestellt wurden, um Hinweise auf direkte Bezüge zu erhalten. Eine weitere wichtige Entscheidung betraf die schon angesprochene Auswahl des Zeitraums, für den Veränderungen berechnet werden (History). Da die Dateien jahresbezogen vorliegen, wird die context volatility anhand dreier vorangegangener Jahre berechnet. Bei einem kürzeren Vergleichszeitraum wäre die Volatilität jeweils unverhältnismäßig hoch,[15] bei einem größeren Vergleichszeitraum würde hingegen ein zu großer Teil des Untersuchungszeitraums herausfallen.[16]

Für die einzelnen Jahre gibt der iLCM die wichtigsten Kookkurrenzen aus. Die Ergebnisse werden sowohl als Listung in einer Tabelle als auch als Wordcloud ausgegeben.[17] Außerdem können die Veränderungen der wichtigsten Kookkurrenzen zwischen zwei beliebigen Jahren angezeigt werden; wahlweise mit den jeweils neuen oder den nicht mehr vorhandenen Begriffen. Anhand dieser Funktionen ist es möglich, die Dynamik im Diskurs auch detailliert nachzuvollziehen.

---

[14] Blacklists unterdrücken Begriffe in der Analyse und Whitelists geben bestimmt Begriffe wieder frei, die vorher durch Filter ausgeschlossen wurden. Im vorliegenden Fall sind Namen eigentlich ausgeschlossen. Allerdings funktioniert das auf Deutsch nicht besonders gut; das Programm erkennt eine ganze Reihe von deutschen Namen nicht als solche. Mit der Whitelist werden die Namen der Identitätstheoretiker (Erikson, Mead, Krappmann, Keupp, Haußer, Habermas, Luckmann, Goffman) wieder zugelassen.

[15] Da die Daten jahresbezogen vorliegen, wäre man bei einer History von nur einem Jahr immer erstaunt über die große Veränderung, über drei Jahre relativiert sich dieser Effekt schon deutlich.

[16] Bei einer History von drei Jahren betrifft dies nur die Jahre 1992 bis 1994.

[17] In der Wordcloud dienen Farbe und Anordnung lediglich der besseren Übersicht. Die Schriftgröße steht für die Größe der Signifikanz. Bei den Tabellen habe ich mich dafür entschieden, lediglich die 5 bzw. 10 wichtigsten Signifikanzen anzuzeigen.

Für 1995 liegt lediglich eine und für 1996 liegen vergleichsweise wenige Veröffentlichungen mit Identitätsbezug vor. Die hier markierte erste auffällige Differenz zwischen Frequenz und Volatilität für 1996 relativiert sich bei Betrachtung der sehr geringen Frequenz; hier haben sehr wenige Begriffe einen großen Einfluss auf die Volatilität. Deshalb wird 1997 als Ausgangszeitpunkt der Betrachtung der Volatilitätsentwicklung genommen (Abbildung 5.27).

word	significance
lebenszyklus	0.24
individuelle	0.171428571428571
körper	0.105263157894737
sozial	0.05
mädchen	0.0150943396226415
Showing 1 to 5 of 6 entries	

Abbildung 5.27 Kookkurrenzen 1997

In Bezug auf Identität zeigen sich interessante Begriffe: „Lebenszyklus", „individuelle", „Körper", „sozial". Der Begriff „Lebenszyklus" zeigt, dass ein Bezug zu Eriksons Identitätstheorie vorliegt. 1999 kommen „interkulturell" „kulturell" und „Orientierung" hinzu. 2000 gab es wieder vergleichsweise mehr Nennungen (40) und an interessanten Begriffen kamen „subjekt", „kollektiv", „bestärken", „Bewusstsein" und „Bildung" dazu. 2001 gab es kaum Verweise auf den Identitätsbegriff. Für 2002 sind dann große Veränderungen im Diskurs um Identität zu verzeichnen (Abbildung 5.28).

Das ist überwiegend gut dadurch erklärbar, dass in diesem Jahr die Frequenz deutlich angestiegen ist, also Identität insgesamt stärker diskutiert wurde (vgl. Abschnitt 5.2.1). Mit der höheren Anzahl von Dokumenten mit Identitätsbezug geht hier aber auch eine inhaltliche Differenzierung einher. Dominierend bleibt zwar die Beziehung zu „Kultur", aber hinzu kommen Bezüge des Nahraums, Begriffe im Kontext mit „Heimat" wie „lokal", „regional", aber auch solche wie „europäischer", „glokal" oder „Globalisierung". Außerdem gehören die Begriffe „Nationalität" und „Fremdenfeindlichkeit" in den (ambivalenten) Heimatdiskurs. Diese Verwendungskontexte sind relativ leicht über den Jahresband *Die Welt zur Heimat machen* aus der Reihe *Probleme und Perspektiven* erklärbar. Die Begriffe, die alle dem Kontext Heimat zugehören, werden im Untersuchungszeitraum ausschließlich im Jahr 2002 im Kontext mit „Identität" verwendet.

word	significance
kulturell	0.135593220338983
kulturelle	0.129496402877698
regional	0.115384615384615
lokal	0.113821138211382
europäisch	0.0674157303370786
kultur	0.0657276995305164
fremde	0.0645161290322581
regionale	0.0571428571428571
verhältnis	0.0512820512820513
aufbau	0.0487804878048781

Showing 1 to 10 of 49 entries

Abbildung 5.28   Kookkurrenzen 2002

Für 2004 ist für den Identitätsdiskurs mit „transkulturelle" eine weitere Differenzierung in Bezug auf kulturelle Identität zu verzeichnen. Neue Begriffe sind zum einen Ausdifferenzierungen zur Geschlechtsidentität wie „sexuell" und „geschlechtlich". Zum anderen finden sich hier erstmalig Begriffe wie „Identitätsbildung", „Erhaltung", „Bewusstsein", die für eine Ausdifferenzierung in der konzeptionellen Auseinandersetzung mit Identität stehen können (Abbildung 5.29).

Für 2005 ist die zweite große Differenz von Frequenz und Volatilität markiert. Hier kommt als wesentliche zusätzliche Facette des Identitätsbegriffs „kollektiv" hinzu, des Weiteren „biografisch" bzw. „Biografie". Außerdem wird Identität nun im Kontext von Naturerfahrung und Erinnerungsorten verwendet (Abbildung 5.30).

Eine weitere interessante Veränderung ist für das markierte Jahr 2008 zu verzeichnen; hier werden erstmalig die Begriffe „Postmoderne" und „Patchwork" verwendet. Diese Nennungen gehen allerdings allein auf den Artikel von Gebauer et al. (2008) zurück und haben deshalb eher Ausnahmecharakter. Mit den Begriffen „narrativ" und „Erzählung" kommt 2009 ein weiterer Identitätsaspekt hinzu; auch ist hier erstmals von „Konstrukt" und „Konstruktion" die Rede.

Für 2013 ist die dritte auffällige Differenz zwischen Frequenz und Volatilität markiert. Hier sind auch die nächsten signifikanten Veränderungen angezeigt; es

word	significance
kulturell	0.124087591240876
transkulturelle	0.0923076923076923
sicherheit	0.0597014925373134
individuelle	0.0571428571428571
akteur	0.0567375886524823
erhaltung	0.0517241379310345
mut	0.0483870967741935
bewusstsein	0.0451977401129944
sexuell	0.0444444444444444
differenz	0.0432432432432432

Showing 1 to 10 of 50 entries

Abbildung 5.29 Kookkurrenzen 2004

word	significance
kollektiv	0.104347826086957
kulturell	0.101522842639594
transkulturelle	0.0943396226415094
kulturelle	0.0882352941176471
kultur	0.0846560846560847
integraler	0.080808080808080808
individuum	0.0735294117647059
biografischen	0.0571428571428571
individuelle	0.0522875816993464
schaub	0.0517241379310345

Showing 1 to 10 of 50 entries

Abbildung 5.30 Kookkurrenzen 2005

taucht erstmals der Begriff „Alterität" sehr prominent auf, als häufigste Kookkurrenz zu „Identität". Außerdem erscheint mit „sexuell" ein weiterer Aspekt
von Identität. „Identität" wird ab 2013 erstmals (quantitativ) nennenswert im
Kontext von Geschichte und geschichtsdidaktischen Begriffen verwendet (Abbildung 5.31).

word	significance
alterität	0.378378378378378
dauern	0.133333333333333
lebensphasen	0.125
sexuell	0.121212121212121
fremdheit	0.114285714285714
geteilt	0.108108108108108
fremde	0.102564102564103
jüdisch	0.0952380952380952
verständigung	0.0909090909090909
motiv	0.0869565217391304
Showing 1 to 10 of 24 entries	

Abbildung 5.31   Kookkurrenzen 2013

Diese Begriffe bleiben auch für die folgenden Jahre bis 2016 bestimmend. 2016 neu hinzukommende Begriffe wie „Interaktion" oder „Lebensentwürfe" sowie die Autorennamen Krappmann, Keupp und Erikson gehen ausschließlich auf den Artikel von Siebach (2016) zurück (Abbildung 5.32).

word	significance
alterität	0.263414634146341
keupp	0.0648648648648649
interaktion	0.0609137055837563
soziale	0.0579710144927536
krappmann	0.0552486187845304
individuum	0.0476190476190476
dauern	0.0436681222707424
postmodern	0.0434782608695652
anerkennung	0.0382775119617225
sozial	0.0357142857142857
Showing 1 to 10 of 50 entries	

Abbildung 5.32   Kookkurrenzen 2016

Bei der Gesamtbetrachtung der Volatilitätsentwicklung fallen zwei Dinge ins Auge. Zum einen ist eine allgemeine Tendenz zur Differenzierung bzw. Vervielfältigung der gemeinsam mit Identität verwendeten Begriffe festzustellen, die allerdings durch Jahre mit geringer Frequenz (wie 2010 und 2011) unterbrochen wird. Insgesamt ist festzustellen, dass Identität über den Untersuchungszeitraum hinweg in immer differenzierteren und vielfältigeren begrifflichen Kontexten genutzt wird und diese Entwicklung ist – mit Abstrichen – als Kontinuität beschreibbar. Zum anderen sind mehrere Verschiebungen im Diskurs feststellbar: Vor 2002 etablierten sich kulturbezogene Begriffe als wichtigste Kookkurrenzen, aber 2002 dominierten heimatbezogene Begriffe. 2005 wurde „kollektiv" die wichtigste Kookkurrenz zu „Identität"; außerdem etablierte sich die Verwendung von biografiebezogenen Begriffen (sowie die Kontextualisierung mit Erinnerungsorten und Naturerfahrungen). Von 2013 an dominieren geschichtsdidaktische Begriffe, vor allem „Alterität" als von da an häufigstem Begriff. Diese drei Zeitpunkte markieren Diskontinuitäten im Diskurs; hier kamen neue Begriffe ins Spiel und ältere wurden verdrängt.

Bemerkenswert ist, dass die 2002 so prominent mit „Identität" genutzten heimatbezogenen Begriffe danach wieder vollständig verschwinden, der Diskurs um Heimat und Identität also offensichtlich nicht verstetigt wurde und somit eine einmalige, anlassbezogene Ausnahme darstellt. Auch die Daten zur Volatilität sind durch die schon im Abschnitt zur Frequenzanalyse erwähnten Beiträge von Gebauer et al. (2008) und Siebach (2016) für die betreffenden Jahre stark geprägt. Insofern kann die Aussage noch einmal unterstrichen werden, dass es sich bei den betreffenden Beiträgen eher um Ausnahmen handelt.

Mit der gebotenen Vorsicht formuliert zeichnet sich ein bestimmter Wechsel ab: von einem eher psychologischen, individuellen Verständnis von Identität zu Beginn des Untersuchungszeitraums mit Bezügen zum Modell Eriksons hin zu stärker soziologisch orientierten Vorstellungen in der Mitte des Untersuchungszeitraums, die Zugehörigkeiten, soziale und kulturelle Kategorien und Zuschreibungen aufgreifen, bevor zu Ende des Untersuchungszeitraums der Schwerpunkt bei Identität als Begriff der Geschichtsdidaktik liegt. Diese vermuteten Entwicklungen müssen beim Close Reading überprüft werden.

5.2.6 Zusammenfassung und Zwischenbilanz

Die Zusammenfassung aller Ergebnisse der quantitativen Anteile der Diskursanalyse (des Distant Reading mit iLCM und NVivo 12) dient dazu, einen Überblick zu schaffen, inwieweit das Distant Reading bei der Klärung der Forschungsfrage behilflich war. Daraus ergeben sich Hinweise darauf, was das Close Reading noch leisten muss.

„Identität" ist nach den bisherigen Untersuchungen durchaus ein Begriff, der innerhalb des Gesamtdiskurses quantitativ ins Gewicht fällt, auch im Vergleich mit anderen Begriffen und auch wenn man davon ausgeht, dass mindestens 20 % der Nennungen auf eine andere Bedeutung als die der Identität von Personen zielen. Der Begriff „Identität" wird ab 1993 kontinuierlich, wenn auch pro Jahr sehr unterschiedlich häufig genutzt.

Bemerkenswert ist, dass nach einem gewissen Anstieg der Nennungen bis 2006 im Jahr 2008 ein Absturz zu verzeichnen ist und die Werte danach stagnieren, „Identität" also in der jüngsten Vergangenheit und gegenwärtig im wissenschaftlichen Diskurs des Sachunterrichts quantitativ keine besonders bedeutsame Rolle mehr zu spielen scheint. Aufgrund der Vergleichswerte für „Inklusion" für diesen Zeitraum liegt der Verdacht nahe, dass der Inklusionsdiskurs innerhalb des Sachunterrichts so dominant wurde, dass für den Identitätsdiskurs kein Raum mehr war. Zumindest ist klar, dass Identität und Inklusion nicht gemeinsam diskutiert wurden und werden.

Es ist außerdem festzustellen, dass die Verwendung von Identitätsbegriffen zahlreichen jahresbezogenen Schwankungen unterworfen ist. Dies ist insbesondere darauf zurückzuführen, dass oftmals spezifische Themen in den jeweiligen Jahren im Mittelpunkt des sachunterrichtlichen Diskurses standen. Zum einen sind die Jahresbände der GDSU-Reihe *Probleme und Perspektiven des Sachunterrichts* zu nennen, die jeweils einer spezifischen Thematik gewidmet sind. Zum anderen gab es immer wieder Publikationen, die ebenfalls einen spezifischen thematischen Fokus bedienten (z. B. Glumpler, 1996 oder Becher et al., 2013). Diese Jahresthemen weisen ganz offensichtlich einen sehr unterschiedlichen Bezug zum Identitätsbegriff auf.

Die erste Teilfrage „Wie umfangreich waren die Bezugnahmen zur Identitätsthematik in Veröffentlichungen der Sachunterrichtsdidaktik insgesamt, auch im Verhältnis zum Gesamtdiskurs der Sachunterrichtsdidaktik?" mit der zugehörigen Unterfrage („Wie stellen sich die Bezugnahmen im zeitlichen Verlauf dar?") kann damit insgesamt als beantwortet gelten.

Als weiteres bedeutsames Ergebnis konnte herausgearbeitet werden: Der Begriff Identität wird vor allem im Kontext einiger weniger spezifischer Themen verwendet und andere Themen werden davon nicht oder kaum berührt. Sowohl die Topic-Analysen als auch die Kookkurrenz- und Kontext-Volatilitäts-Analysen zeigen, dass Identität überwiegend im Kontext von Kultur (auch bezüglich Inter- bzw. Transkulturalität und Migration) und Geschichte genutzt wird. Bemerkenswert daran ist auch, dass Identität eher selten im Kontext von Geschlecht und

Sexualität genutzt wird, obwohl das bei diesen Themen (in Hinblick auf gesellschaftliche und sozialwissenschaftliche Diskurse) eigentlich ganz besonders zu erwarten wäre.

Eine weitere Besonderheit stellt die Verwendung des Identitätsbegriffs im Kontext von geografischen und heimatbezogenen Begriffen dar. Diese beschränkt sich im Wesentlichen auf einen Zeitpunkt, das Jahr 2002, und ist auf die Jahrestagung der GDSU 2001 und den 2002 erschienenen Tagungsband zurückzuführen. Auch bei diesen Themen wäre ein kontinuierlicher Diskurs im Sachunterricht denkbar gewesen.

Verwendungskontexte, die auf eine themenübergreifende und konzeptionelle Auseinandersetzung mit dem Identitätsbegriff verweisen (wie die Namen von Identitätstheoretikern wie Erikson oder Keupp, Begriffe wie „Lebenszyklus", „Identitätsbildung" oder „Kohärenz" etc.) lassen sich über den gesamten Untersuchungszeitraum verteilt immer wieder finden. Sie gehören allerdings nicht zu den häufig im Kontext mit Identität verwendeten Begriffen. Nach den jahresbezogenen Ergebnissen der Kookkurrenzen ist zu vermuten, dass es sich lediglich um sporadische Auseinandersetzungen handelt. Zumindest für die Jahre 2008 und 2016 ist das für die Beiträge von Gebauer et al. (2008) und Siebach (2016) aufzuzeigen. Diese Ergebnisse des Distant Reading betreffen schon die Beantwortung der zweiten Teilfrage „Welche Vorstellungen von Identität lassen sich in Veröffentlichungen zum Sachunterricht rekonstruieren?", speziell der Unterfrage 2.2 „Welche Themen werden in Verbindung mit Identität diskutiert?".

In Bezug auf die leitende Forschungsfrage „Welche Bedeutung hatte das Thema Identität im konzeptionellen Diskurs in der Sachunterrichtsdidaktik?" kann also in quantitativer Hinsicht eine Antwort formuliert werden: Wenn man die Begriffsnennungen (unter Berücksichtigung des Umstands, dass mit großer Wahrscheinlichkeit 20 bis 30 % dieser Nennungen andere Bedeutungen als die der Identität von Personen zuzuweisen sind) als Maßstab nimmt, dann hat Identität eine gewisse quantitative Bedeutung, auch wenn sie nur etwa halb so häufig wie beispielsweise „Kultur" und etwa zu einem Drittel seltener als beispielsweise „Physik" vorkommt.

Zur zweiten Teilfrage „Welche Vorstellungen von Identität lassen sich in Veröffentlichungen zum Sachunterricht rekonstruieren?" kann die zweite Unterfrage „Welche Themen werden in Verbindung mit Identität diskutiert?" als durch die Topic-Analyse, Kookkurrenz- und Kontext-Volatilitäts-Analyse weitgehend beantwortet gelten. Allerdings sollten die Ergebnisse durch die qualitative Analyse überprüft, gegebenenfalls revidiert oder differenziert und durch Fallbeispiele verdeutlicht werden.

Offen bleibt weitgehend die Frage nach der qualitativen Bedeutung der Identitätsthematik im konzeptionellen Diskurs der Sachunterrichtsdidaktik. Es ist also noch zu klären, *wie* Identität inhaltlich behandelt wird. Zur qualitativen Verwendung lässt sich nach den bisherigen Untersuchungen immerhin schon formulieren, dass sich über den Untersuchungszeitraum hinweg eine Tendenz zur Ausdifferenzierung abzeichnet: Identitätsbegriffe werden, wie die Kokkurrenz- und Volatilitäts-Analysen gezeigt haben, in immer stärker ausdifferenzierten sprachlichen Kontexten verwendet. Zu klären sind noch die zweite Teilfrage („Welche Vorstellungen von Identität lassen sich in Veröffentlichungen zum Sachunterricht rekonstruieren?") mit den beiden noch nicht genannten Unterfragen („Welche Bezüge zum soziologischen Identitätsdiskurs können rekonstruiert werden? Welche Verbindungen lassen sich zwischen Diskursteilen erkennen?") und die dritte Teilfrage („Welche fachdidaktischen Schlussfolgerungen bezüglich Identität werden in Veröffentlichungen zum Sachunterricht formuliert?").

5.3   Ergebnisse des Close Reading. Strukturierende qualitative Inhaltsanalyse

Wie im Abschnitt 5.1 zum Forschungsdesign ausgeführt, wurde das Teilkorpus, eine Auswahl aller im Untersuchungszeitraum erschienenen Lehrbücher und Einführungsbände, (Monografien, die jeweils für eine neue Perspektive in der Sachunterrichtsdidaktik stehen) und der Perspektivrahmen Sachunterricht (GDSU, 2013; länderübergreifendes Curriculum) inhaltlich untersucht. Analysiert wurden all jene Textstellen, die Identität thematisieren (aufgefunden beim ersten Analyseschritt mit der Textsuchfunktion von NVivo 12). Diese Textstellen wurden in ihrem Kontext gelesen; in manchen Fällen mussten weitere Textstellen hinzugezogen werden, um den Kontext vollständig zu erschließen; in anderen Fällen war dies nicht nötig. So musste manchmal ein ganzes Kapitel gelesen werden, oft jedoch auch nur ein bestimmter Textabschnitt.

Die aufgefundenen Textstellen wurden in NVivo 12 kategorisiert; die Kategorien wurden aus dem Material heraus entwickelt und codiert. Zu berücksichtigen ist, dass sich die Genese der Kategorien auch aus der spezifischen theoretische Perspektive des Forschenden erklärt. Durch die intensive Beschäftigung mit Identitätstheorien stand implizit schon ein theoretischer Rahmen bereit, um die Texte zu kategorisieren. Trotzdem wurde darauf verzichtet, vorab ein Kategoriensystem an das Material heranzutragen: Für die Theoriekapitel wurde wissenschaftliche Literatur herangezogen. Durch Probelesen sowie aus der Kenntniss der Sachunterrichtsliteratur heraus deutete sich aber an, dass die Texte sich auch auf ein Alltagsverständnis von Identität beziehen bzw. ein solches voraussetzen. Insofern schien es sinnvoll, das Kategoriensystem vollständig aus dem Material heraus zu entwickeln, allerdings unter bewusster Berücksichtigung der vorhandenen Theorieperspektive.

Der Analyseprozess ist als iterativ in mehreren Durchgängen zu beschreiben. Dabei wurden die einzelnen Kategorien bezüglich der sinnhaften Benennung und der Zuordnung der Referenzen sowie das Kategoriensystem in seiner gesamten Struktur immer wieder überarbeitet. In diesen Prozess wurden mehrfach Kolleg*innen aus unterschiedlichen sozialwissenschaftlichen Bereichen mit unterschiedlicher Nähe zum Sachunterricht und mit unterschiedlicher Expertise im Sinne eines „peer debriefing" (Flick, 2019, S. 477) einbezogen.

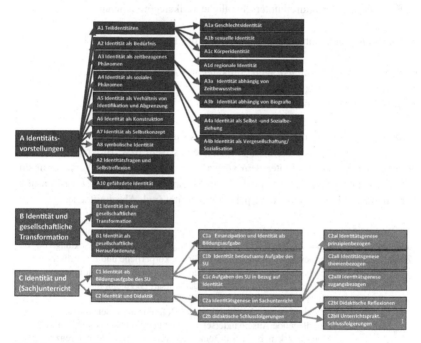

Abbildung 5.33 Kategoriensystem der strukturierenden Inhaltsanalyse

5.3.1   Kategoriensystem und Beschreibung der Kategorien

Abbildung 5.33 zeigt das Kategoriensystem des Close Reading. Unterschieden werden drei Hauptkategorien: A Identitätsvorstellungen, B Identität und gesellschaftliche Transformation und C Identität und (Sach)unterricht.

Hauptkategorie A: Identitätsvorstellungen
Innerhalb dieser Hauptkategorie wird ausdifferenziert, welche inhaltlich unterschiedlichen Vorstellungen von Identität im Sachunterricht auszumachen sind. Die Kategorie bezieht sich auf die Teilfrage 2 („Welche Vorstellungen von Identität lassen sich in Veröffentlichungen zum Sachunterricht rekonstruieren?") und bildet ausdifferenziert den *fachlichen* Identitätsdiskurs im Sachunterricht ab.

Es haben sich strukturell unterschiedliche Teilkategorien herausgebildet:

• Unterschiedliche inhaltliche Bedeutungen des Identitätsbegriffs (Teilkategorien A1–A7)
• Selbstreflexive Identitätsfragen (Teilkategorie A8)
• Gefährdete Identität (Teilkategorie A9)
• Teilidentitäten (Teilkategorie A10)

Teilkategorie A1: Identität als zeitbezogenes Phänomen
Ein Zusammenhang von Identität und Zeitbewusstsein bzw. Biografie wird dargestellt. Der Zeitaspekt, hinter dem körperliche und biografische Veränderungen stehen, ist für Identität zentral, ist doch die Konsistenz der Identität über Zeit und Veränderungen hinweg ein Kernaspekt von Identität (vgl. Abschnitt 2.1).

| A1a Identität abhängig von Zeitbewusstsein | Identität wird als abhängig von Zeit, Zeitbewusstsein und Zeiterleben diskutiert. Bedeutsam ist diese Kategorie, weil die Entwicklung von Zeitbewusstsein Grundlage dafür ist, körperliche und biografische Veränderungen zu bemerken und einzuordnen und damit eine Notwendigkeit zur reflexiven Identitätsarbeit zu empfinden. Das Abgrenzungsmerkmal zur Unterkategorie A1b ist der reflexiv-theoretische Charakter der Referenzen, in denen eine grundlegende Auseinandersetzung mit dem Verhältnis von Zeit und Identität erkennbar wird. Bemerkenswert ist, dass alle Referenzen aus der Veröffentlichung von Seitz stammen, die sich mit der Ausprägung von Zeitbewusstsein auseinandergesetzt hat: „Zeit wird von den Kindern als integraler Teil der Identität gezeichnet" (Seitz, 2005, S. 157). |

A1b Identität abhängig von Biografie	Identität wird im Zusammenhang mit der eigenen Biografie (bzw. mit autobiografischen Erinnerungen) thematisiert. Aus Theorieperspektive ist die Lebensgeschichte ein entscheidender Aspekt von Identität, da in ihr die Kohärenz des Selbst über die Veränderung im Laufe der Lebenszeit zutage tritt (vgl. Abschnitt 2.1). Die Referenz von Seitz (2005, S. 63 f.) zeigt dies gut: „Die Entwicklung des Zeitbewusstseins wird dabei mit dem Biografiebewusstsein verknüpft und somit in enger Wechselbeziehung zur Identitätsentwicklung betrachtet."

Teilkategorie A2: Identität als soziales Phänomen
Identität wird als eingebunden in Beziehungen und Vergesellschaftungsprozesse und damit als soziales Phänomen thematisiert. Das ist höchst anschlussfähig an das theoretische Modell (vgl. Kapitel 3) und die diskutierten Identitätstheorien (vgl. Abschnitt 2.3), die alle die Entstehung von Identität in Auseinandersetzung mit anderen verorten.

A2a Identität als Selbst- und Sozialbeziehung	Identität wird sowohl individuell als auch sozial bestimmt. In den Referenzen werden beide Aspekte – mal stärker explizit, mal eher implizit – als zusammenhängend dargestellt. Diese recht gut gefüllte Kategorie ist theorienah angelegt und könnte auf Krappmann (Identität entsteht in sozialen Interaktionen) und Greverus (1995, S. 219: „Sich Erkennen, Erkannt- und Anerkannt werden") bezogen werden. Köhnlein (2012, S. 411) bietet ein Beispiel für diese Kategorie: „Es geht darum, ein Bild von sich selbst zu gewinnen und im sozialen Sinn handlungsfähig zu werden."
A2b Identität als Vergesellschaftung/ Sozialisation	Identität wird als Ergebnis von Vergesellschaftung bzw. Sozialisation dargestellt. Beide Vorgänge haben eine individuelle und eine soziale Dimension. Bedeutsam ist dies insbesondere wegen der Brückenfunktion zwischen Identitätstheorie und Didaktik, kann doch Unterricht aus der Perspektive schulischer Sozialisation betrachtet werden. Köhnlein (2012, S. 406) zeigt dies exemplarisch: „Lernprozesse im Sachunterricht sind, besonders im gesellschaftlichen Bereich, immer auch Sozialisationsprozesse, also ein Aufbau von personaler Identität in der Auseinandersetzung mit Lebensbedingungen und den Inhalten des Unterrichts."

Teilkategorie A3: Identität als Identifikation und/oder Abgrenzung
Identität zeigt sich im Spannungsfeld von Identität und Abgrenzung. Dieser Aspekt
scheint in den rezipierten Identitätstheorien nur am Rande thematisch auf als
Kampf um Zugehörigkeit (bei Goffman und Keupp) oder in der Thematisierung
von Gefahren der Identitätsentwicklung (vgl. Abschnitt 2.2). Als exemplarisch für
die Kategorie kann Faust-Siel et al. (1996, S. 69) gelten: „Unter entwicklungsty-
pischen Schlüsselfragen von Grundschulkindern verstehen wir vorwiegend Fragen
nach der eigenen Identität. Sie begleiten den Prozeß der Autonomieentwicklung in
der Dynamik von Identifikation und Abgrenzung."

Teilkategorie A4: Identität als Konstruktion
Identität wird als etwas Konstruiertes beschrieben; die in Abschnitt 2.1 thematisierte
konstruktivistische Perspektive findet sich hier deutlich wieder. Die theorienahe
Kategorie ist klein und steht in engem theoretischem Zusammenhang zu Teilkategorie A3a (Identität als Vergesellschaftung/Sozialisation); Abgrenzungsmerkmal
ist die Verwendung von Begriffen wie „Konstruktion", „konstruiert" oder die Be-
oder Umschreibung von Konstruktionsprozessen. In der Referenz von Kahlert
(2002, S. 102) zeigt sich das exemplarisch: „So konstruiert der einzelne Mensch
in dauerhafter Auseinandersetzung mit einer vorgefundenen, zunächst ohne sein
Zutun existierenden Außenwelt eine Umwelt, die mit Bedeutung belegt ist. Und er
konstruiert dabei auch sich selbst."

Teilkategorie A5: Identität als Bedürfnis
Identität wird als (Grund-)Bedürfnis thematisiert. Der Zusammenhang von grundlegenden Bedürfnissen und Identität ist aus Sicht des Theoriemodells (vgl. Kapitel 3)
zentral und sollte didaktisch aufgegriffen werden. Giest (2016, S. 45) zeigt dies
exemplarisch: „Das Bedürfnis nach Identität ist zentral für die Persönlichkeitsentwicklung."

Teilkategorie A6: Identität als Selbstkonzept
Identität wird mit Selbstkonzept gleichgesetzt oder es werden beide Begriffe zumin-
dest undifferenziert genutzt. Das Zitat von Hartinger (1997, S. 22) zeigt dies:
„Demgegenüber ist relativ gewiß, daß ‚Interessen mit dem Selbstkonzept oder der
Identität einer Person in Verbindung stehen' (Krapp 1992) und sich Personen sehr
häufig über ihre Interessen definieren."

Teilkategorie A7: symbolische Identität
Identität wird als symbolisch in Dingen materialisiert thematisiert. (Trotz der nur wenigen Referenzen wurde die Kategorie beibehalten, weil sie einen wichtigen Anknüpfungspunkt an didaktische Schlussfolgerungen für den Sachunterricht darstellen könnte.) Exemplarisch bei Schreier (1994, S. 52): „Derartige Dinge scheinen eine Mischung aus Magie und symbolischer Identität zu repräsentieren. Manchmal werden in unserer Vorstellung auch andere Menschen mit bestimmten Dingen identifiziert."

Teilkategorie A8: Identitätsfragen und Selbstreflexion
Identität wird als Antwort auf eine bestimmte Art von Fragen nach Lebensgeschichte, Herkunft und Zugehörigkeit verstanden und fordert damit zur Selbstreflexivität auf. Selbstreflexivität ist aus der Perspektive der Theorie bedeutsam für die Identitätsentwicklung (vgl. Abschnitt 2.3.3). Exemplarisch bei Giest (2016, S. 45): „Jeder Mensch braucht Identität, er möchte wissen, wer er ist, wohin er gehört, wo er Anerkennung und Akzeptanz findet."

Teilkategorie A9: gefährdete Identität
Herausforderungen und Gefahren in Bezug auf Identitätsentwicklung werden thematisiert; das ist anschlussfähig an das in Abschnitt 2.3.3 Geschilderte und berührt den Bildungsauftrag des Sachunterrichts. Die Teilkategorie ist in gewisser Weise als die subjektbezogene Komplementärkategorie zu Teilkategorie B1 „Identität als gesellschaftliche Herausforderung" zu verstehen. Als Abgrenzungsmerkmal ist die Fokussierung auf individuelle Gefahren zu nennen. Richter (2002, S. 181) zeigt das exemplarisch: „Der Ausbildung flexibler Identität bzw. der Ich-Stärke steht die Gefahr der Psychopathologien und Identitätskrisen gegenüber."

Teilkategorie A10: Teilidentitäten
Angesprochen werden Teilidentitäten im Sinne Keupps, die in seinem hierarchischen Modell der Identität die mittlere Ebene darstellen und zwischen einzelnen Sozialerfahrungen und der Metaidentität vermitteln und letztere deutlich prägen. Sechs verschiedene Teilidentitäten fanden sich im Material; allerdings kulturelle Identität und nationale Identität mit nur jeweils einer Textstelle. Deshalb wurden letztendlich lediglich vier Unterkategorien gebildet (mit jeweils mehreren Referenzen).

A10a Geschlechts-identität	Geschlechtsidentität wird als Teilaspekt von Identität diskutiert. Thematisiert wird die Entstehung von Geschlechtsidentität, der Umgang damit und Wirkungen des Umgangs im Sachunterricht. Entscheidend ist die Verwendung der Begriffe Geschlecht oder Gender und der Fokus auf die Konstruktion von Geschlecht oder die Zuordnung zu einer Geschlechtsgruppe. Als Konsens kann bei allen untersuchten Veröffentlichungen eine gewisse interaktionistische Lesart von Geschlecht gelten, die die Herausbildung von Geschlechtsidentität als sozialen Auswahl- und Konstruktionsprozess versteht. Der Textausschnitt von Gaedtke-Eckardt (2013, S. 222) verdeutlicht unterschiedliche Aspekte von Geschlechtsidentität: „Geschlecht wird als gesellschaftliche Klassifizierungskategorie verstanden, die die Herstellung von sozialen Positionierungen anhand von Geschlecht beschreibt und die in alltäglichen Interaktionen (doing gender) immer wieder hergestellt wird. [...] Kinder werden in ihrer Identitätsentwicklung durch Männlichkeits- oder Weiblichkeitsstereotype unangemessen beeinflusst."
A10b sexuelle Identität	Sexuelle Identität wird im Zusammenhang mit Sexualerziehung als wichtiger Aspekt der sexuellen Entwicklung thematisiert. Im Gegensatz zur Kategorie Geschlechtsidentität geht es hier nicht um Zuordnungen zu Gruppen, sondern um sexuelle Identität als bedeutsamem Faktor sexueller Bildung. Die Referenzen stammen alle aus dem Artikel von Landwehr (2017), der Sexualerziehung zum Inhalt hat. (Da sexuelle Identität aber aus Theoriesicht wichtig für Identität ist, wurde die Kategorie trotzdem beibehalten.) Landwehr (2014, S. 194): „Kinder sind Subjekte ihrer sexuellen Entwicklung und schaffen sich durch sexuelle und Beziehungserfahrungen eine eigene sexuelle Identität."
A10c Körper- identität	Leiblich-körperlich gebundene Aspekte von Identität werden angesprochen. Die Kategorie ist sehr klein, aber aus theoretischer Perspektive wichtig, da das selbstreflexive Aufgreifen von Körpererfahrungen eine wichtige Quelle reflexiver Identität ausmacht. Siehe beispielsweise Richter (2002, S. 182): „Ein wichtiger Aspekt der personalen Identität ist die Leiblichkeit, also der eigene Körper mitsamt des subjektiven Körpergefühls, die Denken, Fühlen und Handeln mit bestimmt sowie die eigene Sexualität und Interpretationen über die eigene Gesundheit."

A10d regionale Identität	Identität wird in einen regionalen oder lokalen Rahmen gestellt; der Heimatbegriff geht in zwei der drei Referenzen damit einher. Die Kategorie scheint trotz weniger Referenzen bedeutsam, da orts- oder raumbezogene sowie speziell lokale Identifikationen aus theoretischer Perspektive wichtig sind. Anschaulich bei Giest (2016, S. 47): „Heimat ist zweierlei, ein Ort und eine Institution im Sinne von festgelegten Gemeinschaftsformen. Beide lösen gleichermaßen Gefühle der Vertrautheit und Zugehörigkeit aus. Aus diesen Gefühlen entsteht Identität."

Hauptkategorie B: Identität und gesellschaftliche Transformation
Identität wird in dieser Kategorie im Kontext gesellschaftlicher Transformation thematisiert.

Teilkategorie B1: Identität in der gesellschaftlichen Transformation
Gesellschaftliche Transformation und veränderte Identitäten werden aufeinander bezogen. Das Zitat von Richter (2002, S. 119) zeigt dies: „Kulturell tradierte Identitätsmuster passen kaum noch in die heutige Zeit, neue gesellschaftliche Realitäten verunsichern frühere Gewissheiten. Gerade in den frühen Phasen kindlicher Entwicklung können Grundlagen für eine gelungene Identitätsbalance gelegt werden."

Teilkategorie B2: Identität als gesellschaftliche Herausforderung
Aus der Transformation heraus entstehende identitätsbezogene gesellschaftliche Herausforderungen und Probleme werden angesprochen (vgl. Abschnitt 2.3.3). Die Kategorie ist in gewisser Weise als die auf Gesellschaft bezogene Gegenkategorie zu Teilkategorie A10 „gefährdete Identität" zu verstehen. Als Abgrenzungsmerkmal ist der Fokus auf die gesellschaftliche Seite der Herausforderungen zu nennen. Exemplarisch bei Richter (2002, S. 98): „Fehlende ‚Normalbiografien' oder permanente diskursive Begründungen schaffen zwar Freiheiten, können aber auch zu einer Überlastung aller Beteiligten und damit auch zu neuen Herausforderungen für Schule und Unterricht führen."

Hauptkategorie C: Identität und Sachunterricht

In dieser Hauptkategorie wird ausdifferenziert, wie Identität im Sachunterricht *didaktisch* thematisiert wird, also bezüglich der Aufgaben, der Ziele und der Gestaltung des Unterrichts. Eine Besonderheit ist der Bezug zum Bildungsbegriff und damit die Thematisierung von Bildungszielen. In diesem Sinne differenziert sich die Hauptkategorie in zwei Teilkategorien, von denen die erste den Bezug zum Bildungsbegriff beinhaltet und in der zweiten dieser Bezug nicht erkennbar wird. Die Kategorie bezieht sich auf die Teilfrage 3 („Wie wird fachdidaktisch bezüglich Identität in Veröffentlichungen zum Sachunterricht argumentiert?) und bildet ausdifferenziert den fachdidaktischen Identitätsdiskurs im Sachunterricht ab.

Teilkategorie C1: Identität als Bildungsaufgabe des Sachunterrichts

Identität wird in einen Zusammenhang mit Bildung gestellt oder als (Bildungs-) Aufgabe im Sachunterricht beschrieben, zum einen als Emanzipationsaufgabe, zum anderen als bedeutsame Aufgabe des Sachunterrichts. Außerdem werden (Bildungs-)Aufgaben des Sachunterrichts in Bezug auf Identität und Identitätsentwicklung beschrieben.

| C1a Emanzipation und Identität als Bildungsaufgabe | Identitätsentwicklung wird als Emanzipation dargestellt und im Kontext des Bildungsbegriffs oder zumindest der Bildungsidee diskutiert (Elemente der Bildungstheorie sind erkennbar, wie Selbstbestimmung, Selbstentfaltung, Mündigkeit). Die Referenzen haben einen reflexiv-philosophischen Charakter. Exemplarisch bei Köhnlein (2012, S. 53): „[...] sich aus Zufällen der Biographie zu befreien und aus den Verstrickungen und Befangenheiten der Herkunft so weit zu lösen, dass der Entwurf eigener Identität auch als Überschreitung sozialisationsbedingter Einbindungen eigenständig ausgestaltet werden kann." |

C1b Identität bedeutsame Aufgabe des Sachunterrichts	Die Berücksichtigung von Identität wird als grundlegende Aufgabe des Sachunterrichts deklariert. Die Kategorie ist für die Untersuchung zentral, da sie ein wichtiges Kriterium dafür ist, für welche Autor*innen Identität ein entscheidendes Element von Sachunterrichtsdidaktik darstellt. Das Zitat von Kaiser (1995, S. 111) zeigt dies exemplarisch: „Das Bedürfnis nach Identität jedes einzelnen Kindes in einer sich rapide verändernden Welt sollte oberste Priorität in den didaktischen Entscheidungen erlangen."
C1c Aufgaben des Sachunterrichts in Bezug auf Identität	Einzelne Bildungsaufgaben des Sachunterrichts, die Identität betreffen, werden dargelegt. Die Kategorie ist bedeutsam, weil daran deutlich wird, welche Bildungsaufgaben im Zusammenhang mit Identität gesehen werden. Es gibt Überschneidungen zur Kategorie C2aI, da auch dort vorwiegend argumentativ-reflexive Referenzen zu finden sind. Das Abgrenzungsmerkmal ist die Zuschreibung von Aufgaben für den Sachunterricht, die Identität betreffen. Schreier (1994, S. 62) kann als exemplarisch gelten: „[...] die Entwicklung des Werksinnes ihrerseits kann als eine Aufgabe beschrieben werden, die genau in den Unterricht hineinpaßt."

Teilkategorie C2: Identität und Didaktik

Identität wird im Sinne der folgenden didaktischen Leitfragen angesprochen: „Wie entsteht Identität im Sachunterricht?", „Was soll im Sachunterricht bezüglich Identität geschehen?", „Wie soll identitätsbezogener Sachunterricht aussehen?" Bedeutsam ist diese stark ausdifferenzierte Teilkategorie deshalb, weil sich hier konkretere Antworten darauf finden lassen, welche Bedeutung das Identitätsthema für den Sachunterricht hat(te).

C2a Identitätsgenese im Sachunterricht	Es wird ausgeführt, wie der Sachunterricht die Identitätsentwicklung unterstützt. Es wurden drei verschiedene Argumentationsmuster festgestellt, die sich in den Subkategorien niederschlagen.

C2aI Identitätsgenese prinzipienbezogen	Prinzipien des Sachunterrichts werden in Bezug auf Identitätsentwicklung diskutiert. Schreier (1994, S. 101) thematisiert die Prinzipien der Erlebnisorientierung und Handlungsorientierung: „Kinder sind in ihrer Persönlichkeit zu fördern, indem ihnen vielfältige Erlebnis- und Erkenntnis sowie Handlungsmöglichkeiten eröffnet werden."
C2aII Identitätsgenese themenbezogen	Identitätsentwicklung wird in Bezug auf die Perspektiven des Sachunterrichts bzw. bestimmte Themen des Sachunterrichts diskutiert. Exemplarisch Richter (2002, S. 183): „Räume haben identitäts- und beziehungsstiftende Qualitäten sowie kulturelle Prägungen, deren bewusste Wahrnehmung Bildungsprozesse in den entsprechenden Dimensionen unterstützen."
C2aIII Identitätsgenese zugangsbezogen	Identitätsentwicklung wird in Bezug auf bestimmte Zugangsweisen diskutiert. Seitz (2005, S. 174) zeigt das sehr gut: „Die Zugangsweisen sollten handelnde und ästhetische Ebenen einbeziehen, um die tiefe Eingebundenheit dieses Aspekts von Zeit in die Identitäten der Kinder Eingang finden zu lassen und affektlogischen Erkenntnisbahnen Raum zu geben."

C2b didaktische Schlussfolgerungen	Didaktische Schlussfolgerungen werden identitätsbezogen begründet; zum einen allgemein und stark reflexiv sowie zum anderen stark unterrichtsbezogen und in Bezug auf konkrete Methoden. Die Kategorie ist direkt auf die Teilfrage 3 bezogen.	
	C2bI didaktische Reflexionen	Es wird in Bezug auf Identität diskutiert, was im Sachunterricht geschehen soll. Zu Kategorie C1c gibt es Überschneidungen wegen des reflexiven Charakters; hier werden allerdings keine direkten Aufgaben für den Sachunterricht formuliert. Exemplarisch Kaiser (2006, S. 126): „[...] nur wenn wir mehr über das konkrete Denken und Fühlen der Kinder wissen, können wir auch die identitätsstiftenden didaktischen Momente finden."
	C2bII unterrichtspraktische Schlussfolgerungen	Dargelegt werden methodische Überlegungen und direkte Unterrichtsvorschläge mit Identitätsbezug. Als Beispiel kann Gaedtke-Eckardt (2013, S. 57) dienen: „Unscheinbare Alltagsgegenstände werden in Beziehung zur eigenen Geschichte gesetzt. Im Vorstadium des Sammelns, Anschauens entstehen Erzählanlässe. Die Schüler werden sich ihrer Identität bewusster, ihrer Wünsche und lernen etwas über die Klassenkameraden."

5.3.2 Diskussion der Ergebnisse

Auffällig sind schon bei einer oberflächlichen Sichtung des Kategoriensystems die geringe Ausdifferenzierung und die wenigen Referenzen der Hauptkategorie B, die den Zusammenhang von gesellschaftlicher Transformation und Identität zum Inhalt hat. Es ist im Rahmen dieser Untersuchung allerdings nicht auszumachen, ob im Sachunterrichtsdiskurs gesellschaftliche Transformation an sich kaum thematisiert wird oder ob es speziell der Zusammenhang von gesellschaftlicher Transformation und neuen Herausforderungen für die Identitätsentwicklung ist, der kaum diskutiert wird. Wie in Abschnitt 2.2 dargelegt, ist dieser Zusammenhang als sehr eng zu verstehen. Der Bedeutungszuwachs der Identitätsthematik wird von vielen Autor*innen mit der beschleunigten gesellschaftlichen Transformation begründet. Mit diesem Zusammenhang steht und fällt die Bedeutung des Identitätsthemas insgesamt. Insofern sind die geringe Ausdifferenzierung und die geringe Anzahl von Referenzen ein deutliches Zeichen für einen geringen Stellenwert der Identitätsproblematik im Sachunterricht.

Allerdings muss festgehalten werden, dass Kaiser (1995) und Richter (2002) diesen aus Theoriesicht zentralen Aspekt thematisieren – und zwar durchaus grundsätzlich. Diesen beiden einflussreichen Didaktikerinnen war der Zusammenhang von gesellschaftlicher Transformation und veränderten Anforderungen an die Identitätsbildung also bewusst. Aufgegriffen wurde das später allerdings nicht mehr, auch nicht von Giest (2016), der das Thema nur streift und sich eher auf Heimat bezieht.

Für die Klärung der zweiten Teilfrage nach den Vorstellungen von Identität, die sich im Sachunterrichtsdiskurs finden, ist die Betrachtung der Hauptkategorie A entscheidend. Hier manifestieren sich die Ausdifferenzierungen der Identitätsvorstellungen. Mit den Kategorien A1 bis A7 ließen sich sieben (Meta-) Vorstellungen zu Identität ausmachen (Ebene der Metaidentität nach Keupps hierarchischem Modell, vgl. Abschnitt 2.3.7). Wegen ihrer besonderen Ausdifferenzierung fallen zunächst drei Teilkategorien ins Auge. A1 „Identität als zeitbezogenes Phänomen" und A2 „Identität als soziales Phänomen" weisen mit jeweils zwei Unterkategorien eine weitere Unterdifferenzierung und vergleichsweise viele Referenzen auf. Außerdem weist die Teilkategorie „Identität als Identifikation und/oder Abgrenzung" (A3) vergleichsweise viele Referenzen auf. Das könnte ein Hinweis auf eine besondere Bedeutung dieser drei Kategorien im Diskurs sein. Zunächst werden daher diese drei Kategorien diskutiert.

Identität als zeitabhängiges Phänomen (A1)
Der Zeitaspekt ist für das Verständnis von Identität als zentral zu verstehen, weil Identität die Konstanz des Subjekts über die Zeit, über Veränderungen hinweg herstellt (vgl. Abschnitt 2.3.5 Thomas Luckmann). Das folgende Zitat von Seitz (2005, S. 67) verdeutlicht das: „Identitätsentwicklung bedeutet Erfahrung von Kontinuität über die Zeit." Folgerichtig speist sich Identität entscheidend aus biografischen Erinnerungen (ebd., S. 19):

> „Ohne unsere biografischen Erinnerungen wäre unsere Identität eines Grundbestandteils beraubt, denn um zu wissen, wer wir heute sind, ist es notwendig zu wissen, wer wir gestern waren"

Identität verstanden als zeitabhängiges Phänomen findet sich im Teilkorpus in ausdifferenzierter Form mit vergleichsweise vielen Referenzen. Allerdings stammen fast alle dieser Referenzen aus der Monografie von Seitz (2005 *Zeit für inklusiven Sachunterricht*), die sich dezidiert mit dem Zusammenhang der Entwicklung von Zeitbewusstsein und Identität auseinandersetzt. Es handelt sich dabei jedoch nicht um einen Einführungsband; deshalb wurde (und wird) er im Vergleich zu diesen vermutlich verhältnismäßig wenig rezipiert. Bedeutsam für den Sachunterricht wurde Seitz' Werk dadurch, dass es erstmalig das Thema Inklusion in den Mittelpunkt stellte. Ihm entstammen alle Ausführungen zum Zusammenhang von Zeitbewusstsein und Identität (Unterkategorie A2a); auch in der zweiten Unterkategorie, die den Zusammenhang von Identität und Biografie (A2b) repräsentiert, finden sich überwiegend Referenzen aus dieser Monografie. Sie ist die einzige Veröffentlichung (im Teilkorpus), die sich direkt und intensiv mit dem Thema Zeit in Bezug auf Identität auseinandersetzt.[18] Es ist bemerkenswert, dass dieser aus Theorieperspektive so zentrale Aspekt nur hier Eingang in den Diskurs gefunden hat.

Wie in der Volatilitätsanalyse und den jahresbezogenen Kookkurrenzen zu sehen war (vgl. Abschnitt 5.2.5), ist „Biografie" ein wichtiger Begriff im Kontext von „Identität" im Erscheinungsjahr von Seitz' Monografie; er tauchte aber in den folgenden Jahren nicht wieder auf. Die Ergebnisse des Close Reading können somit als im Einklang mit den Ergebnissen des Distant Reading bezeichnet werden; letztere werden durch die Erkenntnis ergänzt, dass Seitz die einzige Autorin aus dem Teilkorpus ist, die den Zeitaspekt von Identität ernsthaft diskutiert.

---

[18] Die beiden anderen Autor*innen dieser Teilkategorie sprechen Zeit nur indirekt über die Thematisierung von Biografie an; außerdem ist die Thematik als eher nebensächlich für ihre Veröffentlichungen anzusehen.

Bei der Similaritätsanalyse (Abschnitt 5.2.4) war „Biographie" ein gelisteter Begriff (allerdings ohne einen besonders hohen Wert). Seitz verwendet ihn zudem in dieser orthografischen Form nur in zwei Fällen[19]. Das Ergebnis der Similaritätsanalyse muss also auch durch andere Veröffentlichungen aus dem Textkorpus außerhalb des Teilkorpus zustande gekommen sein.

Festzuhalten ist, dass die Zeitbezogenheit von Identität in den Einführungsbänden bisher keine Rolle spielte, aber in den fortlaufenden Veröffentlichungen außerhalb des Teilkorpus vermutlich noch zu finden sein wird. Insofern gibt es einen gewissen Diskurs zu Zeit und Identität (bei Seitz und anderswo), insbesondere bezüglich Biografie. An diesen könnte bei einer zukünftigen stärkeren didaktischen Berücksichtigung von Identität angeknüpft werden. Allerdings ist zu betonen, dass der Zeitaspekt von Identität bisher noch nicht als gesichertes (kanonisiertes) Wissen des Fachs gelten kann.

Identität als soziales Phänomen
Aus der Theorieperspektive ist vor allem die erste Unterkategorie „Identität als Selbst- und Sozialbeziehung" interessant, stellt sie doch den Kernbestand des theoretischen Modells dar, die Genese von Identität im Wechselspiel von Selbst- und Fremdbetrachtung (vgl. Kapitel 3). Es finden sich Referenzen von fünf Autor*innen, die zudem recht breit über den Untersuchungszeitraum verteilt sind. Allerdings bleiben fast alle Zitate schwer verständlich oder unkonkret in Bezug auf das Verhältnis des Sozialen zur Identität. Ein Zitat von Richter (2002, S. 122) mag das illustrieren: „Hier ist wesentlich die Lebensweltstruktur der Persönlichkeit angesprochen, die Identitätsbildung." Einzig die Referenz aus dem Perspektivrahmen (GDSU, 2013, S. 61) verweist auf die Bedeutung von Selbst- und Fremdreflexion für die Identitätsentwicklung: „Die Fremdreflexion erweitert und verändert auch die Selbstreflexion; die Begegnung mit dem Fremden unterstützt die Entwicklung von Identität."

Es kann festgehalten werden, dass die soziale Eingebundenheit von Identität im Teilkorpus kaum Eingang in den Diskus gefunden hat. Das ist mit Blick auf die Bedeutsamkeit dieses Identitätsaspekts aus Theoriesicht als schwerwiegend zu bewerten. Fraglich bleibt bei der Betrachtung der Referenzen zudem, inwiefern die meist unbestimmten Vorstellungen zur sozialen Verfasstheit von Identität theoretisch fundiert sind.

---

[19] Ein Zusammenhang mit der Rechtschreibreform ist zwar denkbar, aber nicht sehr wahrscheinlich, da nach neuer Rechtschreibung beide Schreibweisen (Biografie; Biographie) gültig sind.

Identität als Identifikation und/oder Abgrenzung

Als theoretische Anschlussmöglichkeiten für diese Vorstellung würden sich am ehesten Krappmann und Keupp anbieten, für die der Kampf um Zugehörigkeit ein zentrales Moment von Identitätsarbeit ist, das mit Identifikationsprozessen verbunden ist, aber auch mit Abgrenzung einhergeht.[20]

Im Teilkorpus finden sich über den Untersuchungszeitraum hinweg verteilt (und in Bezug auf unterschiedliche Inhalte und Perspektiven des Sachunterrichts) Referenzen verschiedener Autor*innen, die Identität im Wechselspiel von Identifikation und Abgrenzung thematisieren. In gewisser Weise schließt diese Kategorie an die Vorstellungen von Selbst- und Sozialbeziehung an, geht es doch auch hier oft um das Fremde und das Eigene. In dieser Kategorie steht allerdings die Identifikation mit etwas und die Abgrenzung von etwas im Fokus, mithin Vorgänge, die auf Äußeres zielen. Man grenzt sich von etwas anderem ab und man identifiziert sich mit etwas anderem. Das folgende Zitat (von Reeken, 2017, S. 109) zeigt das deutlich: „Das Identitätsbewusstsein verweist darauf, dass Menschen sich historisch entstandenen Kollektiven (‚wir Deutschen‘, ‚wir Christen‘) zuordnen und sich von anderen abgrenzen." Die Referenzen dieser Kategorie betreffen meist die historische Perspektive. Das stimmt mit den Ergebnissen des Distant Reading überein. „Alterität" und „Identität" (in Bezug auf historische Kollektive) bildeten dort ein zentrales Topospaar.

Eine Fokussierung auf Identifikation und Abgrenzung ist im Sinne des theoretischen Modells als problematisch zu werten. Dieses zielt in seiner Konsequenz auf mögliche hybride Identitäten sowie von Mehrfach-Identifikationen und auf die reflexive Relativierung und Differenzierung von Abgrenzungen. Der genaue Blick in die Referenzen zeigt aber vorwiegend einfache Identifikationen, was in Formulierungen wie „einer Familie", „einer Nation" (Richter, 2002, S. 189) oder „Hinwendung zur Gruppe des gleichen Geschlechts" (Landwehr, 2017, S. 192) deutlich wird. Mehrfachidentifikationen werden – zumindest explizit – nirgends erwähnt.

Generell zeigt sich in Bezug auf Abgrenzung und Identifikation bei den Referenzen ein ambivalentes Bild in einer Spannbreite von affirmativer Beschreibung bis hin zur kritischen Problematisierung. Bei Richter (2002) wird das Zusammenspiel von Abgrenzung und Identifikation problematisiert und reflektiert; an einer Stelle verweist sie auch auf das Ziel einer „gelingenden Identität" durch „Dauerreflexion" des Zusammenspiels aus „Eigenheit und Fremdheit" (vgl. ebd.,

---

[20] Eine große Bedeutung hat diese Facette von Identität bei Hall und Butler in Bezug auf Rassismus und Geschlecht (vgl. Eickelpasch & Rademacher). Beide Autor*innen wurden allerdings wegen ihrer starken Spezifik für das Theoriekonzept dieser Arbeit nicht herangezogen.

S. 172). Alle anderen Referenzen thematisieren Identifikation und Abgrenzung jedoch rein affirmativ. Als besonders bemerkenswert muss das bei allen drei Referenzen aus dem jüngsten Einführungsband gelten (Hartinger & Lange-Schubert, 2014: Beiträge von Adamina; von Reeken, Landwehr), repräsentieren diese doch den gegenwärtigen Stand des Diskurses. Hier zeigt sich keinerlei Tendenz zur Reflexion der Identifikationen und Abgrenzungen, sondern diese werden unhinterfragt thematisiert und erscheinen so als Selbstverständlichkeiten. Fraglich und noch zu untersuchen bleibt, ob an Theoriekonzepte überhaupt angeschlossen wird, also ob sich Referenzen dazu in den Texten finden.

Die vier weiteren Vorstellungen von Identität im Teilkorpus müssen aufgrund der geringen Anzahl an Referenzen als eher randständig betrachtet werden. So spielt die Vorstellung von *Identität als Konstruktion* im Diskurs des Sachunterrichts offensichtlich keine große Rolle. Aus Theorieperspektive könnte diese Kategorie als ein möglicher Gegenentwurf zu essentialistischen Vorstellungen von Identität bedeutsam sein. Dass diese Vorstellungen im Sachunterricht wenig diskutiert werden, bedeutet aber keinesfalls ein Festhalten an essentialistischen Vorstellungen. Viel eher ist zu vermuten, dass Identität ganz selbstverständlich als „gemacht, aufgebaut, erfunden und gefunden" verstanden wird, wie es im Perspektivrahmen für den Sachunterricht heißt (GDSU, 2013, S. 47), und damit ein konstruktivistisches Verständnist als eine Art Common Sense zu betrachten ist.

Identität als Bedürfnis wurde von zwei Autor*innen thematisiert – und nur bei Giest (2016) mit einer gewissen Dringlichkeit. Gemäß theoretischem Modell ist die Idee sehr wichtig, dass Identität Voraussetzung für die Befriedigung grundlegender Bedürfnisse ist. Vielleicht kann hier der Kern des Problems im Umgang mit Identität im Sachunterricht identifiziert werden: Vermutlich wird die Identitätsproblematik nicht mit bedeutsamen und zu berücksichtigenden Bedürfnissen von Schüler*innen in Verbindung gebracht. Die Ergebnisse korrespondieren mit dem Distant Reading, welches keine gemeinsame Verwendung der Begriffe „Bedürfnisse" und „Identität" aufweist. So verstärkt sich der Eindruck, dass kaum Verbindungen zwischen Identität und Bedürfnissen hergestellt werden. Zudem kann an dieser Stelle nicht ausgeschlossen werden, dass Bedürfnisse von Schüler*innen ganz generell eine untergeordnete Rolle im Sachunterrichtsdiskurs spielen.

Auch die *Gleichsetzung von Identität und Selbstkonzept* ist nicht weit verbreitet; allerdings kommt sie bei zwei recht einflussreichen Autor*innen vor. Zu untersuchen wäre, inwiefern diese an theoretische Konzepte bei der Verwendung des Identitätsbegriffs anschließen. Anknüpfend an die Ergebnisse des

Distant Reading (vgl. die Topic-Analyse: fast keine Verwendung von Identitätsbegriffen im naturwissenschaftlich und im von Begriffen quantitativer Forschung
geprägten Topic) scheint es interessant, ob in naturwissenschaftsbezogenen und
quantitativ-empirischen Veröffentlichungen des Sachunterrichts überwiegend mit
dem Konstrukt „Selbstkonzept" gearbeitet wird. Im vorliegenden Teilkorpus lässt
sich das nicht bestätigen, allerdings ist auffällig, dass bei Hartinger (1997), einem
der wichtigsten Protagonisten der empirischen Wende im Sachunterricht, eine
Gleichsetzung der Begriffe vorzuliegen scheint.

   Die Vorstellung von *symbolischer Identität*, die im Kern beinhalten, dass Dingen eine identitätsbildende Bedeutung zukommt, ist ebenfalls als randständig
zu betrachten, da sie nur bei zwei Autor*innen zur Sprache kommt. Identifikationen mit symbolisch aufgeladenen Dingen, Sachen und Orten, wie sie sich
beispielsweise im Konzept der „Erinnerungsorte" (vgl. Siebeck, 2017) oder des
„kollektiven Gedächtnisses" (vgl. Halbwachs, 1991/1939) manifestieren, müssen
als bedeutsame und sehr ambivalente Aspekte von Identitätsbildung bezeichnet
werden. Ambivalent sind solche symbolischen Identifikationen vor allem deshalb,
weil sich in ihnen der Kampf um Zugehörigkeiten und Abgrenzung repräsentiert.
Betroffen sind Teilidentitäten (beispielswiese die regionale oder nationale Identität) und diese symbolischen Identifikationen ließen sich auch in verschiedenen
Themen und Perspektiven des Sachunterrichts wiederfinden. Im Teilkorpus (etwa
in Einführungsbänden, die kanonisiertes Wissen vermitteln) wird dieser Aspekt
offenkundig nicht thematisiert; die wenigen Referenzen sprechen ihn lediglich
in Bezug auf persönliche Alltagsgegenstände an, die mit symbolischer Bedeutung aufgeladen werden können. Allerdings gibt es Beiträge im Textkorpus (also
außerhalb des Teilkorpus), in denen Erinnerungsorte und kollektives Gedächtnis
in Bezug auf Identität zur Sprache kommen, vor allem aber bei Nießeler (z. B.
2005, S. 78–83), die für die Ausformulierung einer identitätssensiblen Didaktik
aufgegriffen werden könnten.

   Unter der Hauptkategorie A finden sich zwei weitere eher kleine Teilkategorien, die auf andere Art ebenfalls auf inhaltliche Vorstellungen von Identität
zielen, für die aber die Bezeichnung „Identitätsvorstellungen" nicht ganz zutrifft,
zumindest nicht in derselben direkten Weise wie in den Kategorien A1 bis A7. In
Teilkategorie A8 finden sich *Fragen, die auf Identität und Selbstreflexion zielen*;
auch dies könnte gewissermaßen als inhaltliche Kategorie zu Identität verstanden werden (Identität als Antwort auf Identitätsfragen: Woher komme ich? Wer
bin ich? etc.). Diese Teilkategorie hat einen starken Theoriebezug, gehören doch
als Fragen formulierte Annäherungen an den Identitätsbegriff seit Erikson zum
Standardrepertoire des Diskurses (vgl. Abschnitt 2.2). Die Kategorie fasst mit
den Fragen noch einmal Vorstellungen von Identität als eine Art Mikrokosmos

zusammen, was auch dadurch zum Ausdruck kommt, dass manche Referenzen daraus doppelt zugewiesen wurden. So findet man hier Identifikation und Abgrenzung wieder, aber auch Zugehörigkeit, Bedürfnis und Biografie. Fragen nach der Identität (Identitätsfragen) werden zwar im Teilkorpus (verteilt über den Untersuchungszeitraum hinweg) angesprochen; manche der Zitate weisen dem auch eine gewisse Dringlichkeit zu; aber dieser Aspekt bleibt doch eher randständig – es finden sich nur wenige Referenzen von wenigen Autor*innen. Bemerkenswert ist das deshalb, weil das Thematisieren von Identitätsfragen an sich ein naheliegender didaktischer Anknüpfungspunkt wäre.

In Teilkategorie A9 werden *Gefahren der Identitätsentwicklung* thematisiert. Hier wird also nicht direkt dargelegt, was Identität ist, sondern welchen Gefährdungen sie ausgesetzt ist, was aber Rückschlüsse darauf ermöglicht, was Identität ausmacht, beispielsweise bei Giest (2016, S. 45) Anerkennung und Integration:

> Menschen wollen aktiv handelnd ihr Leben gestalten, aber sie wollen dies im Rahmen einer sie anerkennenden und integrierenden Gemeinschaft tun, die ihnen erst Identität gibt, die sie ihnen aber nicht durch einen harten Konformitätszwang nimmt.

Bei Richter (2002, S. 101) ist es Flexibilität: „Der Ausbildung flexibler Identität bzw. der Ich-Stärke steht die Gefahr der Psychopathologien und Identitätskrisen gegenüber."

Aus Theorieperspektive ist bemerkenswert, dass zwar die Herausforderungen, mithin das in der Gegenwart Problematische der Identität, thematisiert werden, kaum jedoch die positiven Seiten zur Sprache kommen; beispielsweise Chancen auf vielfältigere Möglichkeiten der Anerkennung.

Teilidentitäten

Alle bisher diskutierten Teilkategorien können mit der obersten Hierarchieebene (Metaidentität) des Identitätsmodells von Keupp identifiziert werden. Die letzte Teilkategorie zu Hauptkategorie A hingegen würde sich auf die mittlere Hierarchieebene Keupps beziehen. Sie wurde auch mit Bezug zu diesen theoretischen Überlegungen entwickelt und nennt sich deshalb *Teilidentitäten* (A10, mit Unterkategorien A1a–d). Diese haben eine große Bedeutung im Theoriemodell, da sie nach Keupp als Vermittlungsebene zwischen einzelnen Interaktionen und der Metaidentität gelten und letztere entscheidend prägen. Eigentlich könnten Teilidentitäten Anknüpfungspunkte zu vielen Themen des Sachunterrichts sein; mit dem Modell (vgl. auch Abbildung 3.1 „Identitätsarbeit im Sachunterricht", Kapitel 3) lassen sich bestimmten Teilidentitäten zweifellos bestimmte Inhalte und Themen des Sachunterrichts zuordnen (beispielsweise zu Geschlechtsidentität die Themen „Jungen und Mädchen" oder „Mein Körper").

Im Teilkorpus werden nur sehr wenige Teilidentitäten thematisiert und auch diese weisen recht wenige Referenzen auf, was insbesondere für die im Sachunterricht etablierten Themenfelder Geschlecht und Sexualität als bemerkenswert gelten muss. Allerdings wird Sexualität im jüngsten Einführungsband bei Landwehr (2014)[21] in Bezug auf Identität diskutiert; dieser Aspekt wurde jüngst im Diskurs also aufgegriffen.

Als bemerkenswert ist der Umstand zu bewerten, dass kulturelle Identität im Teilkorpus fast keine Rolle zu spielen scheint (nur eine Referenz). Aus Sicht des theoretischen Modells sollte(n) kulturelle Identität(en) im Kontext von inter- und transkultureller Bildung ein bedeutsamer Diskussionspunkt sein. Es zeigt sich ein deutlicher Widerspruch zu den Ergebnissen des Distant Reading, gab es dort doch Ergebnisse bei mehreren Analyseschritten, die zeigten, dass kulturbezogene Begriffe vergleichsweise häufig mit dem Identitätsbegriff verwendet werden (vgl. Abschnitt 5.2). In den kanonisierten Wissens- und Diskussionsstand des Fachs Sachunterricht, wie er sich in den Einführungsbänden manifestiert, scheint dieser Aspekt aber offenbar keinen Eingang gefunden zu haben (er muss aber im Textkorpus außerhalb des Teilkorpus auffindbar sein).[22]

Auch zu nationaler Identität fand sich im gesamten Teilkorpus nur eine Referenz, was in Anbetracht gesellschaftlicher Auseinandersetzungen um das Wiedererstarken von Nationalismus und das Konfliktpotential von nationalen Identitäten durchaus als bemerkenswert gelten kann. Die Reflexion, Historisierung und Dekonstruktion des Konstrukts der nationalen Identität sollte eigentlich in Hinblick auf die besorgniserregende Renaissance völkischen, rassistischen und nationalistischen Denkens auch im Sachunterricht (als Beitrag zur politischen und historischen Bildung) ihren Platz haben.

Hauptkategorie C (Didaktik und Sachunterricht) weist erwartungsgemäß und wenig verwunderlich bei der Untersuchung eines fachdidaktischen Diskurses viele und vielfältige Referenzen auf. Das zeigt sich auch in der starken Ausdifferenzierung der Hauptkategorie.

Ein Teil der didaktischen Auseinandersetzung mit Identität ist in der Teilkategorie *Identität als Bildungsaufgabe des Sachunterrichts* (C1) zusammengefasst und betrifft den Bildungsbegriff und Bildungsziele. Einige Didaktiker*innen thematisieren diesen Zusammenhang; Identitätsbildung wird in drei Quellen (davon

---

[21] Zu finden im neuesten von Andreas Hartinger und Kim Lange-Schubert herausgegebenen Einführungsband zum Sachunterricht, einem Sammelband, der darauf verzichtet, einer bestimmten Konzeption des Fachs verpflichtet zu sein.

[22] Beispielsweise wird kulturelle Identität in einem Artikel zum kulturellen Lernen von Nießeler (2005) thematisiert.

zwei vom Beginn des Untersuchungszeitraums) durchaus als bedeutsame Bildungsaufgabe postuliert; als Beispiel sei hier Kaiser (1995, S. 111) zitiert: „Das Bedürfnis nach Identität jedes einzelnen Kindes in einer sich rapide verändernden Welt sollte oberste Priorität in den didaktischen Entscheidungen erlangen."

Auch im Zusammenhang mit *Emanzipation* wird *Identität* gelegentlich als Bildungsaufgabe thematisiert; hier ist besonders Richter (2002, S. 111) hervorzuheben:

> Mündigkeit kann als subjektive Seite des gesellschaftlichen Emanzipationsprozesses bezeichnet werden. Da sie sich in der Gesellschaft entwickelt, ist sie gleichfalls keine „a-soziale" Kategorie, auch wenn sie den jeweils höchstmöglichen Anspruch auf Selbstverwirklichung, Autonomie und Selbstbestimmung meint. Nötig sind für diese Ansprüche Wissen und Urteilsfähigkeit (also Aufklärung) sowie Handlungskompetenzen, die in Prozesse der Persönlichkeits- und Identitätsbildung eingebunden sind.

Verhältnismäßig viele Autor*innen formulieren *Aufgaben* für den Sachunterricht, die im Zusammenhang mit Identität stehen und als Bildungsaufgaben verstanden werden können. Stellvertretend sei hier Landwehr (2014, S. 200) zitiert:

> Aufgabe der Lehrkraft ist es, eine Klassengemeinschaft zu bilden, wo Vertrauen, Angenommensein und wertschätzender Umgang miteinander entwickelt wird, sodass das Identitätsthema „Ich bin ..." mit all seinen verschiedenen Aspekten im Mittelpunkt stehen kann.

Auch hier ist genau zu schauen, was unter Identität verstanden wird und ob bei der Verwendung des Identitätsbegriffs mit Verweisen an theoretische Modelle angeknüpft wird oder ob es in der didaktischen Auseinandersetzung lediglich ein Schlagwort bleibt.

Der zweite Komplex der didaktischen Diskussion und damit die zweite Teilkategorie (C2 *Identität und Didaktik*) umfasst Didaktik im engeren Sinne, also die Auseinandersetzung mit den didaktischen Leitfragen, konkretisiert in diesem Fall:

1. Wie kann der Sachunterricht zur Identitätsentwicklung beitragen?
2. Was soll im Sachunterricht bezüglich Identität geschehen?
3. Wie soll identitätsbezogener Sachunterricht aussehen?

Entsprechend differenziert ist die Teilkategorie: Eine erste Unterkategorie ist – entlang der ersten Frage – der Diskussion gewidmet, wie der Sachunterricht zur

Identitätsentwicklung beiträgt (C2 *Identitätsgenese im Sachunterricht)*. Die Referenzen zeigen, dass Identitätsgenese im Unterricht nur gelegentlich, jedoch von einer ganzen Reihe von Autor*innen thematisiert wird, beispielsweise von Seitz (2005, S. 174):

> Die Zugangsweisen sollten handelnde und ästhetische Ebenen einbeziehen, um die tiefe Eingebundenheit dieses Aspekts von Zeit in die Identitäten der Kinder Eingang finden zu lassen und affektlogischen Erkenntnisbahnen Raum zu geben.

Interessant ist, dass sich die Referenzen zur Identitätsgenese auf die in der Sachunterrichtsdidaktik hinlänglich referierten Kategorien Prinzipien, Themen und Inhalte sowie Zugangs- und Umgangsweisen aufteilen ließen. Zu hinterfragen ist aber auch hier, inwiefern von theoretisch begründeten Vorstellungen von Identität auszugehen ist oder ob der Begriff lediglich als Schlagwort genutzt wird.

Eine zweite Unterkategorie umfasst Referenzen, die als *didaktische Schlussfolgerungen* (C2b) im Sinne der zweiten und dritten Forschungsfrage aufzufassen sind und dementsprechend weiter in Subkategorien (C2bI *Didaktische Reflexionen* und C2bII *Unterrichtspraktische Schlussfolgerungen*) ausdifferenziert sind. Vor allem hier sind erwartungsgemäß ein gewisser Umfang und eine gewisse Breite bei der Ausformulierung konkreter Schlussfolgerungen festzustellen, handelt es sich bei den analysierten Texten doch um didaktische Literatur.

Die erste Subkategorie beinhaltet unterschiedliche Referenzen einer ganzen Reihe von Autor*innen des Teilkorpus (9 von 12). Sie sind höchst unterschiedlichen Aspekten gewidmet; gemeinsam ist ihnen jedoch, dass die didaktischen Argumente die Identitätsthematik unterschiedlich gewichten. Die Referenzen dieser Subkategorie bewegen sich auf einer eher unterrichtsferneren und prinzipiellen Ebene, sind mithin eher als konzeptionell zu bezeichnen.

Eine Referenz (Schreier, 1994, S. 68) zielt mit Erikson auf die Stärkung von Werksinn und bezieht Aspekte einer Extended Identity, der Sinnbildung, des Autonomieerlebens und der Partizipation (Zugehörigkeitserleben und Erleben von Bewältigbarkeit) mit ein:

> Es dient der Klarheit des vorgestellten Ansatzes, wenn die identitätsbezogenen Aspekte des Vorgangs im Zusammenhang mit einer Verwandlung von Objekten beschrieben werden. Dabei handelt es sich um einen Prozeß, der vom Kind kontrolliert ist und auf die Herstellung eines Produktes hinausläuft, das dem handelnden Kind als sinnvoll im Hinblick auf das gemeinsame Unternehmen erscheint. Der Verwandlungsprozeß erfaßt zunächst die Dinge selbst, die zu einer neuen Wirklichkeit formiert werden.

Die beiden Referenzen bei Richter (2002) zielen darauf, im Bereich historischen Lernens Fremdheitserfahrungen zu reflektieren.

Die Referenzen bei Seitz (2005) thematisieren die Bedeutung biografischen Lernens und zeitbezogener Reflexivität dafür, Identität als wandelbar zu erfahren: „Auf didaktischer Ebene ist hiermit angezeigt, der Thematisierung körperlicher Wandlungsprozesse eine größere Bedeutung zukommen zu lassen, als dies in den vorliegenden Materialien vorgesehen ist" (S. 110) und „Eine inklusive Zeitdidaktik gibt Kindern Gelegenheit, ihre Identität als wandelbar und vielschichtig zu erfahren" (S. 174).

Weitere Autor*innen akzentuieren die Bedeutung von Weltbezug (Kaiser, 1995; 2006) Selbstverantwortlichkeit (Köhnlein, 2012), Ambiguität (Giest, 2016), Zugehörigkeit (Kaiser, 1995; 2006; Giest, 2016) sowie der Dekonstruktion von Stereotypen (Gaedke-Eckardt, 2013).

Die zweite Subkategorie ist schließlich ganz unterrichtsnahen Schlussfolgerungen gewidmet. Hier sind ebenfalls sehr unterschiedliche Aspekte angesprochen, allerdings finden sich Referenzen von deutlich weniger Autor*innen (5 von 12), was aber angesichts der Abgrenzungskriterien des gewählten Datenkorpus, die auf den Ausschluss weitgehend unterrichtspraktischer und methodischer Texte zielten, nicht verwunderlich ist (vgl. Abschnitt 5.1.4). Alle Referenzen beziehen sich darauf, was in Begründungszusammenhängen mit Identität konkret, also durchaus methodisch akzentuiert, geschehen soll.

Bei Schreier (1994, S. 63, 68) beziehen sich diese konkreten Vorschläge auf Beispiele alltäglicher Unterrichtsgestaltung und die Förderung alltäglicher Fertigkeiten sowie Schulgartenarbeit und Tierhaltung, die im Kontext von Autonomieentwicklung betrachtet werden. Schreier bezieht dies alles wieder auf Erkisons Konzept des Werksinns. Kaiser (1995, S. 138) betont die Bedeutung von kommunikativen Interaktionen zur Förderung von Reflexivität in sozialen Kontexten. Seitz (2005, S. 174) thematisiert methodisch vielfältige Ideen zur Verdeutlichung und Reflexion von Selbstgeschichtlichkeit; auch bei Gaedke-Eckardt (2013, S. 57) wird dies angesprochen und zusätzlich Extended Identity in Bezug auf Ordnen und Sammeln angesprochen. Außerdem findet sich dort der Vorschlag, andere als geschlechtsbezogene Differenzierungen wie die nach persönlichen Interessen und Neigungen in didaktischen Planungsprozessen zu bevorzugen (vgl. ebd., S. 122 f.)

Auch bei diesen beiden Subkategorien zu didaktischen Schlussfolgerungen bleibt unklar, inwiefern ein theoretisch begründetes Identitätsverständnis vorliegt oder der Identitätsbegriff lediglich als Schlagwort zu werten ist. Davon hängt letztlich ab, wieviel Gewicht einerseits den eher konzeptionellen und andererseits den stark unterrichtspraktischen Schlussfolgerungen der Autor*innen zukommen kann, ob diese als kohärent und präzise gelten können oder als eher im Nebulösen verbleibend gelten müssen.

5.3.3 Blended Reading: Die Ergebnisse des Close Reading bezogen auf das Distant Reading

Anders als es Stulpe und Lemke (2016) verstehen, für die Blended Reading bedeutet, das Close Reading lediglich zur Überprüfung und Ergänzung der Ergebnisse des Distant Reading heranzuziehen, steht in meinem Fall das Close Reading gleichberechtigt neben dem Distant Reading (Abschnitt 5.1). Das bedeutet selbstverständlich nicht, dass der Schritt der Überprüfung und Ergänzung weggefallen ist. Zum Teil wurde das schon bei der Ergebnisdarstellung auf Ebene der einzelnen Kategorien geleistet. Dort wurde immer wieder aus Perspektive der beschriebenen Kategorie und ihrer Besonderheiten auf Widersprüche und Gemeinsamkeiten zu den Ergebnissen des Distant Reading eingegangen. Im folgenden Textabschnitt wird die Perspektive umgekehrt und von den Ergebnisse des Distant Reading auf die Ergebnisse des Close Reading geschaut, um der Überprüfung gerecht zu werden.

Die *Frequenzanalyse* ergab eine gewisse quantitative Belebung des Identitätsdiskurses bis 2008 und dann einen Einbruch bis 2013. Die sich abzeichnende Wiederbelebung zum Ende des Untersuchungszeitraums wurde relativiert, da die (unvollständigen) Jahresergebnisse von 2017 und 2018[23] und die sehr häufige Nutzung des Identitätsbegriffs in einigen wenigen wenig Veröfflichungen (Schrumpf, 2014; Siebach, 2016) einen starken Einfluss auf die Berechnung hatten (vgl. Abschnitt 5.2.1). Diese Ergebnisse fanden durchaus ihre Entsprechung bei der Analyse der Monografien im Teilkorpus. Die Veröffentlichungen des Teilkorpus, in denen Identitätsbegriffe häufig vorkommen und die eine Konsistenz innerhalb der Referenzen über die Kategorien hinweg aufweisen[24](Schreier, 1994; Richter, 2002; Seitz, 2005), wurden alle im Zeitraum vor dem festgestellten quantitativen Einbruch (um 2008) veröffentlicht. Lediglich durch die Veröffentlichung von Giest (2016) deutet sich ein geringfügig anderes Bild an, da hier

---

[23] Um einen Ausblick auf die Gegenwart zu gewinnen, wurden die Ergebnisse hinzugezogen, die zum Zeitpunkt der Untersuchung schon zugänglich waren, obwohl der Untersuchungszeitraum an sich mit dem Jahr 2016 endet.

[24] Als Konsistenz über die Kategorien hinweg gilt hier, wenn in den Hauptkategorien A und B bestimmte Identitätsvorstellungen aus einer Veröffentlichung zu finden sind und sich zu dieser Veröffentlichung in Hauptkategorie C ausdifferenziert dazu passende didaktische Überlegungen finden.

Identität wieder eine etwas größere Rolle zu spielen scheint. Bei näherer Betrachtung ist allerdings anzumerken, dass Identität nur in 3 der 39 Beiträge des Buches von Giest, und ausschließlich in Bezug auf Heimat und Gesundheitserziehung thematisiert wird. Zudem ist dieses Buch keine Monografie in Form eines klassischen Einführungsbandes, sondern ein Sammelband mit wiederveröffentlichten und überarbeiteten Einzelbeiträgen des Autors.

Insofern bleibt auch beim Close Reading die Wiederbelebung des Identitätsdiskurses ab 2013 fraglich. Ein möglicher Erklärungsansatz wurde im Abschnitt zu den Ergebnissen der Frequenzanalyse schon aufgezeigt; im selben Zeitraum war eine deutliche Steigerung der Verwendung von „Inklusion" zu verzeichnen, möglicherweise wurde der Identitätsdiskurs im Sachunterricht vom Inklusionsdiskurs verdrängt. Eine andere Erklärung könnte sich auf die zunehmende Dominanz von Kompetenzmodellen im fraglichen Zeitraum beziehen. Möglicherweise waren Identitätsmodelle und Kompetenzorientierung nicht oder wenig kompatibel zueinander. Vielleicht war im begrenzten Diskursraum des Sachunterrichts aber auch schlicht kein Platz für nebeneinander existierende bedeutsame und das gesamte Fach betreffende Diskursstränge.

Die *Topic-Analyse* hatte ergeben, dass Identität vor allem im Kontext von Kultur, Interkulturalität, Migration und Heimat sowie (in geringerem Maß) im Themenbereich historischer Bildung vorkommt und dass bei geschlechts- und genderbezogenen Themen relativ geringe Werte ausgegeben werden. Die qualitative Inhaltsanalyse des Teilkorpus zeigte diesbezüglich ein etwas anderes Bild. Insbesondere Kultur und Interkulturalität spielen hier im Kontext von Identität gar keine Rolle, lediglich das Thema Heimat war im Zusammenhang mit Identität zu finden, allerdings bei lediglich einem Autoren (Giest, 2016). Diese Themen müssen sich also eher im Textkorpus außerhalb des Teilkorpus finden, der den kanonisierten Teil des Sachunterrichtsdiskurses repräsentiert. Es kann also festgestellt werden, dass Identität im Kontext von Kultur und Interkulturalität keinen Eingang in den als gesichertes Wissen vermittelten Sachunterrichtskanon gefunden hat.

Geschlechtsidentität wird bei immerhin 4 der untersuchten Veröffentlichungen des Teilkorpus im Zusammenhang mit Identität thematisiert. Bei Landwehr (2017) wird das Thema Sexualität im Zusammenhang mit Identität diskutiert. Identität spielt auch bezüglich geschichtsdidaktischer Themen eine gewisse Rolle, bei Köhnlein (2012), Gaedtke-Eckardt (2013), GDSU (2013) und von Reeken (2017). Identität wird im Teilkorpus auch bezüglich Zeit und Biografie diskutiert; allerdings ist hier einschränkend anzumerken, dass die Referenzen dazu nahezu ausschließlich aus nur einer Veröffentlichung stammen (Seitz, 2005), diese ist zudem kein Lehrbuch.

Zu allgemeinen didaktischen Themen zeigen sich sowohl in der Topic-Analyse als auch bei der qualitativen Inhaltsanalyse Ergebnisse, die in dieselbe Richtung weisen: In den Unterkategorien zu C1 (*Identität als Bildungsaufgabe des Sachunterrichts*), C2aI (*Identitätsgenese prinzipienbezogen*), C2aIII (*Identitätsgenese zugangsbezogen*) und C2bI (*Didaktische Reflexionen*) finden sich zahlreiche Referenzen, die Topic 1 (allgemeiner Diskurs des Sachlernens) zugeordnet werden können.

Zusammenfassend betrachtet finden sich also im Teilkorpus Ergebnisse der Topic-Analyse zum Teil wieder, andere wiederum erscheinen dort nicht. In erster Linie wurde durch die Inhaltsanalyse aber ein sehr viel differenzierteres Bild davon gewonnen, in welchen Kontexten Identität eine Rolle spielt.

Die Ergebnisse der *Kookkurrenzanalyse,* denen zufolge Identität besonders mit kulturbezogenen Begriffen und „Alterität" gemeinsam genutzt wird, sehen im Vergleich zur Inhaltsanalyse ganz ähnlich aus. Im Teilkorpus finden sich nur wenige Referenzen, die „Alterität" im Kontext mit Identität thematisieren. Dies hat vielleicht etwas mit der unterschiedlichen Art der Diskurse in verschiedenen Publikationsformen zu tun. Im wissenschaftlichen Diskurs in den Zeitschriften werden auch Themen diskutiert, die (noch) nicht zum kanonisierten Wissen gehören. Alterität beispielsweise könnte so ein Begriff sein. Er kommt erst jüngst vor und zählt deshalb unter Umständen nicht zum gesicherten Wissen, sondern ist noch in einer Phase der Aushandlung.

Noch auffälliger ist allerdings zum wiederholten Mal, dass kulturbezogene Begriffe (bei der Kookkurrenzanalyse des Textkorpus die mit Abstand wichtigsten Begriffe) im Teilkorpus kaum gemeinsam mit „Identität" auftauchen. Dies ist jedoch nicht mit den Publikationsformen zu erklären, waren doch kulturbezogene Begriffe schon in einer früheren Phase des Untersuchungszeitraums im Kontext von Identität virulent. Für diese fehlende Kanonisierung müssen also andere Erklärungen gesucht werden. Einen möglichen Hinweis bietet vielleicht der Umstand, dass sich das Konzept der Transkulturalität (vgl. Hauenschild, 2005) nicht im Sachunterrichtsdiskurs durchsetzen konnte, blieben doch beide Ausgaben des *Handbuchs Didaktik des Sachunterrichts* (Kahlert et al., 2007; 2015) beim Begriff interkulturellen Lernens.

Bei der *Similaritätsanalyse* wurden bestimmte Begriffe identifiziert, die in ähnlichen sprachlichen Kontexten wie „Identität" verwendet werden. Viele dieser Begriffe fanden sich auch im Teilkorpus im Kontext von Identität; es gab keinen Widerspruch zwischen den Ergebnissen beider Analysephasen.

Die mit der *Volatilitätsanalyse* und den *Analysen jahresbezogener Kookkurrenzen* gefundenen Veränderungen der Verwendungskontexte von Identitätsbegriffen finden sich in Ausschnitten in den Ergebnissen der qualitativen Inhaltsanalyse wieder. So zeigt sich bei Schreier (1994) am Anfang des Untersuchungszeitraums vor allem das Identitätsmodell von Erikson. Bei Richter (2002) aus der Mitte des Untersuchungszeitraums finden sich vor allem soziologische und bildungsbezogene Verständnisse von Identität und der Bezug zum Identitätsmodell von Habermas. Giest (2016) vom Ende des Untersuchungszeitraums bringt andere Kontexte, als sich in der Analyse jahresbezogener Kookkurrenzen zeigten; allerdings ist diese Veröffentlichung aus den genannten Gründen als weniger repräsentativ zu werten. Der Perspektivrahmen von 2013 (GDSU, 2013) hingegen kann mit der Thematisierung von „Identität und Alterität" bezüglich historischer Bildung als charakteristisch für das Ende des Untersuchungszeitraums gelten. Die Inhaltsanalyse des Teilkorpus, also des kanonisierten Wissensstandes des Sachunterrichts, zeigt, dass sich quantitativ mit der Volatilitätsanalyse beobachtete Bedeutungsverschiebungen auch in Veröffentlichungen innerhalb des Teilkorpus wiederfinden. Dies bestärkt die Aussagekraft der Volatilitätsanalyse.

5.3.4 Zusammenfassung und Diskussion

Der Schwerpunkt der Thematisierung von Identität im Sachunterricht im Teilkorpus lag dort, wo Identität konkret in Bezug auf spezifische Themen didaktisch diskutiert wurde (Unterkategorien C1c, C2a, C2b); hier fanden sich vergleichsweise viele Referenzen unterschiedlicher Autor*innen über den gesamten Untersuchungszeitraum hinweg verteilt. Das war zu erwarten bei didaktischen Lehrbüchern. Bei einigen Autor*innen konnte zunächst eine gewisse Konsequenz beim Umgang mit dem Identitätsthema angenommen werden, gab es doch sowohl in den spezifisch didaktischen Kategorien Referenzen als auch in den Kategorien, die das Thema Identität grundsätzlicher anfassten.[25] Eine konsistente Thematisierung von Identität blieb beim genauen Blick in die Referenzen allerdings oft zweifelhaft, sei es wegen einer gewissen Unbestimmtheit der Aussagen, sei es wegen der Unklarheit wissenschaftlicher Bezüge.

Es zeigte sich eine gewisse Breite in den Ausdifferenzierungen der Identitätsvorstellungen, wenn auch nur in vergleichsweise wenigen Textstellen. Manche der Vorstellungen waren aus Theorieperspektive erwartbar, wie „Identität als Selbst- und Sozialbeziehung", „Identität als Bedürfnis" oder „Identität als zeitbezogenes Phänomen". Problematisch erscheinen mitunter die Einseitigkeit der Referenzen

---

[25] Diese Textteile fanden sich innerhalb der Hauptkategorien A (Identitätsvorstellungen) und B (Identität und gesellschaftliche Transformation) und in den Unterkategorien C1a (Emanzipation und Identität als Bildungsaufgabe) und C1b (Identität als bedeutsame Aufgabe des Sachunterrichts).

(zu Identität als zeitbezogenes Phänomen fast ausschließlich Seitz, 2005), an anderer Stelle die Seltenheit (Identität als Selbst- und Sozialbeziehung, Identität als Bedürfnis) und der diffuse Charakter (Identität als Selbst- und Sozialbeziehung) der Referenzen. Andere Kategorien hingegen waren weniger erwartbar und können als Ergänzung oder Ausdifferenzierung zur Theorieperspektive gewertet werden (z. B. Identitätsfragen und Selbstreflexion, Identität als Konstruktion, symbolische Identität, Identität als Selbstkonzept).

Als aus Theoriesicht problematisch muss die sich andeutende Schwerpunktbildung bei Referenzen zu Identifikation und Abgrenzung gesehen werden, da sich hier eine Entweder-oder-Frontstellung abzeichnet, die den Intentionen des Theoriemodells entgegensteht. Das wiegt umso schwerer, als sowohl beim Distant als auch Close Reading eine Häufung dieser Vorstellungen zum Ende des Untersuchungszeitraums hin festgestellt wurde.

Erstaunlich ist die geringe Ausdifferenzierung bei den Teilidentitäten. Hier wären aus Theoriesicht noch weitere Kategorien erwartbar gewesen, mindestens eine für kulturelle Identität. Darin zeigte sich auch ein Widerspruch zu den Ergebnissen des Distant Reading. Die dort gefundene gemeinsame Verwendung von „kulturell" und „Identität" findet sich im Teilkorpus kaum (nur eine Nennung) und muss demzufolge in Beiträgen außerhalb des Teilkorpus zu finden sein. Hingegen konnte die beim Distant Reading festgestellte nur geringfügige Thematisierung von Geschlechtsidentität für das Teilkorpus so nicht bestätigt werden; hier wurde diese bei immerhin vier Autor*innen (von 12) angesprochen. Auch die fehlende Thematisierung nationaler Identität im Teilkorpus verwundert, war und ist es doch ein Thema von gesellschaftlicher Relevanz und höchster Brisanz. Die geringe Thematisierung des Zusammenhangs von gesellschaftlicher Transformation und veränderten Anforderungen an die Identitätsbildung ist ebenfalls bemerkenswert, wurde es doch im Theoriekapitel als höchst bedeutsame gesellschaftliche Problematik und sozialwissenschaftliches Schwerpunktthema identifiziert.

Die wichtigste noch zu klärende Frage bleibt, ob und wo Bezugnahmen zu Identitätstheorien hergestellt werden, inwiefern also im Teilkorpus an den Identitätsdiskurs in den Sozialwissenschaften tatsächlich angeknüpft wird.

5.3.5 Bezüge zu Identitätstheorien und Theoriedefizit

Aus den Ergebnissen der strukturierenden qualitativen Inhaltsanalyse ergab sich die Frage, auf welche Weise Autor*innen den Identitätsbegriff in den Veröffentlichungen des Teilkorpus nutzen. Schließlich repräsentiert das Teilkorpus jeweils für den Erscheinungszeitraum das kanonisierte Wissen. Damit geriet die Beantwortung der Unterfrage „Welche wissenschaftlichen Bezüge können rekonstruiert werden?" in den Blick. Alle 12 (bzw. 16, wenn man die überarbeiteten Ausgaben bei Kaiser und Kahlert mitzählt) Veröffentlichungen aus dem Teilkorpus wurden deshalb dahingehend gelesen, welche direkten und indirekten Bezüge (über sekundäre Autor*innen oder solche, die aus dem Kontext heraus erkennbar werden) zu Identitätstheorien- oder Modellen zu finden sind. Die direkten Bezüge wurden über die Durchsicht der mit NVivo 12 gefundenen Textstellen mit Identitätsbezug und die Durchsicht der Literaturverzeichnisse ermittelt, die indirekten Bezüge anhand bestimmter anderer Referenzen rekonstruiert. Gleichzeitig wurde analysiert, als wie bedeutsam die Identitätsthematik in der jeweiligen Veröffentlichung zu bewerten ist. Methodisch ist dieser Analyseschritt wieder gut ins Konstrukt des Blended Reading einzuordnen, wird doch anhand von bestimmten Ergebnissen des Distant Reading in den Modus des Close Reading gewechselt, während die qualitativen Analyseschritte anhand der Ergebnisse automatischer Analyseverfahren umgesetzt werden. Die Ergebnisse finden sich in Tabelle 5.6.

Als erstes fällt die hohe Zahl von Autor*innen in den Blick, bei denene sich keine Bezüge finden ließen, die ihre Vorstellungen von Identität also im wissenschaftlichen Sinn nicht transparent machen. Das ist bemerkenswert, gelten die Einführungsbände und die Monografien doch zweifelsfrei als wissenschaftliche Literatur (als Ausnahme muss lediglich der Perspektivrahmen Sachunterricht gelten). Bei den Veröffentlichungen, in denen Identität als bedeutungslos oder höchstens randständig zu bewerten ist, bleibt die Verwendung als reines Schlagwort ohne Bezüge zum Teil verständlich, allerdings bleiben auch hier (in der zweiten Tabellenspalte) Zitate zweifelhaft, wenn mit dem Identitätsbegriff argumentiert wird oder spezifische Identitätsaspekte zur Sprache kommen. Hier ein Beispiel von Köhnlein (2012, S. 406), bei dem der Begriff „personale Identität" ohne Herstellung eines Bezuges oder nähere Erläuterung im gesamten Buch genutzt wird:

> „Lernprozesse im Sachunterricht sind, besonders im gesellschaftlichen Bereich, immer auch Sozialisationsprozesse, also ein Aufbau von personaler Identität in der Auseinandersetzung mit Lebensbedingungen und den Inhalten des Unterrichts"

Unverständlich sind das Fehlen von Referenzen und das Fehlen von Bezugsliteratur im Literaturverzeichnis bei den Veröffentlichungen, in denen Identität (eine gewisse) Bedeutung hat. Besonders Seitz (2005) ist hier zu nennen; hier ist Identität ein zentraler Begriff im Kontext der Entwicklung von Zeitbewusstsein; vermutlich geht die ans Zeitbewusstsein gebundenen Identitätsvorstellung von Seitz auf Luckmann zurück. Der Identitätsbegriff wird außerdem vergleichsweise häufig genutzt. Ihm wird auch inhaltlich eine wichtige Bedeutung zugewiesen, so auf der Zielebene von Sachunterricht oder als Grundtatsache von Entwicklung. Dennoch werden weder Bezüge zu Literatur hergestellt, die Identität begrifflich und theoretisch fassen, noch finden sich im Literaturverzeichnis Veröffentlichungen, die sich explizit daauf beziehen.

Tabelle 5.6 Referenzen zu Identitätsvorstellungen und die Bedeutung von Identität im Teilkorpus (in Klammern: Anzahl Nennungen/Prozentangaben, Anteil von Identitätsbegriffen am Gesamttext)

Keine Referenzen zu Identitätstheorien			Referenzen zu Identitätstheorien	
Keine Referenzen, kein Modell	Keine Referenzen, Vorstellungen zu Identität erkennbar		Referenzen, Modell entfaltet	
	Identität nebensächlich	Identität bedeutsam	Identität ebensächlich	Identität bedeutsam
Glumpler (1996) (4x/0,01 %)	Köhnlein (2012) (23x/0,01 %) *Wo komme ich her?; Wer bin ich?; Selbstbild gewinnen; sozial handlungsfähig sein; Selbstauslegungen*	Kaiser (1995; 2006) (12x/0,01 %) *soziale Ich-Stärke; das Ich jedes Kindes; die innerpsychischen Probleme des Zusammenlebens; Innenleben und soziales Miteinander*	Kahlert (2002; 2005; 2009; 2016) (7x/0,01 %) *Goffmann, Mead*	Schreier (1994) (27x/0,04 %) *Erikson*
Hartinger (1997) (1x/0,01 %)	2013 Gaedtke-Eckardt (5x/0,01 %) *Identität als individuelle und gesellschaftliche Konstruktion; Konstruktion in Interaktionen*	2005 Seitz (51x/0,05 %) *Erfahrung von Kontinuität über die Zeit; vielschichtig und biografisch wandelbar; Selbstgeschichtlichkeit; Beziehung zu uns selbst, unserer Vergangenheit, zu anderen und deren Lebensgeschichte*		Richter (2002) (47x/0,05 %) *Habermas*

(Fortsetzung)

Tabelle 5.6 (Fortsetzung)

Keine Referenzen zu Identitätstheorien			Referenzen zu Identitätstheorien	
Keine Referenzen, kein Modell	Keine Referenzen, Vorstellungen zu Identität erkennbar		Referenzen, Modell entfaltet	
	Identität nebensächlich	Identität bedeutsam	Identität ebensächlich	Identität bedeutsam
Ragaller (2001) (5x/0,01 %)	PRSU (GDSU, 2013) (5x/0,01 %) *Identität entsteht aus Selbst und Fremdreflexion; Identität: gemacht, aufgebaut, erfunden, gefunden*	Giest (2016) (24x/0,02 %) *Wiedererkennen im Anderen; Wer bin ich? Wohin gehöre ich? Wo finde ich Anerkennung und Akzeptanz?*		

Lediglich 3 (bzw. 6, mit überarbeiteten Neuauflagen) Veröffentlichungen zei-gen durch die Herstellung und Offenlegung von Referenzen zum Identitätsbegriff, dass dieser theoriebezogen und wissenschaftlich ernst genommen wird: Schreier (1994), Kahlert (2002; 2005; 2009; 2016) und Richter (2002). Kahlert stellt insofern einen Sonderfall dar, als dass Identität hier randständig ist. Ledig-lich einmal im Text wird auf Identität eingegangen, als mögliche Barriere für Sachlernen -in einem Abschnitt, in dem an einer konkreten Unterrichtssequenz die vielfältigen und komplexen Bedingungen von Unterricht aufgezeigt wer-den. Kahlert stellt sich über akribisch aufgeführte Referenzen trotzdem ganz selbstverständlich in eine bestimmte Theorietradition (Goffman und Mead).

Die in der dritten Spalte aufgeführten Veröffentlichungen sind dadurch cha-rakterisiert, dass sie keine Bezüge herstellen, aber Identitätsvorstellungen sichtbar und rekonstruierbar sind. Bei Köhnlein (2012) sind diese zum einen auf die eigene Lebensgeschichte bezogen, zum anderen als Selbstbilder im Kontext sozialen Austauschs interpretierbar. Bei Seitz (2005) und Kaiser (1995; 2006) sind diese trotz fehlender Bezüge als kohärent zu bezeichnen.

Für Schreier (1994) und Richter (2002) ist der Identitätsbegriff zentral und bedeutsam für die vertretene Gesamtkonzeption von Sachunterricht. Bei Schreier (1994) erwächst die grundlegende Bedeutung von Identität aus einem der drei definierten Anspruchsbereiche an den Sachunterricht (dem „Ich", dem „Wir",

dem „Es", – also Kind, Gesellschaft, Sache). Identität steht für die Selbstverwirklichung des Ich. Er bezieht sich auf das Identitätsmodell von Erikson.
Richter (2002) verwendet das Modell kommunikativen Handelns von Habermas
und übernimmt dessen Identitätsverständnis.

Um zusätzlich einen Ausblick auf die gegenwärtige Situation zu bekommen,
bot sich an, den aktuellsten Einführungsband von Hartinger und Lange-Schubert
(2017) hinzuzuziehen.[26] Er muss gesondert betrachtet werden, da er keine
Autor*innen- Monografie ist, wie die anderen Einführungsbände des Teilkorpus,
sondern ein Sammelband. Er erhebt erkennbar keinen Anspruch darauf, für
eine bestimmte Konzeption von Sachunterricht zu stehen, vereint er doch eine
große Bandbreite von Beiträgen, denen sehr unterschiedliche Vorstellungen von
Sachunterricht zugrunde liegen (z.B. zwischen Giest, Hartinger, Lange- Schubert, Pech und Kallweit). In 3 von 18 Beiträgen finden sich 19 Identitätsbegriffe,
davon 12 bei Landwehr, 4 bei Adamina und 3 bei von Reeken. Bei Adamina
finden sich keine Bezüge; Identität ist als nebensächlich zu qualifizieren. Bei von
Reeken ist der spezifisch geschichtsdidaktische Aspekt des „Identitätsbewusstseins", eine der von Pandel (2013, S. 137–150) entwickelten Teildimensionen
des Geschichtsbewusstseins, ein untergeordneter Aspekt des Beitrags.

Bei Landwehr hingegen ist Identität als wichtiger Teil- bzw. Nebenaspekt von
sexueller Bildung dargelegt. Es finden sich verschiedene inhaltliche Vorstellungen
zu Identität (Identität als Bedürfnis, Identität abhängig von Biografie, Identität als
Identifikation und/oder Abgrenzung; Geschlechtsidentität, sexuelle Identität), die
alle auf sexuelle Entwicklung bezogen sind und ein kohärentes Ganzes ergeben. Der Begriff der sexuellen Identität wurde von Sielert (2005) übernommen,
der Geschlechtsidentität und sexuelle Identität in seinem Einführungsband zur
Sexualpädagogik ohne einen Bezug zu einem allgemeinen Identitätsbegriff selbst
definiert.

Insgesamt ist für den Einführungsband von Hartinger und Lange-Schubert
(2014) somit festzustellen, dass Identität nebensächlich bleibt und lediglich im
Beitrag von Landwehr zur Sexualerziehung eine größere Bedeutung erhält. Der
Umgang mit Bezügen ist hier speziell: Bei Adamina ist Identität so nebensächlich, dass die schlagwortartige Nutzung legitim scheint; von Reeken und
Landwehr hingegen beziehen sich auf Autor*innen, die selbst keinen Bezug zu
einem generalisierten und theoriegebundenen Identitätsbegriff herstellen.

Aufgrund der Dramatik dieser Befunde stellt sich die Frage, ob der Umgang
mit Begriffen in der Sachunterrichtsdidaktik als prinzipielles Problem identifiziert

---

[26] Der 2016 erschienene Band von Giest kann nicht als Einführungsband gelten; er ist eine
Aufsatzsammlung des Autors.

werden muss oder ob er lediglich ein spezifisches Problem im Umgang mit Identität darstellt. Einführungsbände können schließlich zweifellos als repräsentativ gelten, vertreten bestimmte Konzeptionen des Fachs und werden insbesondere in Hochschulen und Seminaren viel rezipiert.

Zwischenbilanz
Mit dem Close Reading konnten einige noch offene Fragen geklärt werden. Es wurden die unterschiedlichen Identitätsvorstellungen im Sachunterrichtsdiskurs in ihrer ganzen Bandbreite beschrieben. Außerdem konnte detailliert herausgearbeitet werden, welche Themen im Sachunterricht im Kontext von Identität diskutiert wurden; zum Teil konnte auch expliziert werden, wie dies geschieht. Nicht zuletzt konnten die wissenschaftlichen Bezüge rekonstruiert werden. Auch der identitätsbezogene fachdidaktische Diskurs wurde ausdifferenziert. Allerdings muss festgehalten werden, dass die Aussagekraft der Ergebnisse für den Gesamtdiskurs im Sachunterricht als Wissenschaftsdisziplin in einigen Teilen eingeschränkt bleibt, da sich kleine Widersprüche zu den Ergebnissen des Distant Reading zeigten (z. B. bezüglich Kultur, Interkulturalität und Transkulturalität). Hierzu wird sich im Textkorpus außerhalb des Teilkorpus anderes finden lassen, Diskurspartikel, welche noch nicht in den Bereich des als gesichert geltenden Wissens Eingang gefunden haben. Bezüglich vieler anderer Aspekte ergaben sich durchaus Übereinstimmungen zwischen Distant und Close Reading. Die Aussagkraft der Ergebnisse beider Analyseschritte für den Gesamtdiskurs kann demzufolge insgesamt als sich wechselseitig bestärkend gelten.

Geklärt werden muss noch, welche Verbindungen sich zwischen Diskursteilen erkennen lassen. Zu klären ist zudem das Verhältnis der empirischen Befunde zum Theoriekonzept, also die Frage, inwieweit der über die Analysen rekonstruierte Identitätsdiskurs im Sachunterricht als den normativen Prämissen des theoretischen Modells gerecht werdend gelten kann. Im Zusammenhang mit dem in der Einleitung postulierten theoretischen Interesse ist außerdem zu diskutieren, inwieweit sich aus den empirischen Ergebnissen möglicherweise didaktischer Handlungsbedarf formulieren lässt, welche didaktischen Prämissen sich also für das Fach Sachunterricht ableiten lassen.

5.4 Diskursstränge

Einschränkend muss diesem Abschnitt vorausgeschickt werden, dass Diskursstränge in dieser Arbeit nicht umfassend untersucht wurden. Dafür wäre zusätzlich die qualitative Analyse der Einzelbeiträge des Textkorpus außerhalb des Teilkorpus (mithin die Untersuchung derjenigen Teile des Diskurses, die nicht als kanonisiertes Wissen gelten können) nötig gewesen. Der Fokus des

Close Reading lag auf der Erfassung, Kategorisierung und Ausdifferenzierung der Äußerungen bezüglich Identität im Teilkorpus (Einführungsbände u. A.,- kanonisierter Wissensbestand). Zusätzlich zum dort erfolgten Abgleich der Vorstellungen und Schlussfolgerungen zu Identität wäre eine gründliche Analyse eventueller gemeinsamer Quellen nötig. Insgesamt deuteten sich deshalb nur wenige Diskursstränge an. Zudem bleibt fraglich, ob es bei diesen Ergebnissen und im Verhältnis zum Gesamtdiskurs des Sachunterrichts als Wissenschaft überhaupt gerechtfertigt scheint, von „Strängen" und nicht eher von „Fädchen" zu sprechen.

Zum einen spielte das *Konzept des Lebenszyklus* nach Eriksson (vgl. Abschnitt 2.3.1), insbesondere die dritte Stufe (Werksinn vs. Minderwertigkeit) am Anfang des Untersuchungszeitraums ein (kleine) Rolle, wie es sich in den jahresbezogenen Kookkurrenzen zeigte (vgl. Kookkurrenzen für 1997). Bei Schreier (1994) ist dieses Konzept ganz zentral; die Ergebnisse des Distant Reading zeigen, dass es vereinzelt weiterverfolgt wurde, so am Rande bei Kaiser (1995) und bei Möller und Tenberge (1997). Richter (2002) bespricht das Konzept von Schreier zwar recht ausführlich im Kapitel zur historischen Entwicklung des Sachunterrichts, nimmt in ihrer eigenen Konzeption von Sachunterricht aber keinen Bezug darauf. Gebauer et. al (2008) und Siebach (2016) schließen ebenfalls an die Vorstellungen von Erikson an.

Wie die Analyse der jahresbezogenen Kookkurrenzen zeigte, gab es etwa in der Mitte des Untersuchungszeitraums, zwischen 2001 und 2008, eine auffällige *Häufung von kulturbezogenen Begriffen* im Kontext von interkulturellem Lernen und transkultureller Bildung (vgl. Abschnitt 5.2.5). Stellvertretend sei hier der Beitrag von Hauenschild (2005) genannt. Dieser Diskursstrang scheint aber nach 2005 schwächer geworden zu sein, auch wenn vereinzelte Beiträge wie die beiden Handbucharatikel von Speck-Hamdan (2007; 2015) zu kulturellen Differenzen weiterhin zu finden sind. Interessant ist, dass der aktuellere und von Hauenschild sehr gut begründete Begriff der transkulturellen Bildung[27] keinen Eingang in die beiden Ausgaben des *Handbuchs Didaktik des Sachunterrichts* (2007; 2015) gefunden hat. Hier dominieren weiterhin im Diskurs die Begriffe interkulturelle Bildung (Dühlmeier & Sandfuchs 2007; 2015) oder kulturelle Differenzen (Speck-Hamdan 2007; 2015). Im jüngsten Einführungsband für den Sachunterricht (Hartinger & Lange-Schubert, 2017) fehlt der Aspekt der transkulturellen oder interkulturellen Bildung gänzlich.[28]

---

[27] Das Konzept der transkulturellen Bildung im Sinne Hauenschilds (2005) passt sehr gut zum Modell der Identitätsentwicklung, da im Fokus die Vereinbarkeit und Normalität von Mehrfachidentifikationen stehen und Abgrenzungen relativiert werden.

[28] Im Artikel von Richter (2017, *Sozialwissenschaftliches Lehren und Lernen*) wird kulturelle Vielfalt zwar am Rande erwähnt, die Begriffe Interkulturalität oder Transkulturalität werden aber nicht genutzt und Identitätsbezüge finden sich ebenfalls keine.

Ein weiterer und recht umfangreicher Diskursstrang ist mit dem *Begriffspaar Alterität/Identität* verbunden. Diese Begriffe stammen aus der Geschichtsdidaktik und durchziehen nahezu alle Veröffentlichungen zum historischen Lernen und beziehen sich ursprünglich immer – ob mit oder ohne offengelegter Referenz – auf das Konzept eines in verschiedene Dimensionen substrukturierten Geschichtsbewusstseins, welches Pandel (1987) erstmalig in einem Artikel entfaltete. In der Kookkurrenzanalyse ist Alterität der am höchsten gelistete Begriff. Er taucht auch bei den wichtigsten Begriffen der Similaritätsanalyse auf und in den jahresbezogenen Kookkurrenzen zu Identität dominiert dieser Begriff seit 2013.

Stark eingeschränkt kann auch von einem *Heimat-Diskursstrang* innerhalb des Identitätsdiskurses im Sachunterricht gesprochen werden. Mit dem Jahresband 2002 (*Die Welt zur Heimat machen*) wurde ein Cluster dieses Identitätsaspekts identifiziert. Vereinzelt wurde er aber auch sonst im Diskursverlauf thematisiert, so von Hinrichs (2004) und Giest (2009).

Ob von einem Diskursstrang die Rede sein kann, der die *Identitätspotentiale von Dingen und Sachen*, mithin eine Extended Identity thematisiert, bleibt mehr als fraglich. Schreier (1994) thematisiert sie; auch bei Gaedke-Eckardt (2013) findet sich dazu eine Referenz. In Beiträgen zum Sammeln und Ordnen wären Bezüge zu einem Konzept von Extended Identity eigentlich erwartbar, in den Ergebnissen des Distant Reading fanden sich allerdings keinerlei Hinweise darauf.

5.5 Analytische Kritik – Der Sachunterricht und die Problematik der Identität

Didaktik ist stets stark normativ geprägt, ist ihr Kernanliegen doch die Verbesserung von Unterricht. Die in den Theoriekapiteln herausgearbeitete und in Abschnitt 4.6 zusammengefassten Kriterien können als normativer Maßstab für die didaktische Konzipierung eines identitätssensiblen Sachunterrichts gelten, das heißt für einen Unterricht, der die Identitätsproblematiken der Schüler*innen berücksichtigt. Damit können Sie auch als Kriterien zur Bewertung des Identitätsdiskurses in der Sachunterrichtsdidaktik herangezogen werden, sollte in diesem Diskurs doch die angesprochene Konzipierung eines identitätssensiblen Unterrichts vorbereitet und grundgelegt werden.

Dieser abschließende Analyseschritt, die analytischen Kritik des Identitätsdiskurses im Sachunterricht (vgl. Abschnitt 5.1.2) fragt danach, inwieweit der bisher analysierte Diskurs den formulierten normativen Vorstellungen gerecht wird und qualifiziert diesen dadurch noch einmal aus einer anderen Perspektive.

Die vier in Abschnitt 4.6. formulierten Kriterien wurden aufgrund der Ergebnisse des Abschnitts 5.3 (Ergebnisse des Close Reading. Strukturierende qualitative Inhaltsanalyse), insbesondere zum festgestellten Theoriedefizit, um zwei zusätzliche Kriterien ergänzt, zum einen zur *Herstellung von Bezügen*, zum anderen zur *Konsistenz der Identitätsvorstellungen innerhalb von Veröffentlichungen.* Diese nunmehr sechs Kriterien waren für die Bewertung des Identitätsdiskurses in der Sachunterrichtsdidaktik anzuwenden:

1. Identitätsentwicklung wird als eine zentrale Herausforderung von Bildung im Sachunterricht verstanden.
2. Identitätsentwicklung wird in Hinblick auf den beschleunigten gesellschaftlichen Wandel diskutiert.
3. Es werden Bezüge zu jeweils aktuellen Identitätsmodellen hergestellt.
4. Innerhalb einzelner Veröffentlichungen findet ein konsistenter Identitätsbegriff Verwendung.
5. Identitätsentwicklung wird als eine übergreifende Bildungsaufgabe des Sachunterrichts verstanden, die unterschiedliche Teilbereiche, Perspektiven und Themen betrifft, z. B. die
   o Entwicklung von Zeitbewusstsein
   o Entwicklung von Geschichtsbewusstsein
   o Raumbezogene Bildung
   o Interkulturelle/transkulturelle Bildung
   o Geschlechts-/genderbezogene Bildung
   o Sexuelle Bildung
   o Medienbildung
   o Ästhetische Bildung im Sachunterricht
   o Identifikationen mit Inhalten, Themen und Tätigkeiten
   o Sach- und tätigkeitsbezogene Selbstreflexionen
   o Soziale Aushandlungsprozesse
6. Der Identitätsbegriff wird dem emanzipatorischen Bildungsverständnis entsprechend verwendet. Er sollte
   o ein dynamisches und nichtessentialistisches Verständnis beinhalten,
   o hinreichend ausdifferenzierbar sein,
   o Mehrfachidentifikationen zulassen,
   o auf ein möglichst weitgehendes Erleben von Zugehörigkeit und die Verhinderung von Ausgrenzung zielen,
   o Kohärenzerleben in den Blick nehmen und
   o Identitätsgenese als Wechselspiel von Selbst- und Fremderfahrungen fassen.

Diese Kriterien wurden zunächst exemplarisch an das Teilkorpus herangetragen, um ein differenziertes Bild zu gewinnen und den Blick auf jene Veröffentlichungen zu richten, die im Studium des Fachs Sachunterricht und in der Ausbildung in Studienseminaren bedeutsam waren bzw. sind und die als Repräsentanten kanonisierten Wissens im Sachunterricht gelten können. Anschließend wurden die Kriterien auch noch kursorisch auf den Gesamtdiskurs angewendet.

5.5.1   Analytische Kritik des Teilkorpus

Kriterium 1: Identitätsentwicklung als zentrale Herausforderung

Wie aufgezeigt, spielt die Identitätsthematik im Sinne des ersten Kriteriums lediglich in 6 (von 18) Veröffentlichungen im Teilkorpus eine gewichtige Rolle (Schreier, 1994; Kaiser, 1995; 2006; Richter, 2002; Seitz, 2005; Giest, 2016). Für Giest (2016) muss dies allerdings sogleich relativiert werden, da Identität nur in 3 von 39 Beiträgen des Buchs diskutiert wird und Identitätsbegriffe insgesamt selten verwendet werden. Andererseits gibt es in den drei Beiträgen Textstellen, die Identität eine große Bedeutung zuweisen, etwa: „Das Bedürfnis nach Identität ist zentral für die Persönlichkeitsentwicklung" (Giest, 2016, S. 53). Oder: als grundlegende menschliche Bedürfnisse „sind zu nennen: das Erleben von Kompetenz, Autonomie/Selbstbestimmung, soziale Eingebundenheit und Identitätserleben – kurz, die Möglichkeit des Menschen, als Mensch und individuelle Persönlichkeit sein Leben gemeinsam mit seinen Mitmenschen zu gestalten" (ebd., S. 335). Für Giest (2016) bleibt festzuhalten, dass Identitätsentwicklung zwar punktuell als bedeutsam postuliert wird, aber mit Blick auf die gesamte Veröffentlichung doch keine besonders große Rolle spielt.

Ein teilweise ähnliches Bild zeigen die beiden Einführungsbände von Kaiser (1995; 2006). Auch hier wird Identitätsentwicklung in vereinzelten Textpassagen als sehr bedeutsam dargestellt:

> Das Bedürfnis nach Identität jedes einzelnen Kindes in einer sich rapide verändernden Welt sollte oberste Priorität in den didaktischen Entscheidungen erlangen. Das Ich jedes Kindes, die innerpsychischen Probleme des Zusammenlebens sind zentrale Inhalte eines zeitgemäßen Unterrichts. (Kaiser, 1995, S. 111; 2006, S. 132)

Insgesamt aber fanden sich nur wenige Textstellen mit Identitätsbezug. Zur Bedeutsamkeit der Identitätsentwicklung im Sachunterricht fanden sich kaum argumentative Textstellen, die als Diskussion gelten könnten; hier wird eher postuliert als argumentiert.

Es blieben die Veröffentlichungen von Schreier (1994), Richter (2002) und Seitz (2005), bei denen sowohl quantitativ als auch inhaltlich uneingeschränkt festzustellen ist, dass Identitätsentwicklung als wichtige Herausforderung herausgearbeitet wurde. Sie werden daher dem ersten der genannten Kriterien gerecht.

Kriterium 2:   *Gesellschaftlicher Wandel und Identitätsentwicklung*

Gesellschaftliche Transformation wird nur selten gemeinsam mit Identität diskutiert, was daran liegen kann, dass gesellschaftliche Transformation insgesamt selten thematisiert wird (vgl. Abschnitt 5.3.3).

Bei Schreier (1994, S. 64) wird der Zusammenhang als Defizit bei den in Bezug auf Identitätsentwicklung nötigen Erfahrungsmöglichkeiten angesprochen:

> In der veränderten gesellschaftlichen Situation, in der die einschlägigen Erfahrungen der Kinder zu Hause nicht länger als gesichert vorausgesetzt werden können, ist es nicht nur legitim, die entstandenen Erfahrungslücken auszugleichen, sondern unter der Perspektive des Identitätsgewinns, wie sie von Erikson völlig plausibel entwickelt worden ist, sogar didaktisch konsequent.

Der Zusammenhang von Identitätsentwicklung und gesellschaftlicher Transformation wird hier also in einem sehr engen Kontext diskutiert. Die großen Zusammenhänge zwischen einer sich permanent und beschleunigt verändernden Gesellschaft und sich verändernden Gegebenheiten der Identitätsentwicklung sind kein Gegenstand dieses Einführungsbandes, was allerdings für das hier entfaltete didaktische Modell vor dem Hintergrund von Eriksons Identitätsmodell auch nicht notwendig erscheint. Fragwürdig ist daher eher die ausschließliche Bezugnahme auf Erikson, die die didaktische Diskussion vieler Aspekte gegenwärtiger Identitätsentwicklung im Sachunterricht auszuschließen scheint.

Richter (2002) hingegen thematisiert den Zusammenhang von Identität und gesellschaftlichem Wandel breit und mehrfach, so auf S. 98: „Des Weiteren sind Zeitdiagnosen auch für diesen Bereich wichtig. Beispielsweise werden seit Becks Risikogesellschaft zunehmende Prozesse der Individualisierung festgestellt [...]"

Dem zweiten Kriterium werden nur Schreier (1994) teilweise und Richter (2002) gerecht. Es fällt ins Auge, dass dieselben Autor*innen schon das erste Kriterium erfüllen.

Kriterium 3:   *Aktuelle wissenschaftliche Bezüge*

Welche Texte auf aktuelle Identitätsmodelle zurückgreifen, hat bereits Tabelle 5.6 zusammengefasst: Nur Schreier (1994), Richter (2002) und Kahlert (2002; 2005;

2009; 2016) stellen zweifelsfrei wissenschaftliche Bezüge her, wenn von Identität die Rede ist.

Kahlert ist ein interessanter Fall, da Identität bei ihm als nebensächlich zu bezeichnen ist, er aber mit Mead und Goffman gleich an zwei interaktionistische Identitätsmodelle anschließt.

Schreier (1994) bezieht sich auf das Identitätsmodell von Erikson. Kritisieren könnte man hier, dass er sich ausschließlich auf Erikson bezieht, zumal zu diesem Zeitpunkt auch schon andere Modelle (z. B. Krappmann und Goffman) zur Verfügung standen. Andererseits zeigt sich, dass Schreier mit dem eriksonschen Modell sehr vertraut ist und er über verschiedene didaktische Ebenen (von der konzeptionellen Ebene bis zur methodisch-unterrichtspraktischen) hinweg konsistent argumentiert.

Richter (2002) bezieht sich auf das Identitätsmodell von Habermas (1981), der sich seinerseits auf Goffman bezieht, und kann damit als aktuell gelten, da das Modell von Keupp, welches die vorhandenen Identitätsmodelle am stärksten integriert und zudem empirisch entwickelt wurde, erst 1999, also kurz vor dem Erscheinen von Richters Einführungsband, veröffentlicht wurde.

Wiederum zeigten sich Schreiers und Richters Einführungsbände bei diesem Kriterium als passfähig zum normativen Modell der Identitätsarbeit im Sachunterricht, wenn auch im Falle Schreiers nicht ganz uneingeschränkt.

Kriterium 4:   Konsistenter Identitätsbegriff

Bei Schreier (1994) und Richter (2002) kann durch die Referenzen Erikson bzw. Habermas und eine kohärente Argumentation uneingeschränkt von einem konsistenten Identitätsbegriff gesprochen werden. Auch bei Kahlert ist klar, dass mit Identität das sozial konstruierte Ergebnis eines inneren Zuordnungsvorgangs oder „Sortierungsvorgangs" (Kahlert, 2002, S. 37) gemeint ist. Kaiser (1995; 2006), ohne wissenschaftliche Bezüge, versteht unter Identität eine nicht näher ausgeführte Melange aus „Innenleben und sozialem Miteinander" (1995, S. 111), ein sowohl sozial wie auch psychisch determiniertes Phänomen, welches aber nirgends definiert oder argumentativ begründet wird. Auch bei Giest (2016) ist ein gänzlich schlüssiges Konzept von Identität (auch aufgrund fehlender wissenschaftlicher Bezüge) nur schwer auszumachen, sie entsteht für ihn aber in jedem Fall sozial und hat mit der Anerkennung Anderer zu tun: „Identität bedeutet das Wiedererkennen eigener Auffassungen und Werte, Vorstellungen und Urteile beim Anderen" (ebd., S. 45) und „Jeder Mensch braucht Identität, er möchte wissen, wer er ist, wohin er gehört, wo er Anerkennung und Akzeptanz findet" (ebd., S. 52).

Bei Seitz (2005), die ebenfalls keine wissenschaftlichen Bezüge zu Identität herstellt, wird trotzdem ein konsistentes Verständnis von Identität erkennbar. Hier ist sie als zeitabhängiges Phänomen beschrieben; als das, was Kohärenz über die Zeit erst möglich macht. Diskutiert wird das z. B. an der Negation. Wenn es kein Zeitbewusstsein gibt, dann ist auch keine Identität möglich:

> Das Verfolgen einer Bewegung erfordert demnach eine Integration der Dimensionen von Zeit und Raum, die neurologisch dem Hippocampus (Struktur im Limbischen System) zugeordnet wird. [...] Ohne die Fähigkeit hierzu erschiene uns ein Gegenstand erst an einem und anschließend an einem anderen Punkt, wir könnten aber keine Verbindung zwischen beiden Eindrücken herstellen. Akausalität und Identitätsverlust wäre die Folge. (ebd., S. 18)

An andere Stelle heißt es: „Die Entwicklung des Zeitbewusstseins wird dabei mit dem Biografiebewusstsein verknüpft und somit in enger Wechselbeziehung zur Identitätsentwicklung betrachtet" (ebd., S. 63 f.). Seitz Vorstellungen von Identität sind als nahe den Überlegungen Thomas Luckmanns zu Identität einzuordnen, ohne dass Bezüge hergestellt werden.

Auch Gaedtke-Eckardt (2013) stellt keine wissenschaftlichen Bezüge her, wenn es um Identität geht. Ihr aus den Textstellen hervorgehendes Identitätsverständnis kann als konstruktivistisch bezeichnet werden:

> Geschlecht wird als gesellschaftliche Klassifizierungskategorie verstanden, die die Herstellung von sozialen Positionierungen anhand von Geschlecht beschreibt und die in alltäglichen Interaktionen (doing gender) immer wieder hergestellt wird [...]. Kinder werden in ihrer Identitätsentwicklung durch Männlichkeits- oder Weiblichkeitsstereotype unangemessen beeinflusst. (ebd., S. 222)

Bei Köhnlein (2012), ebenfalls ohne wissenschaftliche Bezüge zu Identität, taucht der Begriff in vielen Begründungszusammenhängen auf. Es zeigt sich aber keine konsistente Vorstellung von Identität, sondern vielmehr eine relativ bunte Vielfalt dargelegter Identitätsverständnisse. Der Begriff „Identität" wird nicht abgegrenzt von „Persönlichkeit", aber die beiden Begriffe werden auch nicht systematisch als Synonyme verwendet.

Ohne Einschränkungen werden wiederum vor allem Schreier (1994) und Richter (2002) dem vierten Kriterium gerecht; aber auch Kahlert (2002; 2005; 2009; 2016) muss hier genannt werden. Bei Seitz (2005) fallen trotz des konsistenten Identitätsverständnisses die fehlenden wissenschaftlichen Bezüge ins Gewicht.

Kriterium 5:   Übergreifende Bildungsaufgabe

Schreier (1994) stellt die Entwicklung des Werksinns nach Erikson in den Mittelpunkt seiner Argumentation zu Identität. Aus dieser Perspektive werden die Aufgaben des Sachunterrichts zur Identität recht breit diskutiert. Allerdings schließt die Fokussierung auf den Werksinn bestimmte wichtige Identitätsaspekte aus. Anteile an der Entwicklung von Werksinn im Verständnis Eriksons konnten nur in den letzten vier Anstrichen des Kriterienkatalogs (ästhetische Bildung, Identifikationen mit Inhalten, Themen und Tätigkeiten, sach- und tätigkeitsbezogene Selbstreflexionen, soziale Aushandlungsprozesse) identifiziert werden.

Richter (2002) diskutiert Identität sehr vielfältig und argumentiert bezüglich zahlreicher Aspekte durchaus konkret. So thematisiert sie beispielsweise bezüglich historischer Bildung Identitätsbewusstsein. Auch Nachhaltigkeit wird in Beziehung zur Identität gesetzt: „[...] Förderung eines Bewusstseins für Nachhaltigkeit, indem [...] regionale und lokale Identität betont wird" (ebd., S. 145). Aber auch Aspekte wie Geschlechtsidentität und sexuelle Identität, Körperidentität und kulturelle Identität werden thematisiert, über den Aspekt der Biografie klingt auch Zeitbewusstsein an, allerdings ohne direkt diskutiert zu werden.

Bei Kaiser (1995; 2006) findet sich folgender Schlüsselsatz: „Denn nur wenn wir mehr über das konkrete Denken und Fühlen der Kinder wissen, können wir auch die identitätsstiftenden didaktischen Momente finden" (1995, S. 126). Das wirkt erst einmal sehr umfassend und übergreifend gedacht. Da zu Identität keine wissenschaftlichen Bezüge hergestellt werden, bleibt der Topos „identitätsstiftende didaktische Momente" allerdings vage und wird -auch nicht exemplarisch- nicht näher bestimmt.

Kahlert (2002; 2005; 2009; 2016) thematisiert Identität lediglich im Kontext von Geschlecht und Gender sowie, ein klein wenig allgemeiner, als zu berücksichtigendes Hindernis beim Sachlernen:

> [Dadurch] sah der Junge plötzlich seine Selbstdefinition von Männlichkeit gefährdet. [...] Man mag diese Vorstellungen für ein Relikt falscher Männlichkeitsansprüche halten, doch das ändert nichts daran, dass sie wirken und die Wahrnehmung und das Handeln dieses Kindes beeinflussen. Lehrerinnen und Lehrer bleiben mit ihren Lernangeboten im Sachunterricht erfolglos, wenn sie in der alltäglichen Unterrichtspraxis zu wenig berücksichtigen, wie Schülerinnen und Schüler erleben, sehen, beurteilen und handeln. (Kahlert, 2002, S. 36 f.)

Auch Seitz (2002) ist stark auf einen einzelnen Aspekt von Identität fokussiert, auf den Zusammenhang von Identitätsentwicklung und der Entwicklung von Zeitbewusstsein. Außerdem spielt Körperidentität ein gewisse (meist auf biografische Veränderungen bezogene) Rolle und Geschlechtsidentität wird angesprochen.

Bei Köhnlein (2012) wiederum gibt es eine gewisse Bandbreite an Themen, die bezüglich Identität thematisiert werden (Biografie, Interessenförderung, Geschichte, Räume, Medienbildung). Auch aufgrund der schon diskutierten Vielfalt der Identitätsvorstellungen und der nicht vorhandenen Abgrenzung vom Begriff der Persönlichkeitsentwicklung bleibt unklar, inwieweit Identitätsbildung als übergreifende Bildungsaufgabe verstanden wird und inwiefern die angesprochenen Bereiche tatsächlich als Teilaspekte dieser Aufgabe verstanden werden, zumal die identitätsbezogenen Textstellen insgesamt rar sind.

Auch für Gaedtke-Eckardt (2013) ergab sich ein ähnlicher Befund. Auch hier werden unterschiedliche Aspekte bezüglich Identität thematisiert (Geschlecht, ästhetische Bildung, Biografie), allerdings liegt hier deutlich erkennbar ein konstruktivistisches Identitätsverständnis vor. Andererseits fiel ebenfalls ins Gewicht, dass keine Bezüge hergestellt werden und somit das übergreifende Verständnis fraglich bleibt, zumal Textstellen mit Identitätsbezug insgesamt auch hier selten sind.

Bei Giest (2016) blieb fraglich, ob von einer übergreifenden Thematisierung gesprochen werden kann, da Identität nur bezüglich Heimat und Gesundheitsbildung (und ganz kurz im Kontext von inklusiver Bildung) sowie isoliert voneinander zur Sprache kommt.

Im Einführungsband von Hartinger und Lange-Schubert (2014) kann gleichfalls nicht von Identität als übergreifender Bildungsaufgabe die Rede sein, da zum einen kein bestimmtes Konzept von Sachunterricht hinter der Vielfalt der Artikel erkennbar ist. Zum anderen wird hier Identität lediglich bezüglich sexueller Bildung (Landwehr) als bedeutsam diskutiert und findet in den Artikeln zum historischen Lernen (von Reeken) und zum geografischen Lernen (Adamina) lediglich als Schlagwort Verwendung.

Im Perspektivrahmen Sachunterricht (GDSU, 2013, S. 9) wird zunächst ein bezüglich Identität umfassendes Bildungsverständnis postuliert: „Bildung betrachten wir als ein die Identität eines Menschen in zentraler Weise konstituierendes Merkmal." Konkret wird dies allerdings lediglich für historische und geografische Bildung sowie in Verbindung mit Heimat thematisiert, dort allenfalls schlagwortartig, beispielsweise auf S. 47:

Eine elementare geographische Bildung führt Grundschülerinnen und -schüler [...]
zur Begegnung, Erschließung und Auseinandersetzung mit Fragen [...], wie Identität, Vertrautheit, räumliche und soziale Orientierung, „Heimat" gemacht, aufgebaut,
erfunden und gefunden werden kann, wo Menschen Verhaltenssicherheit erfahren mit
Dingen, Verhältnissen und Personen.

Für das fünfte Kriterium kann somit festgestellt werden, dass diesem wieder
der Einführungsband von Richter (2002) gerecht wird; bei anderen Veröffentlichungen blieb das fraglich (Schreier, 1994; Kaiser, 1995; 2006; Köhnlein, 2012;
GDSU, 2013; Gaedtke-Eckardt, 2013; Giest, 2016).

*Kriterium 6:   Identitätsbegriff entspricht dem emanzipatorischen Bildungsver-
ständnis*

Schreier (1994) argumentiert insgesamt aus einem emanzipatorischen Grundim-
puls („Der Anspruch des Individuums auf Selbstverwirklichung", S. 41). Sein
Bezug zu Eriksons Modell ist auf die Entwicklung von Werksinn orientiert; dieser wird als altersbezogene Entwicklungsaufgabe und damit in einen dynamischen
Entwicklungsverlauf eingebunden gesehen. Im Kontext von schulischen Erfahrungen ist Identität bei Schreier sozial konstituiert, allerdings ist der Fokus im Sinne
von Erikson eher als psychologisch zu bezeichnen (Identitätsentwicklung durch
Selbsterfahrung). Auch hier zeigten sich die Einschränkungen durch den aus-
schließlichen Bezug zu Erikson; so fanden sich keine Hinweise auf den auch im
schulischen Kontext für viele Schüler*innen problematischen Aspekt von Zugehörigkeit und Ausgrenzung und den sozialen Prozess der Identitätsentwicklung
im Wechselspiel von Selbst- und Fremdbildern.

Auch Kaiser (1995; 2006) zeigt zweifellos ein emanzipatorisches Bildungsverständnis, auch wenn nicht explizit darauf verwiesen wird. In den Referenzen
mit Identitätsbezug deutete sich ein sozial konstituiertes Identitätsverständnis an.
Doch all dies blieb fraglich und ungefähr, da keine wissenschaftlichen Referenzen
erkennbar waren.

Richter (2002) bezieht sich in ihrem Bildungsverständnis explizit auf Emanzi-
pationsbedürfnisse (S. 109); diese spielen für ihren Identitätsbegriff eine zentrale
Rolle. Identität ist dynamisch und sozial konstituiert; der Aspekt der Selbst- und
Fremdwahrnehmung wird angedeutet:

> Hier ist wesentlich die Lebensweltstruktur der Persönlichkeit angesprochen, die Iden-
> titätsbildung. Im Zusammenhang mit der eigenen Lebensgeschichte beeinflusst der
> Leib auch die sozialen Beziehungen und damit die Entwicklung von Sozialkompeten-
> zen, indem er ein Geschlecht und weitere äußere Merkmale hat, die auch von Anderen
> interpretiert werden. (ebd., S. 182)

Wichtig in Richters Identitätsverständnis ist Zugehörigkeit und Abgrenzung; diese Aspekte werden problematisiert, reflektiert und in den Kontext heutiger (emanzipatorischer) Bildungsziele gestellt:

> Eigenheit und Fremdheit werden als Zusammenspiel sich wechselseitig hervorrufender Kontrastierungen interpretiert. Diese Sichtweise, die eine Dauerreflexion des Fremderlebens beinhaltet, ist wichtig zur geglückten Konstitution von Identität – und entspricht daher heutigen Bildungszielen der (inter-)kulturellen Bildung, der Eine-Welt- oder Geschlechtererziehung, die Spannungsverhältnisse zwischen Gleichheit und Differenz aufgreifen und methodisch den Perspektivenwechsel propagieren. (ebd., S. 172)

Auch Seitz (2005) ließ sich schon anhand ihres Inklusionsbezugs im Kontext emanzipatorischer Bildung verorten. Durch den Fokus auf Zeitbewusstsein liegt ein prozesshaftes Identitätsverständnis vor, auch das Erleben von Kohärenz ist deshalb hier bedeutsam. Andere Identitätsaspekte werden allerdings aufgrund dieser Fokussierung nicht angesprochen.

Eine explizite Verortung im emanzipatorischen Bildungsverständnis nimmt Giest (2016) nicht vor, auch wenn dem vieles nicht widerspricht. Er verwendet im Kapitel zu „Heimat" einen zwar nicht unreflektierten, aber möglicherweise doch unterkomplexen Heimatbegriff im Zusammenhang mit Identität. Giest wählt eben nicht den für die Bedürfnisse einer heterogenen Schüler*innenschaft passenderen Begriff der „Beheimatung" nach Mitzscherlich (1996), obwohl dieser deutlich besser geeignet wäre, „das friedliche und zivile Zusammenleben in einer kulturell pluralisierten Gesellschaft [zu] gewährleisten, ohne durch ethnozentrische Vorgaben zu einer sozialen und kulturellen Fragmentierung [...] beizutragen" (ebd., S. 48). Das Konfliktpotential des Heimatdiskurses im Kontext von Zugehörigkeit und Abgrenzung wird so zwar angesprochen, aber unterkomplex problematisiert.

Andererseits zeigt sich im Inklusionskapitel ein sozial konstituiertes Identitätsverständnis, welches auf die Teilhabe aller zielt: „Identität bedeutet das Wiedererkennen eigener Auffassungen und Werte, Vorstellungen und Urteile beim Anderen. [...] Jede künstlich erzeugte Homogenität in der Schülerschaft würde einem solchen Bildungsverständnis widersprechen" (ebd., S. 52). Außerdem wird im Kapitel zu Gesundheitserziehung auf grundlegende soziale Bedürfnisse im Kontext von Identitätsentwicklung eingegangen (vgl. ebd., S. 335).

Es bleibt also festzuhalten, dass wiederum lediglich bei Richter (2002) wesentliche Teile der für das Kriterium 6 ausformulierten Aspekte berücksichtigt sind. Bei Schreier (1994) setzt die Fokussierung auf das Konzept der Entwicklung von Werksinn nach Erikson Grenzen, bei Seitz (2005) der Fokus auf Zeitbewusstsein. Bei allen anderen Veröffentlichungen des Teilkorpus war wegen der geringen oder unklaren Bedeutung des Identitätsthemas nur wenig Bezug zu den im Kriterium 6 formulierten Aspekten festzustellen. Tabelle 5.7 gibt ein einen Überblick über alle untersuchten Einführungsbände.

Tabelle 5.7 Analytische Kritik: Übersicht über die Einführungsbände

	Kriterium 1 Identitätsentwicklung zentral	Kriterium 2 Gesellschaftlicher Wandel & Identitätsentwicklung	Kriterium 3 Aktuelle wissenschaftliche Bezüge	Kriterium 4 Konsistenter Identitätsbegriff	Kriterium 5 Übergreifende Bildungsaufgabe	Kriterium 6 Identitätsbegriff entspricht emanzipatorischem Bildungsverständnis
Schreier (1994)	Zentrales Anliegen	Zentral thematisiert	Bezüge hergestellt	Liegt vor	fraglich	Ja, aber thematisch eingeschränkt
Richter (2002)	Zentrales Anliegen	Zentral thematisiert	Bezüge hergestellt	Liegt vor	thematisiert	Ja, in vielen Aspekten
Kahlert (2002; 2005; 2009; 2016)	Kein zentrales Anliegen	Nicht thematisiert	Bezüge hergestellt	Liegt vor	Nicht thematisiert	Identität kein zentrales Anliegen
Seitz (2005)	Zentrales Anliegen	Nicht thematisiert	Keine Bezüge	Erkennbar mit Einschränkung	Nicht thematisiert	Ja, aber thematisch eingeschränkt
Kaiser (1995; 2006)	unklar	Nicht thematisiert	Keine Bezüge	Nicht zu klären	fraglich	Nicht zu klären
Köhnlein (2012)	unklar	Nicht thematisiert	Keine Bezüge	Nicht erkennbar	fraglich	Nicht zu klären
Gaedtke-Eckardt (2013)	unklar	Nicht thematisiert	Keine Bezüge	Nicht erkennbar	fraglich	Nicht zu klären
Glumpler (1996)	Kein zentrales Anliegen	Nicht thematisiert	Keine Bezüge	Nicht erkennbar	Nicht thematisiert	Kein zentrales Anliegen
Hartinger (1997)	Kein zentrales Anliegen	Nicht thematisiert	Keine Bezüge	Nicht erkennbar	Nicht thematisiert	Kein zentrales Anliegen
Ragaller (2001)	Kein zentrales Anliegen	Nicht thematisiert	Keine Bezüge	Nicht erkennbar	Nicht thematisiert	Kein zentrales Anliegen
Beck & Rauterberg (2005)[52]	Nicht thematisiert	Nicht thematisiert	Nicht thematisiert	Nicht thematisiert	Nicht thematisiert	Nicht thematisiert
Hartinger & Lange-Schubert (2014)	Kein zentrales Anliegen	unklar	Keine Bezüge	Nicht zu klären	Nicht thematisiert	Kein zentrales Anliegen
Giest (2016)	unklar	unklar	Keine Bezüge	Nicht zu klären	Nicht thematisiert	Nicht zu klären

[1]In diesem Einführungsband fanden sich keine Identitätsbegriffe (oder Synonyme); er wurde der Vollständigkeit halber aber mit dargestellt.

Für das Teilkorpus, das mit den Einführungsbänden und den beiden Varianten des Perspektivrahmens für den Sachunterricht (und anderen für die Entwicklung des Sachunterrichts bedeutsamen Monografien) das bereichsspezifische kanonisierte Wissen repräsentiert, konnte nun eingeschätzt werden, wie dieser in seiner Gesamtheit bezüglich der aufgestellten Kriterien einzuschätzen ist.

Es kann festgehalten werden, dass das Teilkorpus den Kriterien, die sich aus dem Theoriemodell ergeben, trotz positiver Beispiele am Beginn des Untersuchungszeitraums nicht gerecht wird. Besonders schwer wog, dass in der zweiten Hälfte und am Ende des Untersuchungszeitraums gar keine Monografien mehr zu finden waren, die nach dem Theoriemodell als angemessen einzuschätzen sind.

5.5.2 Analytische Kritik des Gesamtdiskurses

Abschließend galt es, den Gesamtdiskurs zu Identität im Sachunterricht zu bewerten. Dies geschah unter Hinzuziehung der Ergebnisse des Distant Reading, der Ergebnisse des Close Reading und zusätzlich einiger Stichproben aus einzelnen Veröffentlichungen des Textkorpus außerhalb des Teilkorpus.

Für *Kriterium 1* (Identitätsentwicklung wird als eine zentrale Herausforderung von Bildung im Sachunterricht verstanden) war mit Blick auf die Ergebnisse der Frequenzanalyse zunächst rein quantitativ festzustellen, dass Identitätsbegriffe nicht als gänzlich unbedeutend zu bewerten sind, aber auch nicht zu den häufigsten Begriffen im Dateikorpus gehören. Es ist zwar grundsätzlich kein direkter Zusammenhang zwischen der Quantität der Nennungen und der inhaltlichen Bedeutsamkeit herzustellen, die Häufigkeit zeigt aber, ob ein Thema viele bewegt und wie sich das Thema über die Zeit entwickelt. Die Häufigkeit vermittelt zumindest einen Eindruck, ob es eine wiederkehrende, breit geführte Debatte gibt. Geringe Zahlen deuten eher auf eine untergeordnete Bedeutung hin; hohe Zahlen können zumindest als Hinweis auf Relevanz gelesen werden. Bei der Betrachtung der mit Hilfe von NVivo 12 für das Teilkorpus ermittelten quantitativen Daten (Nennungszahlen und prozentuale Abdeckungsraten: Anteil von Identitätsbegriffen am Gesamttext) für Identitätsbegriffe fiel ausnahmslos auf, dass die Veröffentlichungen, bei denen eine aus qualitativer Sicht große Bedeutsamkeit des Identitätsthemas festzustellen war, auch höhere Werte aufwiesen (vgl. Tabelle 5.6 Abschnitt 5.3.5).

Identitätsbegriffe traten in lediglich 18 % der untersuchten Veröffentlichungen des Dateikorpus auf. Außerdem fiel auf, dass knapp die Hälfte dieser Beiträge nur eine einzelne Nennung oder eine prozentuale Abdeckungsrate von unter 0,01 % aufwiesen; bei den allermeisten dieser Beiträge war davon auszugehen, dass die

Identitätsbegriffe keine zentrale Bedeutung für den Text haben. Das passte zu den Analyseergebnissen des Teilkorpus, die zeigten, dass das Identitätsthema für lediglich in 3 von 18 Veröffentlichungen als zentral gelten kann (siehe auch Tabelle 5.6 Abschnitt 5.3.5).

Beim Rückgriff auf die Topic-Analyse zeigte sich, dass Identitätsbegriffe wenig in den zentralen und quantitativ breiten Topics gelistet wurden (z. B. Topic 1: Allgemeiner Diskurs des Sachlernens und Topic 5: Sozialwissenschaftliche Bildung im Sachunterricht). Vielmehr traten diese überwiegend in wenigen Topics zu spezifischen Themen auf, vor allem im Kontext von Heimat, Kultur und interkultureller Bildung. Diese Analyseergebnisse deuteten darauf hin, dass Identität insgesamt nicht als zentrales Thema der Sachunterrichtsdidaktik verstanden wird, auch wenn immer wieder einzelne Veröffentlichungen zu finden sind, auf die das zutrifft (z. B. Hinrichs, 2004; Gebauer et al., 2008; Siebach, 2016). Bei Hinrichs findet sich beispielsweise ein starkes Plädoyer für einen Sachunterricht mit engem Heimatbezug; die Begründung dafür ist zentral auf Identität bezogen, so beispielsweise auf S. 260:

> Für die didaktische Konzeptionskraft wird die Kraftquelle der Identität wichtig, die *Tiefendimension* im Personzentrum, woher der Mut zu kreativen Lebens- und Denk-Entwürfen kommt.

Bemerkenswert ist, dass die Zeitpunkte, an denen die Einführungsbände von Schreier (1994) und Richter (2002) erschienen, die Identität zentral thematisieren, mit dem Anstieg der Werte der Frequenzanalyse korrespondieren. Später kam es zum signifikanten Rückgang (vgl. Abschnitt 5.2.1). Das kann dahingehend interpretiert werden, dass in den 1990er Jahren bis Anfang der 2000er Jahre Identität durchaus bei einigen Autor*innen zentral verhandelt wurde, aber später daran nicht mehr angeknüpft wurde. Möglicherweise konnte sich das Thema eben nicht etablieren; dazu gehört mehr, als einige wenige Autor*innen, die ein Thema bedienen. Dazu bräuchte es Impulse in verschiedenen Bereichen des möglichen Dispositivs – zumindest auf der Ebene der wissenschaftlichen Lehrwerke, aber auch Konferenzen, die den thematischen Fokus bedienen, bildungspolitische Festlegungen etc. Insgesamt muss festgehalten werden, dass Identität im gesamten Textkorpus sehr selten als zentrale Herausforderung thematisiert wird.

Zum *Kriterium 2* (Identitätsentwicklung wird in Hinblick auf den beschleunigten gesellschaftlichen Wandel diskutiert) fielen im Rückblick auf die Ergebnisse des Distant Reading einige Aspekte auf. So konnte bei der Kookkurrenzanalyse herausgearbeitet werden, dass Wandel unter den gelisteten 25 wichtigsten Kookkurrenzen zu finden ist (dort sogar an sechster Stelle). Allerdings kann der ausgegebene Wert nicht als besonders hoch bezeichnet werden. Außerdem bleibt fraglich, ob in den hinter der Analyse stehenden Texten tatsächlich der im Theoriekapitel angesprochene beschleunigte gesellschaftliche Wandel thematisiert wird oder sich der Begriff „Wandel" dort eher auf Geschichtsdidaktik bezieht (Dimensionen des Geschichtsbewusstseins: Historizitätsbewusstsein, Identitätsbewusstsein).

Indirekt ließ sich auch bei der Similaritätsanalyse über den Begriff „Patchwork" oder die Begriffe „transkulturelle" und „multikulturelle" in den jahresbezogenen Kookkurrenzen für das Jahr 2005 auf die Thematisierung gesellschaftlichen Wandels im Kontext von Identität schließen. Auffällig bei den beiden letztgenannten Begriffen war allerdings, dass diese zwar für 2004 und 2005 auftauchten, danach als Kookkurrenzen zu „Identität" aber verschwanden, also nur in einem engen Zeitfenster vorkamen.

Bei stichprobenartigen Kurzanalysen einzelner Beiträge des Textkorpus konnten einige wenige ausgemacht werden, die gesellschaftlichen Wandel im Kontext von Identitätsbildung thematisieren. So wurde dies beispielsweise bei Gläser (2002 *Vom lokalen Heimatgefühl zur glokalen kulturellen Identität*) implizit thematisiert. Bei Ludwig Duncker (2007, *Die Pluralisierung der Lebenswelten – eine didaktische Herausforderung für den Sachunterricht*) wurde, wie schon der Titel zeigt, gesellschaftliche Transformation ganz zentral verhandelt, veränderte Herausforderungen der Identitätsentwicklung in Bezug auf gesellschaftliche Transformation wurden dabei herausgearbeitet.[29] Bei Gerhard Handschuh (2012 *Heimat – Identitätskonstrukt zwischen globalen und regionalen Ansprüchen der Gegenwart*, S. 162 f.) werden Elemente gesellschaftlichen Wandels als Argumente für die stärkere Berücksichtigung der Identitätsentwicklung verwendet:

> Kulturelle und politische Umbrüche, aber auch sich verändernde biografische Schnittmuster, Geschlechterkonstruktionen, Migrationsbewegungen, Medieneinfluss – um nur einiges zu nennen – erfordern Hilfe bezüglich dreier Grundbedürfnisse [...].

Es kann somit für das zweite Kriterium ein gemischtes Fazit gezogen werden: Es gibt eine Thematisierung gesellschaftlichen Wandels im Kontext von Identitätsentwicklung im Textkorpus, aber dies fand nicht in nennenswertem Umfang statt. Auch hier zeigte sich, dass es zwar Impulse im wissenschaftlichen Diskurs gab, die aber nur eine kurze Debatte auslösen konnten.

---

[29] Es finden sich die Begriffe „Basteln" (mit Bezug auf Levi-Strauss) und „Patchwork" ohne Referenz. Keupp hat den Begriff Anfang der 2000er Jahre geprägt; die Argumentation an dieser Stelle folgt ihm bis ins Details (z. B. „steigender Therapiebedarf").

Bezüglich der *Kriterien 3 und 4* (Bezüge zu jeweils aktuellen Identitätsmodellen; konsistenter Identitätsbegriff in einzelnen Veröffentlichungen) kann zunächst auf die Ergebnisse des ersten Teils der analytischen Kritik bezüglich der Einführungsliteratur verwiesen werden, die zeigten, dass nur eine kleine Minderheit der Veröffentlichungen beiden Kriterien gerecht wird.

In den zahlreichen Veröffentlichungen des Textkorpus mit *nur einer* Nennung eines Identitätsbegriffs[30] finden sich nur äußerst selten Bezüge und ein qualifizierbarer Identitätsbegriff; häufig ist die Nutzung als Schlagwort ohne inhaltliche Klärung. Auch in anderen Stichproben im Textkorpus wurden Identitätsbegriffe nicht selten als Schlagworte ohne theoretische Unterfütterung verwendet, so beispielsweise bei Egbert Daum (2002) und Phillipp Spitta (2007); von letzterem das folgende Zitat zur Illustration: „Zumindest in unserem Empfinden hat Wohnen viel mit dem eigenen Leben, also unserer Identität zu tun" (ebd., S. 166).

Bei Katharina Stocklas (2004) war die Frage der wissenschaftlichen Bezüge unproblematisch. Die Autorin bezieht sich auf Wolfgang Welsch, der das Konzept der Transkulturalität wesentlich entwickelt hat. Allerdings blieb der Identitätsbegriff bzw. das Modell von Identitätsentwicklung unklar. Die Konsistenz des verwendeten Begriffs von Identität blieb daher ebenfalls unklar, die Verwendung war aber immer an das Konzept der Transkulturalität gebunden: „Die Identitätsstruktur von Individuen konstituiert sich vielmehr zunehmend ‚transkulturell' aus höchst heterogenen Beständen" (ebd., S. 110).

Es fand sich aber auch ein Beispiel in umgekehrter Konstellation. Bei Rita Rohrbach (2016) war die angegebene Quelle ihrerseits problematisch, denn diese eröffnet ihrerseits keinerlei Bezüge, skizziert aber ein Identitätsverständnis, welches durchaus auf Autoren wie Erikson, Krappmann oder Keupp bezogen werden könnte.

Andere Beiträge arbeiten sowohl mit wissenschaftlichen Bezügen als auch einem konsistenten Identitätsbegriff. Eva Gläser (2002) beispielsweise bezieht sich auf Georg Auernheimers Identitätsbegriff aus dem Kontext der interkulturellen Erziehung. Sie definiert ihr Identitätsverständnis kurz und bündig: „Identität bestimmt sich als Verhältnis des Individuums zu sich selbst, zur Gesellschaft und zur Welt" (Gläser, 2002, S. 89). Sie beschreibt Identität außerdem als prozesshaft und charakterisiert kulturelle Identität als symbolisch konstruiert (vgl. ebd.). Katrin Hauenschild (2005) arbeitet mit Bezügen zu Erikson, Beck

---

[30] Diese Veröffentlichungen wurden vollständig bezüglich wissenschaftlicher Referenzen und der Qualifizierung des verwendeten Identitätsbegriffs analysiert. Ungefähr ein Drittel dieser Beiträge fiel ganz aus den weiteren Analysen heraus, weil sich die Referenz entweder nur im Literaturverzeichnis fand oder mit Identität etwas anderes als persönliche Identität gemeint war (beispielsweise „Identität des Sachunterrichts" oder „Identität des Materials").

und Beck-Gernsheim. Ihr Identitätsbegriff bewegt sich immer im Kontext von Transkulturalität:

> Im Rahmen der Selbstdefinition ist es die Aufgabe des Subjekts, seine Identität aus-zuhandeln. Es kann kulturelle Identifikationsangebote selektiv verwenden, umdeuten, neu auslegen oder verwerfen. Insgesamt geht es darum, einen eigenen Lebensentwurf zu entwickeln und sich im gesellschaftlichen Ganzen zu verorten. (ebd., S. 2)

oder:

> Transkulturelle Identität ist in diesem Sinne auf das Gelingen, auf die erfolgreiche Integration unterschiedlicher kultureller Anteile, auf die Anerkennung unterschiedli-cher kultureller Prägungen ausgerichtet, wie auch auf das Ineinanderblenden von glo-bal und lokal [...] die das Individuum dazu befähigt, über den Rekurs auf eine einzige Partialkultur hinaus – und auch über eine Existenz zwischen Kulturen hinaus – durch verschiedene Kulturen hindurch zu leben. (ebd., S. 3)

Handschuh (2012) bezieht sich auf Erikson, aber auch auf Keupp:

> Identitätsarbeit hat als Bedingung und als Ziel die Schaffung von Lebenskohärenz, mithin Vertrauen in die eigene Sinnstiftung und damit Mehrung von Lebensqualität. In früheren gesellschaftlichen Epochen war die Bereitschaft zur Übernahme vorgefer-tigter Identitätsmodelle das zentrale Kriterium für Lebensbewältigung. Heute kommt es auf die individuelle Passungs- und Identitätsarbeit an, also auf die Fähigkeit zur Selbstorganisation zum „Selbsttätigwerden" oder zur „Selbsteinbettung". [...] Das Gelingen dieser Identitätsarbeit bemisst sich für das Subjekt von innen an dem Krite-rium der Authentizität und von außen am Kriterium der Anerkennung. (ebd., S. 163)

Im Textkorpus fanden sich somit neben Veröffentlichungen ohne Bezüge und mit reinem Schlagwortcharakter in der Verwendung von Identitätsbegriffen auch solche mit wissenschaftlichen Bezugnahmen, und diese verwendeten dann auch einen konsistenten Identitätsbegriff. Diese positiven Einzelbeispiele können aber die Ergebnisse der Analyse des Teilkorpus zu Referenzen nur zum Teil relativie-ren. Es bleibt die dringende Frage nach der Verwendung von Begriffen und ihrer theoretischen Fundierung in Diskursen im Sachunterricht.

Die Analyse des *Kriteriums 5* (Identitätsentwicklung wird als eine über-greifende Bildungsaufgabe des Sachunterrichts verstanden, die unterschiedliche Teilbereiche, Perspektiven und Themen betrifft) bestand aus zwei Schritten. Zuerst wurde untersucht, inwieweit Identitätsarbeit explizit als übergreifende Bildungsaufgabe verstanden wurde, anschließend wurde analysiert, inwiefern Identität im Kontext verschiedener Teilbereiche thematisiert wurde. Als übergrei-fende Aufgabe wird Identität selten explizit angesprochen. Hier ist Richter (2002) aus dem *Teilkorpus* eine Ausnahme. Als weitere Beispiele aus dem *Textkorpus* außerhalb des Teilkorpus können wieder Hinrichs (2002) und Duncker (2007) genannt werden. Duncker diskutiert Themen, Zugänge und Methoden, allerdings ist Identität kein wirklich zentraler Begriff. Dies ist eher „gesellschaftlichen Wandel", Identität wird als ein Aspekt des Wandels unter „Individualisierung und Sinnorientierung" (S. 33) gefasst.

Für den Analyseschritt der Thematisierung unterschiedlicher Teilbereiche im Kontext von Identität wurde zunächst wieder auf die Ergebnisse des Distant Reading zurückgegriffen. Wie in den Topic-Analysen und der Kookkurrenzanalyse herausgearbeitet, kommen Identitätsbegriffe nur bezüglich weniger Themen gehäuft im Textkorpus vor, vor allem im Kontext von Kultur, Interkulturalität, Migration und Heimat sowie (seltener) historischer Bildung. Bei der Similaritätsanalyse konnte zusätzlich der Begriff „Biographie" im Kontext von Identität verortet werden. Außerdem fiel bei den Analysen des Distant Reading auf, dass sich bezüglich Geschlecht und Gender erstaunlich wenige Identitätsbegriffe Verwendung finden.[31] Auch der Blick in die Ergebnisse des Close Reading zeigte verhältnismäßig wenige Kategorien zu Teilidentitäten, mit vergleichsweise wenigen Zitaten. Andererseits zeigt die didaktische Unterkategorie C2a (Identitätsgenese im Sachunterricht) drei Subkategorien mit jeweils einigen Referenzen und damit eine relativ breite Ausdifferenzierung. Allerdings handelt es sich um nur wenige Zitate; sie betreffen thematisch Geografie, Geschichte und Sexualität und sprechen kognitive, leiblich-ästhetische und handelnde Zugänge sowie biografisches Lernen an. Von einer übergreifenden Diskussion kann, all diese Ergebnisse zusammengenommen, allenfalls eingeschränkt gesprochen werden.

Auch bezüglich des fünften Kriteriums kann somit wieder ein ambivalentes Fazit gezogen werden: Identität wird insgesamt relativ selten übergreifend thematisiert; das gilt insbesondere für das Teilkorpus, aber mit einer gewissen Wahrscheinlichkeit auch für das gesamte Textkorpus. Andererseits finden sich durchaus einzelne Beiträge, die Identität in einem übergreifenden Sinn thematisieren. Außerdem finden sich zu einzelnen Teilbereichen, Perspektiven und Themen immer wieder identitätsbezogene Thematisierungen im Textkorpus. Der wissenschaftliche Diskurs bietet also einige Anknüpfungspunkte für eine übergreifende Thematisierung von Identität, aber es scheint bisher nicht gelungen, das Thema nachhaltig zu verankern.

---

[31] Allerdings fanden sich bei der stichprobenartigen Suche im Textkorpus durchaus einige Beiträge mit expliziter Diskussion von Geschlechts- und Genderfragen im Kontext von Identität, so bei Oppermann (2005), Schrumpf (2014,) Hempel & Coers (2015).

Zur Untersuchung von *Kriterium 6* (Identitätsbegriff entspricht dem emanzipatorischen Bildungsverständnis) wurden ebenfalls die Ergebnisse des Distant und Close Reading hinzugezogen. Ein dynamisches und nichtessentialistisches Identitätsverständnis liegt vermutlich bei allen Veröffentlichungen vor, in denen Identität in irgendeiner Weise definiert und inhaltlich klar fassbar ist. Als problematisch war allerdings einzuschätzen, dass, wie in den Ausführungen zu Kriterium 5 beschrieben, überhaupt selten ein übergreifendes (Meta-)Verständnis von Identität zugrunde gelegt wird. Das Verständnis von Identitätsgenese als Wechselspiel von Selbst- und Fremderfahrungen konnte beim Close Reading nur als untergeordnetes Thema identifiziert werden und auch bei den Ergebnissen des Distant Reading kann allenfalls die Nennung von „Anerkennung" als gelistetem Begriff bei der Kookkurrenzanalyse als möglicher Hinweis auf dieses Konzept gewertet werden. Es ist deshalb davon auszugehen, dass dieser im Modell der Identitätsarbeit im Sachunterricht zentrale Aspekt im Gesamtdiskurs keinen nennenswerten Widerhall fand.

Bei Identitätsbezügen, die thematisch sehr spezifisch sind, kann natürlich nicht von Ausdifferenzierung und von Mehrfachidentifikationen gesprochen werden. Im Zusammenhang mit Mehrfachidentifikationen lohnt es sich allerdings, einen Blick auf die Thematisierung von Geschlecht und Gender zu werfen. Hier finden sich im Teilkorpus nur wenige Referenzen und unter diesen nur ein Zitat von Gaedtke-Eckardt (2013) und eines von Richter (2002), welche die Möglichkeit von vielfältigen Geschlechtspositionierungen zumindest nicht ausschließen:

> Ein wichtiger Unterschied, der oftmals vernachlässigt wird, ist der Gender-Aspekt, also die Betrachtung der Geschlechterverhältnisse als soziale Konstruktion. Geschlecht wird als gesellschaftliche Klassifizierungskategorie verstanden, die die Herstellung von sozialen Positionierungen anhand von Geschlecht beschreibt und die in alltäglichen Interaktionen (doing gender) immer wieder hergestellt wird. (Gaedtke-Eckardt, 2013, S. 222)

Bei Richter (2002, S. 198) heißt es: „Seit einiger Zeit beschäftigt sich die Forschung verstärkt auch damit, wie das Geschlecht in Interaktionen konstruiert wird." Für andere Texte ist kritisch anzumerken, dass häufig affirmativ und wissenschaftlich unterreflektiert von Jungen und Mädchen gesprochen wird.

Die Begriffe „Zugehörigkeit" und „Andersheit" bei den Ergebnissen der Similaritätsanalyse und „Fremdheit" bei der Kookkurrenzanalyse verwiesen darauf, dass Zugehörigkeit und Ausgrenzung im Sachunterrichtsdiskurs im Kontext von Identität durchaus thematisiert werden. Als problematisch musste in diesem Zusammenhang allerdings gelten, dass beim Close Reading der Aspekt des Erlebens von Zughörigkeit kaum zur Geltung kam.

Interessant sind die Ergebnisse zum Begriff „Alterität". Dieser ist zentral bei den Kookkurrenzen des Gesamtdiskurses gelistet; außerdem dominiert er in den Ergebnissen der jahresbezogenen Kookkurrenzen nach 2013. Er entstammt der auf Hans-Jürgen Pandel (1987) zurückzuführenden Tradition der Geschichtsdidaktik und wird dort im Kontext einer Teildimension des Geschichtsbewusstseins, des „Identitätsbewusstseins" als Komplementärbegriff zu „Identität" verwendet. Pandel argumentiert stark auf Gruppenzugehörigkeiten bezogen, insbesondere in Hinblick auf nationale Identität. Aus Sicht des im Theoriekapitel entfalteten Modells der Identitätsentwicklung im Sachunterricht muss als besonders problematisch gewertet werden, dass sich diese geschichtsdidaktische Lesart von Identität im letzten Viertel des Untersuchungszeitraum durchsetzen konnte. Zum einen suggeriert das Begriffspaar Alterität/Identität eine Art alternativlosen Zuordnungszwang, ein Entweder-oder, das der Vielfalt gegenwärtiger Handlungsoptionen in einem Kontinuum zwischen Identifikation, Mehrfachidentifikationen und Abgrenzung nicht gerecht wird. Zum anderen wird bei Pandel, aber in der Folge auch in vielen der geschichtsdidaktischen Beiträge im Sachunterrichtsdiskurs, der Aspekt der Abgrenzung recht stark fokussiert. Intention des Modells der Identitätsentwicklung im Sachunterricht ist es jedoch, das „Dazugehören" zu stärken, die Pluralität von Identifikationsmöglichkeiten zu eröffnen, ihr Neben- und Miteinander zu unterstützen und Ab- und Ausgrenzungen, wo immer möglich, zu relativieren. Überhaupt ist bei heutiger Lektüre des Artikels von Pandel nicht zu übersehen, dass dieser aus einer anderen Zeit stammt, weit vor jeglichen Inklusionsbemühungen in der Didaktik. Eine zentrale Frage war für Pandel, ob Geschichtsbewusstsein überhaupt schon vorliegt, also auch die Frage, ab wann Kinder in der Lage sind, historisch zu denken. Dahinter scheint eine für eine inklusiv orientierte Sachunterrichtsdidaktik problematische Fixierung auf Defizite zu stehen. Zudem dürften die zum großen Teil stufenförmigen Bezugstheorien, insbesondere die Untersuchungen von Piaget und Weil zur Entwicklung kindlicher Heimatvorstellungen, mittlerweile als überholt gelten, ganz abgesehen von der fehlenden Problematisierung des Heimatbegriffs in Pandels Modell. Zudem hat sich seit der ersten Veröffentlichung des Modells 1987 immer wieder gezeigt, dass Gruppenzugehörigkeiten ein im höchstem Maß sensibles, schnell starke Affekte aufrufendes, höchst konfliktträchtiges und oft Ab- und Ausgrenzung beförderndes Thema sind.[32] Insofern erfordert die Thematisierung kollektiver Zugehörigkeiten einen besonders reflektierten und umsichtigen didaktischen Umgang.

---

[32] Es sei in diesem Zusammenhang z. B. an die zahlreichen rechtsextremen sowie islamistisch motivierten Morde in Deutschland und Europa erinnert.

Eng mit diesem Umstand hängt die nötige Problematisierung des Heimat-begriffs zusammen. „Heimat" wird zwar ambivalent diskutiert; allerdings muss angesichts der widersprüchlichen Begriffsgeschichte konstatiert werden, dass oft ein wissenschaftlich unterkomplexer und unterreflektierter Heimatbegriff Verwendung findet, so bei Giest (2016, S. 47), der Martin Hecht zitiert und ihm zustimmt: „Heimat ist zweierlei, ein Ort und eine Institution im Sinne von festgelegten Gemeinschaftsformen. Beide lösen gleichermaßen Gefühle der Vertrautheit und Zugehörigkeit aus. Aus diesen Gefühlen entsteht Identität." Dem ist zu widersprechen. Es ist im Gegensatz davon auszugehen, dass der Begriff „Heimat" auch durchaus und aus guten Gründen bei nicht wenigen Menschen Missbehagen und Ängste auszulösen vermag, wie es sich beispielsweise in den Beiträgen der Publikation *Eure Heimat ist unser Albtraum* (Aydemir & Yaghoobifarah, 2020; vgl. auch Monecke, 2019) in übergroßer Deutlichkeit zeigt. Eine denkbare Alternative (auch der Intention von Giests Beitrag von 2016 entsprechend) könnte der von Beate Mitzscherlich (2004, S. 7) vorgeschlagene Begriff „Beheimatung" im Sinne eines normativ-utopisch verstandenen Prozesses sein:

> „Beheimatung ist in der Gegenwart nicht [...] in erster Linie die Rückbesinnung auf Traditionen oder die nostalgische Sehnsucht nach einer Welt, die es so nicht mehr gibt und die wir auch nicht wiederbekommen werden (und wollen), sondern die Auseinandersetzung mit der Welt, die wir um uns herum vorfinden, mit dem Anspruch, sie dem Bild einer ‚heilen', heimatlichen Welt, das wir in uns tragen, ähnlicher zu machen."

Auch der Begriff der „Resonanz" von Hartmut Rosa (2016) böte zeitgemäße Anknüpfungspunkte für Prozesse, die Zugehörigkeit, Vertrautheit und Anerkennung ermöglichen.[33]

Ebenfalls als problematisch einzuschätzen ist es, dass im Teilkorpus die Dimension der kulturellen Identität nicht auffindbar ist, also die Tatsache, dass der Diskurs um kulturelle Identität trotz Thematisierung im Gesamtdiskurs der Sachunterrichtsdidaktik keinen Eingang in den kanonisierten Bereich gefunden hat. Als gleichfalls problematisch muss der Umstand bezeichnet werden, dass das von Stocklas (2004) und vor allem Hauenschild (2005) in den Sachunterrichtsdiskurs eingebrachte Konzept der Transkulturalität, welches den Herausforderungen

---

[33] Rosa (2016, S. 246) bezeichnet mit Resonanz die „Vorstellung, dass sich die Verknüpfung leiblicher, affektiver und kognitiver Weltbeziehungen als eine Folge oder als ein Prozess von Spiegelungen [...] verstehen lässt". Für ihn spielt folglich nicht „Heimat" oder „Beheimatung" eine Rolle, sondern „Resonanz", eben die Reflexion und Pflege der Qualität unserer Weltbeziehungen.

gegenwärtiger Identitätsarbeit unter den Bedingungen permanenter gesellschaftlicher Transformation in vielerlei Hinsicht Rechnung trägt, nicht aufgegriffen
wurde und beispielsweise in den beiden Ausgaben des *Handbuchs Didaktik des
Sachunterrichts* (Kahlert et al., 2007; 2015) weiterhin das weniger aktuelle und
elaborierte Konzept des „Interkulturellen Lernens" zu finden ist.

Zusammenfassung
In der Gesamtschau sind zum einen ganz grundsätzlich die randständige
Thematisierung von Identität als kritisch zu bezeichnen, zum anderen spezifisch problematische Diskursbefunde. Insbesondere in den Einführungsbänden
und Lehrwerken (sowie anderen als dem kanonisierten Wissen zugehörig geltenden Veröffentlichungen) muss davon gesprochen werden, dass die Identitätsproblematik nur sehr eingeschränkt Berücksichtigung gefunden hat; eigentlich
spielte sie nur in zwei Einführungsbänden (Schreier 1994; Richter 2002) aus
der ersten Hälfte des Untersuchungszeitraums eine wichtige Rolle. Auch für
das Textkorpus insgesamt ist bei Berücksichtigung der Ergebnisse des Distant
Reading und mit Blick in eine Reihe einzelner Artikel davon auszugehen, dass
Identität eher ein Randthema blieb, dem sich einzelne Autor*innen widmeten.
Als besonders schwerwiegender Umstand aber muss das diskutierte Theoriedefizit gewertet werden, das sich in fehlenden wissenschaftlichen Referenzen zum
Identitätsbegriff und einer fehlenden oder nicht kohärenten Begriffsbestimmung
niederschlägt. Dadurch wird deutlich, dass das Thema, abgesehen von einzelnen
Diskursfragmenten, keinen theoretisch fundierten Tiefgang vorzuweisen hat und
oberflächlich behandelt bleibt. Ohne theoretische Fundierung ist selbstverständlich keine fundierte Auseinandersetzung mit der Identitätsproblematik möglich
und eine Weiterführung des Identitätsdiskurses nicht zu erwarten. Andererseits
fanden sich, über den gesamten Zeitraum verteilt, vereinzelt Beiträge, an die bei
einer zentraleren Thematisierung im Sachunterricht zukünftig angeknüpft werden
könnte.
     Drei spezifische Diskursaspekte müssen als besonders problematisch benannt
werden:

- der ab 2013 dominierende Diskurs um Alterität versus Identität aus der
  geschichtsdidaktischen Tradition Pandels
- die teils unterreflektierte Verwendung des Heimatbegriffs
- die fehlende Durchsetzung des Konzepts der Transkulturalität

Die analytische Kritik zeigte somit einerseits Defizite und problematische
Befunde auf, andererseits konnten Anknüpfungspunkte für eine im Sinne des

theoretischen Modells angemessene Berücksichtigung der Identitätsthematik herausgearbeitet werden. Diese gilt es bei der Ausformulierung eines abschließenden Kapitels mit Ausblicken für den Sachunterricht, also der abschließenden Rückbindung der Untersuchung an ihren Gegenstand, zu berücksichtigen.

Forschungsdesiderata

6

Wichtige Desiderata lassen sich anhand des Begriffs Dispositiv diskutieren (vgl. Abschnitt 5.1); durch die Überlegung, was dazu geführt hat, dass der Identitätsdiskurs sich so und nicht anders materialisiert hat. Dazu gehört, wie es dazu kam, dass Identität insgesamt eine relativ geringe Rolle im Sachunterrichtsdiskurs spielt und dass der bis dahin schon recht bescheidene Identitätsdiskurs sich nach 2008 nicht verstetigen konnte. Außerdem blieb unklar, wie es dazu kam, dass bestimmte Aspekte von Identität Eingang in den als gesichert geltenden Wissensbestand gefunden haben und andere nicht. Dafür müssten weitere als die bisher untersuchten Elemente des Dispositivs analysiert werden, beispielsweise um zu klären, wie sich bestimmte Positionen respektive Personen durchsetzen konnten und andere marginal blieben.

Unter den offenen Fragen muss zuerst die tiefergehende Analyse von Diskurssträngen zu „Identität" im Textkorpus genannt werden. Dazu wäre eine umfassende qualitative Inhaltsanalyse der Identitätsvorstellungen im gesamten Textkorpus auch außerhalb des Teilkorpus nötig. Ziel könnte die Aufarbeitung und metatheoretische Verknüpfung der vorhandenen Beiträge zur Identitätsproblematik im gesamten Textkorpus sein, um eine spätere Zusammenführung in einer Konzeption des Sachunterrichts mit einer stärkeren Berücksichtigung der Identitätsproblematik zu ermöglichen.

Im Kontext der Diskursstränge tut sich ein weiteres interessantes Forschungsfeld auf. Am Beispiel der Transkulturalität wurde aufgezeigt, dass dieses Konzept zwar in den Diskurs eingeführt wurde, sich aber in den Handbüchern und Einführungsbänden nicht durchgesetzt hat. Solche und ähnliche Diskursprozesse genauer zu untersuchen, auch bei anderen Themenschwerpunkten der Identitätsthematik, wäre hilfreich, um Erklärungsansätze für solche Diskursverläufe

M. Siebach, *Identität als Diskursgegenstand der Didaktik des Sachunterrichts*, Sachlernen & kindliche Bildung – Bedingungen, Strukturen, Kontexte, https://doi.org/10.1007/978-3-658-36518-9_6

zu finden. Offen blieb auch die Frage, inwiefern das Thema gesellschaftliche Transformation insgesamt, auch jenseits des Identitätsthemas, bedeutsam war.

Bei der qualitativen Inhaltsanalyse zeigte sich, dass Bedürfnisse von Schüler*innen kaum im Zusammenhang mit Identität diskutiert wurden. Daraus ergab sich die Frage danach, inwiefern die Bedürfnisse von Schüler*innen als didaktische Kategorie im Sachunterrichtsdiskurs ganz grundsätzlich verhandelt wurden. Eng daran anschließend wäre eine noch deutlich grundlegendere Frage diskursanalytisch zu untersuchen: die nach den Vorstellungen von „Kind" im Sachunterricht. Welche Bedürfnisse Schüler*innen haben und inwiefern diese didaktisch zu berücksichtigen sind, hängt schließlich ganz wesentlich von den zugrundeliegenden Vorstellungen von Kindheit und dem „Kind" ab.

Eine ähnlich grundlegende Frage trat bei der Analyse der Theoriebezüge zum Identitätsthema und Identitätsbegriff zutage. Spannend, konfliktträchtig und bedeutsam für die Fortentwicklung des Sachunterrichts als wissenschaftliche Disziplin wäre die Frage, inwiefern der Verzicht auf Theoriebezüge ein Befund ist, der ausschließlich mit der Spezifik des untersuchten Gegenstandes zusammenhängt oder ob sich eine ähnliche Theorieblindheit auch zu anderen Bereichen im wissenschaftlichen Sachunterrichtsdiskurs zeigt. Damit ließe sich klären, inwiefern didaktische Konzeptionen theoretisch fundiert und damit wissenschaftlich anschluss- und diskursfähig sind.

Im Kontext historischen Lernens im Sachunterricht zeigte sich ein Diskursstrang um Identität und Alterität. In diesem Zusammenhang wäre zu klären, welches Ausmaß und welche Bedeutung die Referenzen zum Pandel-Modell (Dimensionen des Geschichtsbewusstseins) insgesamt hatten. Im Kontext von Kindheitsbildern wäre danach zu fragen, welches Bild vom Kind und welche Art von Bildungsverständnis damit in den Sachunterricht eingeführt wurde und wie dieses mit gegenwärtigen Bildungszielen vereinbar ist.

Herausforderungen für einen identitätssensiblen Sachunterricht

7

Ich war für das Dazugehören. Überall, wo man mich haben und wo ich sein wollte.

Saša Stanišić

In dieser Arbeit wurden sowohl theoretische Perspektiven weiterentwickelt als auch der wissenschaftlichen Sachunterrichtsdiskurs empirisch untersucht. Die Formulierung und Begründung von Konsequenzen für den Sachunterricht, also die abschließende Rückbindung der Untersuchung an ihren Gegenstand, folgt dieser Struktur und bezieht sich sowohl auf die Theorieentwicklung als auch auf die empirischen Ergebnisse.

Welche Konsequenzen für den Sachunterricht ableitbar sind, hängt zunächst davon ab, welcher Idee von Sachunterricht man folgt; das ist letztlich eine normative Frage. In den Kapiteln 3 und 4 wurde eine solche Entscheidung getroffen und ein Modell identitätssensibler Bildung im Sachunterricht skizziert. Die Identitätsfrage wurde als Schlüsselproblem unserer Zeit deklariert. Auf konzeptioneller Ebene ergeben sich aus dem Auftrag, Identitätsentwicklung als wesentliches Element von Sachunterrichtsdidaktik zu begreifen, für Gegenwart und Zukunft zwei unterschiedliche Perspektiven.

Die gesellschaftliche *Gegenwart* ist von Globalisierung, sich verstärkenden Individualisierungstendenzen und schwindenden Strukturen sozialer Zusammengehörigkeit geprägt. Deshalb braucht es aus dieser Perspektive die Unterstützung individueller Identitätsarbeit durch die Stärkung der individuellen Ressourcen. Wenn man von Luckmanns Prämisse ausgeht, dass persönliche Identität beim Menschen die zentrale Steuerungsinstanz für das Handeln darstellt, dann kann

M. Siebach, *Identität als Diskursgegenstand der Didaktik des Sachunterrichts*, Sachlernen & kindliche Bildung – Bedingungen, Strukturen, Kontexte, https://doi.org/10.1007/978-3-658-36518-9_7

daraus die Bildungsaufgabe abgeleitet werden, Schüler*innen bei der Bewältigung der Identitätsarbeit zu unterstützen. Dies ist folgerichtig auch im Sinne des
humanistischen Bildungsbegriffs, der in der Tradition der Aufklärung auf die
Entfaltung selbstständiger Persönlichkeiten zielt. Selbstständigkeit erweist sich
im Handeln. Herausfordernd dürfte aber sein, ideologiekritisch zwischen einer
affirmativen Reproduktion neoliberaler Selbstverantwortungs- und Individuali-
sierungsphraseologie und der notwendigen widerständigen Stärkung resilienter
Selbstständigkeit zu unterscheiden.[1]

Auf die *Zukunft* bezogen scheint es aus individueller wie aus gesellschaftlicher
Perspektive dringend nötig, die Entwicklung von Fähigkeiten zu unterstützen,
die die Herstellung von Zusammengehörigkeit oder im Sinne von Rosa (2016)
Resonanz ermöglichen. Dies geht mit der Entwicklung von Solidaritätsfähigkeit
einher.

Aus diesen grundlegenden Überlegungen können drei Prinzipien für die
Konzeptionierung von Sachunterricht abgeleitet werden. Zum einen gilt es,
die *Balance zwischen Eigenverantwortung und Solidarität* im Blick zu behalten. Daher sollten zum zweiten *persönliche und gruppenbezogene Commitments
gestärkt und unterstützt* werden. Unterstützung sollte deshalb im Unterricht zum
dritten vor allem zugleich *solidarische, inklusive und pluralistische Identitätsarbeit* finden. Insofern sind auftretende Formen der Identitätsbildung, die auf
Abgrenzung, Exklusion, eindeutige und ausschließliche Zugehörigkeiten zielen,
zu hinterfragen und bei Gefahr für die Identitätsbemühungen Anderer entschieden
zurückzuweisen.

Identitätsarbeit als übergreifende Bildungsaufgabe für den Sachunterricht
Als erstes ist zu klären, welche Schlussfolgerungen sich aus dem theoretischen
Modell für die konzeptionelle Ebene des Sachunterrichts ergeben. Als wichtigste Konsequenz des Modells ist festzuhalten, Identitätsarbeit (wieder)[2] als
eine den gesamten Sachunterricht betreffende Bildungsaufgabe anzuerkennen. Ein
möglicher konkreter Vorschlag ist, Identitätsentwicklung in einem vielperspekti-
visch konzipierten didaktischen Konzept als eine querliegende Bildungsaufgabe
zu deklarieren, adäquat zu den im Perspektivrahmen (GDSU, 2013) formulierten „Perspektivenvernetzenden Themenbereichen" (vgl. ebd., S. 15, 72 f.).

---

[1] Das könnte sich unter anderem an einem differenzierten Umgang mit Leistungsanforderungen zeigen.

[2] Für die Sachunterrichtskonzeptionen von Schreier (1994) und Richter (2002) wurde herausgearbeitet, dass Identitätsbildung als übergreifende und zentrale Bildungsaufgabe verstanden
wurde.

Thematische Überschneidungen und Synergien ergeben sich dort zu den Themen Gesundheit (Prävention bezüglich seelischer Gesundheit, Bezugnahme auf grundlegende Bedürfnisse und Berücksichtigung des Salutogenesekonzepts) und Medien (zunehmende Bedeutung von Digital Identity, vgl. Ahuvia, 2005).

Auch Detlef Pech und Marcus Rauterberg (2008) diskutieren in ihrer Skizze der Entwicklung eines „Bildungsrahmens Sachlernen" mögliche Querperspektiven. Vieles davon wäre ebenfalls verhandelbar unter „Identitätsentwicklung", z. B.

„a) Sein, Werden, Geworden (Gesellschaft, Kultur, Ich)
b) Inklusion (Heterogenität, Interkulturalität, Differenz)
c) Geschlecht (Geschlechterverhältnisse, Sexualität)" (ebd., S. 32).

Die Orientierung auf Identitätsentwicklung als ein übergreifendes und quer durch Inhalte, Perspektiven, Umgangs- und Zugangsweisen greifendes Prinzip des Sachunterrichts könnte zudem ein stabilisierendes Element für das Fach sein, das sich in seiner Definition und seinem Selbstverständnis immer wieder als prekär zeigt (vgl. Duncker, 2007a).

Theoriebezogene Schlussfolgerungen
Für die psychosoziale Entwicklung sind *verlässliche und vertrauensvolle Beziehungen von grundlegender Bedeutung,* denn Schüler*innen sind nur in der Lage, ihre Empathiefähigkeit weiterzuentwickeln, wenn sie sich sicher und gut aufgehoben fühlen. Nur unter dieser Voraussetzung trauen sie sich, Rollen auszuprobieren, Initiative zu entwickeln und sich mit Lernprojekten zu identifizieren. Voraussetzung ist ein *dialogischer Kommunikationsstil,* für den Pädagog*innen Vorbildfunktion haben. Außerdem ist auf eine *Balance zwischen individuellem Lernen und Gruppenaktivitäten* zu achten. Auch ein gewisses Maß an *Gemeinschaft stiftenden Ritualen und Regeln* muss als hilfreich gelten. Gemeinsame Regeln, die allerdings prinzipiell verhandelbar bleiben sollten, bieten einen Rahmen für die Entwicklung von Rollendistanz. Gemeinsam mit den Schüler*innen entwickelte Rituale ermöglichen Identifikation und können die Gruppenidentität prägen. In diesem Zusammenhang ist daran zu erinnern, dass es ein wichtiges Ziel demokratischer Bildung ist, soziale Anforderungen und Regeln verstehen, reflektieren, kritisieren und ggf. auch ablehnen zu können (vgl. Siebach & Gebauer, 2014, S. 8; Siebach, 2016, S. 11).

Das wertschätzende *Kennenlernen von Pluralität* ermöglicht die Entwicklung von Ambiguitätstoleranz. Nur durch das *Erleben* von Verschiedenheit kann die Fähigkeit erworben werden, Dissonanzen und Widersprüche zu ertragen, welche die Pluralität mit sich bringt. Transkulturelle Bildung hat dafür einen besonderen Stellenwert; für die Entwicklung von Ambiguitätstoleranz kann aber allen Dimensionen von Heterogenität Bedeutung zugesprochen werden. Auch aus dieser Perspektive zeigt sich die Notwendigkeit und Sinnhaftigkeit inklusiver Didaktik (vgl. Siebach & Gebauer, 2014, S. 8 f.). So kann auch begründet werden, warum die Vielfalt von und in Lernprojekten entscheidend ist. Diese bietet die Grundlage dafür, eine Vielfalt individueller und selbstbestimmter Identifikationsmöglichkeiten kennenzulernen und zu erproben.

Selbstbestimmte Initiativen und Projekte sind wichtig, um eigene Interessen entwickeln zu können, sich in Kulturtechniken zu erproben und die eigenen Fähigkeiten in der Entwicklung zu erleben. Zudem können sie Erlebnisqualität beim Lernen bieten. Im Vergleich zu den vorgefertigten Angeboten der „pädagogischen Industrie" und der Konsumgesellschaft sind sie allerdings oft mühselig und erfordern es, Bedürfnisspannung auszuhalten (vgl. ebd.).

Kinder erleben die Konsumgesellschaft oft so, dass Dinge (wie Spielzeuge oder Gebrauchsgegenstände), Urlaube, Mahlzeiten und selbst Erlebnisse nicht selbst erdacht, geplant und (oftmals mühsam) produziert werden müssen, sondern dass alles vorproduziert vorliegt. Die Ambivalenz zwischen Freiheit (Wahlfreiheit) und Unfreiheit (Abhängigkeit) der Konsumgesellschaft zeigt sich hier deutlich. Der Sachunterricht kann sich demgegenüber mit Wertschätzung für Selbsterdachtes und Selbstgemachtes als Gegenwelt präsentieren (vgl. ebd.).

Eine *ressourcenorientierte Feedbackkultur* gibt Anerkennung, achtet die Autonomiebedürfnisse von Schüler*innen und ermöglicht so das Erleben von Kompetenz. Feedbacks können in Projekten implizit (z. B. beim Konstruieren über die Funktionalität des Produkts) oder interaktiv im Dialog oder in der Gruppe organisiert sein. Kompetenzerleben benötigt zunächst einmal Kompetenzerwerb, dazu gehören die Entwicklung sachbezogener Arbeits- und Denkweisen und der Aufbau sachbezogenen Könnens und Wissens. Die besondere Herausforderung liegt darin, einen Kompetenzaufbau auch über die einzelnen Projekte hinweg zu gewährleisten (vgl. ebd.). Das System schulischer Leistungsbewertung ist im Hinblick auf Identitätsorientierung als absolut dysfunktional zu bewerten, da Notengebung und Leistungsdruck der Selbstbestimmung entgegenstehen und Kompetenzerleben verhindern. Identitätsorientierter Sachunterricht erfordert ein differenziertes, individuelles und reflektiertes Verhältnis zu Leistungsanforderungen. Das *Erleben* von Kompetenz sollte dafür den Maßstab bilden. Anforderungen dürfen keine Über- aber auch keine Unterforderung darstellen und müssen als individuell bedeutsam erlebt werden. Der Umgang mit den individuellen Herausforderungen der Schüler*innen bleibt auch so besehen eine der anspruchsvollsten Aufgaben von Pädagog*innen im Lehr-Lernprozess, die einen differenzierten diagnostischen Blick und die Akzeptanz individueller und selbstbestimmter Entwicklungsaufgaben erfordert (vgl. Siebach, 2016, S. 11). *Lernanlässe mit Erlebnisqualität* stellen Gelegenheiten für die Identitätsarbeit bereit, da sie reflexiv, emotional und enaktiv aktivierend sowie sozial situiert sind. Ein Beispiel dafür wäre die (Natur-)Erlebnispädagogik. Lernprojekte können zu persönlich bedeutsamen und sinnhaft empfundenen Erlebnissen führen und Autonomie, Zugehörigkeits- und Kompetenzerfahrungen ermöglichen (vgl. ebd.). Auch *Spielen* ist als Identitätsbildung zu verstehen. Spielsituationen bieten unzählige Möglichkeiten der Aushandlung von Sinn und Anerkennung und vom Wechsel zwischen Perspektiven und Weltzugängen. Spielsituationen haben zudem oft Als-ob-Charakter und bieten so die Möglichkeit, Rollen und Identifikationen zu erproben. Stigmatisierungen beispielsweise können durch den Verweis auf den Spielcharakter zurückgewiesen werden. Andererseits werden beim Spielen nicht selten soziale Grenzen konstruiert und Exklusion zelebriert; auch hier braucht es Aufmerksamkeit und Sensibilität vonseiten der Pädagog*innen (vgl. ebd.).

In der gesellschaftlichen Transformation Chancen ergreifen zu können, hängt in erster Line vom *Zugang zu Ressourcen* ab. Dabei geht es einerseits darum, individuell jeweils ausreichend Zeit für Lernprozesse zur Verfügung zu stellen, damit Schüler*innen eine individuelle Balance zwischen eigenen Bedürfnissen und äußeren Anforderungen finden können. Für die Aktivierung sozialer, symbolischer und kultureller Ressourcen ist die Vernetzung mit der Welt außerhalb der Schule wichtig, um Anknüpfungspunkte für die Identitätsarbeit zu finden und neue soziale und kulturelle Potentiale zu erschließen. Entscheidend dürfte die didaktische Kompetenz von Lehrkräften sein, das Potential von Lernprojekten, Inhalten sowie außerschulischen Lernorten und Lernaktivitäten für die individuelle Identitätsarbeit von Schüler*innen einzuschätzen. Ressourcenorientierung bedeutet aber auch, marginalisierten Schüler*innen und Gruppen eine Stimme zu geben; der Sachunterricht sollte sie darin unterstützen, ihre Sicht darlegen zu können, ihre Bedürfnisse zu äußern und auch ihnen Möglichkeiten der Anerkennung eröffnen (vgl. Kizel, 2016). Bezüglich ökonomischer Ressourcen ist das Phänomen der Extended Identity, der Performanz von Identität über Statussymbole (Kleidung, Handys, Spiele, Sammelkarten etc.) zu diskutieren. Auch hierin zeigt sich eine Form von Identitätsarbeit (vgl. Schäfer 2015). Um die Marginalisierung von einzelnen Kindern und Gruppen zu verhindern, sind solche Performanzprozesse exemplarisch aufzuzeigen und zu dekonstruieren, um sie der Reflexion zugänglich zu machen. Außerdem sind Alternativen zu konsumorientierter Performanz aufzuzeigen. Hierzu kann die Thematisierung alterstypischer Aktivitäten des Sammelns und Ordnens (vgl. Duncker, 2017, S. 95) einen Beitrag leisten,[3] sofern sie sich nicht wieder auf „[gekauftes] Spielzeug, Schmuck und Lektüre für Kinder" oder „für Sammelzwecke produzierte Waren und Fanartikel" beziehen (ebd., S. 103).[4]

Gelegenheiten zur Reflexion dürften ein entscheidendes Kriterium eines zeitgemäßen und identitätsorientierten Sachunterrichts sein. Dazu gehört, sich der eigenen Bedürfnisse bewusst zu werden und diese von sozialen Erwartungen zu unterscheiden. Fremdheits- und Exklusionserfahrungen sind transparent zu machen, die Chancen und Herausforderungen von Pluralität aufzuzeigen und Formen der Selbstbeschreibung und Performanz zu reflektieren. Das ist zugleich als kritische Gesellschaftsdiagnostik zu verstehen. Negative Selbstattributionen sollten relativiert und der Blick auf die eigenen Ressourcen gelenkt werden. Philosophieren über Sinnfragen kann ein Element von Identitätsarbeit darstellen. Dabei ist Sachlichkeit als ungemein förderlich einzuschätzen, denn sie ermöglicht die Realitätsprüfung bei der Passung innerer Vorstellungen mit äußeren Gegebenheiten (vgl. Keupp, 2004, S. 34).

Der Sachunterricht könnte durch seine inhaltliche Breite und durch die mögliche Vielfalt von Umgangsweisen (vgl. Pech & Rauterberg, S. 35–53) und Zugänge sehr viel für die Unterstützung der Identitätsarbeit von Schüler*innen leisten. Voraussetzung dafür wäre, dass Pädagog*innen ein Bewusstsein für die Herausforderungen der Identitätsarbeit von Schüler*innen entwickeln und das Potenzial des Faches für die individuelle Identitätsarbeit reflektieren. Damit Sachunterricht die Identitätsarbeit von Schüler*innen unterstützen kann, ist der Blick von Pädago*innen für Situationen des Unterrichts zu schärfen, in denen Selbstthematisierungen stattfinden, das Verhältnis zu anderen geklärt und Zugehörigkeiten ausgehandelt werden und vor allem sach- bzw. umgangsbezogene Identifikationen stattfinden

Empirische Befunde. Grundsätzliche Probleme
Wie in Kapitel 6 ausgeführt, kann nicht davon gesprochen werden, dass die Identitätsthematik umfassend und dem Theoriemodell angemessen Eingang in den

---

[3] Duncker (2017, S. 103) beispielsweise nennt „Fundstücke aus der Natur" und „eigene künstlerische Produkte".

[4] Duncker (2017) verzeichnet in seinem Forschungsprojekt zu Sammelaktivitäten von Kindern in den drei letzten Jahrzehnten eine deutliche Zunahme kommerzieller Sammelaktivitäten. Er betont aber, dass solche Aktivitäten auch dann als „Bedürfnis nach Selbstbehauptung und Darstellung eigener Identität" gelten müssen (ebd., S. 109), wenn sie sich auf das vorgefertigte kommerzielle Sammeln beziehen. Die geschlossenen Sammlungen kommerziellen Charakters zeigten aber „am Wenigsten einen eigenständigen und individuell geprägten Umgang mit der Sammlung" (ebd.).

Sachunterrichtsdiskurs gefunden hat. Stattdessen stehen einer Implementierung drei miteinander zusammenhängende Probleme im Weg. (1) Als das Grundsätzlichste kann die mangelnde (oder abgebrochene) Diskussion von Identitätsentwicklung als zentral bedeutsamem Aspekt der konzeptionellen Grundlegung der Sachunterrichtsdidaktik identifiziert werden. Dieser blinde Fleck auf der Metaebene des didaktischen Diskurses zieht zwangsläufig Defizite auf anderen Ebenen nach sich. (2) So wird Identität auch in den Beiträgen, in denen sie explizit angesprochen wird, nur selten als etwas Übergreifendes thematisiert, als Teil eines Gesamtprozesses, zu dem verschiedene Teilprozesse beitragen, so wie es im Modell von Keupp konzipiert ist und wie es in das Modell der Identitätsentwicklung im Sachunterricht übernommen wurde. Am ehesten geschieht das in Beiträgen zur Geschichtsdidaktik, dort aber in einem höchst bedenklichen Sinne. (3) Als drittes Problem muss die sehr häufige Verwendung des Begriffs „Identität" als reines Schlagwort ohne wissenschaftliche Fundierung bezeichnet werden, da hierdurch einer unwissenschaftlichen und nebulösen Begriffsverwendung Vorschub geleistet wird, die einer reflektierten, problembewussten und ideologiekritischen Herangehensweise im Weg steht.

Wünschenswert wäre deshalb eine deutlich bewusstere Nutzung des Identitätsbegriffs (auch in Abgrenzung zu anderen Begriffen wie „Persönlichkeit") im wissenschaftlichen Diskurs des Sachunterrichts durch die Verortung in einer wissenschaftlichen Begriffstradition. Für eine Didaktik wie die des Sachunterrichts bieten die Arbeiten von Luckmann, Krappmann und Keupp sehr gute Anknüpfungspunkte.

Außerdem wäre eine Konzeptionierung des Sachunterrichts nötig, die sich der Identitätsproblematik als einem zentralen Problem unserer Zeit und der heutigen Schüler*innengeneration auch angemessen zentral annimmt. Dies ist mit der Begriffsprägung „identitätssensible Didaktik" gemeint. Nicht zuletzt wäre anschließend und unter Bezug auf eine solche Neukonzeptionierung eine identitätsbezogene didaktische Reflexion von Inhalten, Themen, Umgangs- und Zugangsweisen sowie Perspektiven zu wünschen.

Empirische Befunde: spezifische Schlussfolgerungen

Als Konsequenz aller drei Analyseschritte (Distant Reading, Close Reading, kritische Analyse) werden nun abschließend eine Reihe von konkreten Schlussfolgerungen zu spezifischen Teilaspekten der Didaktik des Sachunterrichts formuliert.

Geschlechts- und genderbezogene Inhalte sind im Kontext der Identitätsproblematik zu diskutieren, sind hier doch tiefe gesellschaftliche und (identitäts)politische Konfliktlinien zu verzeichnen. Gleichzeitig existiert hierzu ein reger wissenschaftlicher Diskurs (vgl. Eickelpasch & Rademacher, S. 94–103). Die beim Distant Reading aufgezeigte verhältnismäßig seltene Thematisierung im Textkorpus zeigt die Notwendigkeit auf, Identitätsaspekte in diesem Themenfeld deutlich konsequenter einzubeziehen und diese im Sinne Keupps und des didaktischen Modells in einen Gesamtzusammenhang zu einer Metaidentität zu stellen. Das gilt ebenso in Bezug auf sexuelle Bildung; beides ist auch bezüglich gesundheitlicher Prävention bedeutsam.

Außerdem ist die konsequente Verankerung des Konzepts der transkulturellen Bildung im Sachunterricht nach den empirischen Ergebnissen offenbar überfällig, auch diese sollte wiederum im Kontext eines Gesamtzusammenhangs erfolgen.

Dringend geboten scheint auch die Reflexion und Revision der geschichtsdidaktischen Grundlagen des Sachunterrichts. Aufgrund der Widersprüche zu den Zielen identitätssensibler Bildung wäre Abschied zu nehmen mindestens von einigen Aspekten des Modells von Geschichtsbewusstsein nach Pandel. Auf jeden Fall betrifft das Ausführungen zum Identitätsbewusstsein. In der Sachunterrichtsdidaktik sollte geklärt werden, dass Gruppenidentifikationen historisch höchst wandelbar (Historizitätsaspekt) und stets sozial konstruiert sind, durch soziale und politische Prozesse und Interessen beeinflusst werden und auf heutige Prozesse der Identitätsbildung weiterwirken können – und das nicht immer den Zielen der Friedenserziehung und politischen Bildung entsprechend. Erforderlich sind vor allem Umgangsweisen, die die Bewusstmachung, Reflexion, Relativierung, Ablehnung und Pluralisierung von kollektiven Zugehörigkeitskonstrukten ermöglichen.

In der ebenfalls notwendig scheinenden Aufarbeitung des Heimatdiskurses im Sachunterricht zeigt sich eine gewisse Parallelität; birgt die Verwendung dieses Begriffs aufgrund seiner komplexen und ambivalenten Begriffsgeschichte doch ähnliche Probleme (vgl. Mitzscherlich, 1997, S. 34–43). Wünschenswert wäre eine Verknüpfung mit der Diskussion um transkulturelle Identitäten; insbesondere die Unterstützung transkultureller Verortungs- und Identifikationsprozesse und eine Verschiebung ins Prozessbezogene (von „Heimat haben" zu „sich beheimaten") im Sinne von „Beheimatung" nach Mitzscherlich (ebd.) oder von „Resonanz" nach Rosa (2016).

In diesem Zusammenhang wäre auch eine stärkere Einbindung der Identitätsproblematik in die raumbezogene Bildung zu diskutieren. Denkbar wäre in erster Linie die Verknüpfung des Diskurses um raumbezogene Orientierung mit Identitätsaspekten. Das bedeutet, die Entwicklung räumlicher (natur- und sozialräumlicher) Orientierungsfähigkeiten als Grundlage von raumbezogenen

Identifikationsprozessen zu begreifen (und umgekehrt)[5] sowie die Entwicklung räumlicher Orientierung auch als Prozess der Sinnstiftung zu verstehen. Beides könnte sinnvollerweise (wieder im Sinne von „Beheimatung" oder „Resonanz") verbunden werden.

Gänzlich ohne Ergebnisse blieb die Suche nach der Thematisierung digitaler Identität(en), die im Kontext von Medienbildung als präventive Gesundheitsförderung wünschenswert wäre, auch hier selbstverständlich unter Bezugnahme auf ein Gesamtkonzept von Identitätsentwicklung.

Da Umgangsweisen bezüglich Identität zwar gelegentlich, aber insgesamt eher selten diskutiert werden, erscheint es wünschenswert, das Bewusstsein im fachdidaktischen Diskurs dafür zu schärfen, dass ausnahmslos alle Umgangs- und Zugangsweisen, aber auch alle Themen oder Perspektiven im Sachunterricht gewisse Identifikationspotentiale für Schüler*innen haben und für deren Identitätsentwicklung bedeutsam werden könnten. Ein bedeutsamer Aspekt von Umgang mit Identität wird bei Rabe und Krey (2018) angesprochen, auch Kahlert (2002, S. 35–37) thematisiert das: Der Umstand, dass Prozesse der Identitätsentwicklung immer stattfinden und für Schüler*innen bedeutsam sind, muss bei der Planung und Durchführung von Unterricht berücksichtigt werden. Die Referenz von Kahlert war die einzige, die sich im Teilkorpus dazu fand; insofern scheint es wünschenswert, das Bewusstsein auch für diesen Aspekt von Lernvoraussetzungen zu schärfen.

Was diese Schlussfolgerungen für die einzelnen Ebenen von Sachunterricht als Schulfach, Studienfach und wissenschaftliche Disziplin jeweils bedeuten, für Wissenschaft und Forschung, administrative Entscheidungen (Curricula, fachspezifische Bestimmungen, KMK-Beschlüsse), Professionalisierung, Unterrichtspraktik (Didaktik und Methodik) und Unterrichtsmaterialien, kann an dieser Stelle nicht im Einzelnen diskutiert werden. Diese ebenenbezogene Ausformulierung und Ausdifferenzierung der Schlussfolgerungen muss folglich zusätzlich zu den Desiderata gezählt werden.

In der Gegenwart darf und muss jede*r ihr oder sein „eigenes Leben" führen (vgl. Beck et al., 1995). Auch Schüler*innen erleben das mit Sicherheit als ambivalent, manchmal als befreiend, manchmal als belastend, manchmal als bereichernd und manchmal als sehr beunruhigend. Der Sachunterricht als das am stärksten auf Allgemeinbildung bezogene Fach der Grundschule sollte

---

[5] Es scheint angesichts von teils globalen und durch Migration geprägten sowie kulturell pluralen Erfahrungskontexten von Schüler*innen sinnvoll, im Sinne des „Container"-Modells (vgl. DGfG, 2010, S. 11) alle Maßstabsebenen von lokal bis global in den sachunterrichtlichen Umgang mit Raumorientierung und den Zusammenhang mit Identifikationsprozessen einzubeziehen.

diese Ambivalenzen berücksichtigen und sowohl die Möglichkeiten wie auch die Zwänge im Blick behalten. Sich der Begleitung der Identitätsentwicklung von Schüler*innen anzunehmen bedeutet, sie darin zu unterstützen, dieses „eigene Leben" zu entdecken, zu erfinden und zu bewältigen. Das betrifft den ganzen Sachunterricht. Ein Sachunterricht, der Schüler*innen bei einer auf Pluralität hin ausgerichteten Identitätsentwicklung begleitet, die auf ein Dazugehören ausgerichtet ist, kann sowohl als Beitrag zur individuellen Gesundheitsprävention als auch zum gesellschaftlichen Frieden verstanden werden.

Literatur

Adorno, T. W. (1966): Negative Dialektik, Frankfurt/M.

Abels, H. (2007): Interaktion, Identität, Präsentation. Kleine Einführung in interpretative Theorien der Soziologie, 4. Aufl., Wiesbaden.

Adamina, M. (2014): Geographisches Lernen und Lehren. In: Hartinger, A. & Lange-Schubert, K. (Hg.): Sachunterricht – Didaktik für die Grundschule, Berlin, S. 85–104.

Ahuvia, A. (2005): Beyond the Extended Self: Loved Objects and Consumers' Identity Narratives. In: Journal of Consumer Research 32, S. 171–184, www.researchgate. net/publication/23547238_Beyond_the_ExtendeE_Self_Loved_Objects_and_Consum ers'_Identity_Narratives/link/0257f2cc61e7ca96b512983e/download (abgerufen am 11.11.2020).

Antonovsky, A. (1997): Salutogenese. Zur Entmystifizierung der Gesundheit, Tübingen.

Aydemir, F. & Yaghoobifarah, H. (Hg.): Eure Heimat ist unser Albtraum, Berlin.

Bai, L. & Hancock, E. (2013): Graph Kernels from the Jensen-Shannon Divergence. In: Journal of Mathematical Imaging and Vision 47, S. 60–69.

Barz, H., Kampik, W., Singer, T. & Teuber, S. (2001): Neue Werte, neue Wünsche. Future Values. Delphi-Studie. Gesellschaft für innovative Marktforschung, Heidelberg.

Bauman, Z. (1995): Ansichten der Postmoderne, Hamburg & Berlin.

Bauman, Z. (1997): Flaneure, Spieler und Touristen. Essays zu postmodernen Lebensformen, Hamburg.

Becher, A., Miller, S., Oldenburg, I., Pech, D. & Schomaker, C. (Hg.)(2013): Kommunikativer Sachunterricht. Facetten der Entwicklung. Festschrift für Astrid Kaiser, Baltmannsweiler.

Beck, U. (1986): Risikogesellschaft. Auf dem Weg in eine andere Moderne, Frankfurt/M.

Beck, U. & Beck-Gernsheim, E. (1994): Individualisierung in modernen Gesellschaften - Perspektiven und Kontroversen einer subjektorientierten Soziologie. In: Dies.: Riskante Freiheiten. Individualisierung in modernen Gesellschaften, Frankfurt/M, S. 10–42

Beck, G. & Rauterberg, M. (2005): Sachunterricht – eine Einführung: Geschichte; Probleme; Entwicklungen, Berlin.

© Der/die Herausgeber bzw. der/die Autor(en), exklusiv lizenziert durch Springer Fachmedien Wiesbaden GmbH, ein Teil von Springer Nature 2022
M. Siebach, *Identität als Diskursgegenstand der Didaktik des Sachunterrichts*, Sachlernen & kindliche Bildung – Bedingungen, Strukturen, Kontexte, https://doi.org/10.1007/978-3-658-36518-9

Beck, U., Vosskuhl, W. & Erdmann Ziegler, U. (Hg.)(1995): Eigenes Leben. Ausflüge in die unbekannte Gesellschaft, in der wir leben, München.

Bolte, C., Dade, J. & Krüger, D. (2009): Entwicklung und Erprobung eines Moduls zur Ausbildung angehender Erzieher/-innen für den Bildungsbereich „naturwissenschaftliche und technische Grunderfahrung". In: Lauterbach, R., Giest, H. & Marquardt-Mau, B. (Hg.): Lernen und kindliche Entwicklung: Elementarbildung und Sachunterricht, Bad Heilbrunn, S. 117–124.

Bourdieu, P. (2015): „Ökonomisches Kapital – Kulturelles Kapital – Soziales Kapital". In: Ders.: Die verborgenen Mechanismen der Macht. Schriften zu Politik und Kultur, Bd. 1, Hamburg, S. 49–79.

Breidenstein, G. (2010): Überlegungen zu einer Theorie des Unterrichts. In: Zeitschrift für Pädagogik 56 (6), S. 869–887.

Brunner, K.-M. (1987): Zweisprachigkeit und Identität. In: Psychologie und Gesellschaftskritik 44, S. 57–75.

Burke, P. (2014): Die Explosion des Wissens. Von der *Encyclopédie* bis Wikipedia, Berlin.

Busse, D. & Teubert, W. (1994): Ist Diskurs ein sprachwissenschaftliches Objekt? Zur Methodenfrage der historischen Semantik. In: Busse, D. (Hg.): Begriffsgeschichte und Diskursgeschichte. Methodenfragen und Forschungsergebnisse der historischen Semantik, Opladen, S. 10–28.

Daum, E. (2002): Wo ist Heimat? Über Verbindungen von Ort und Selbst. In: Engelhardt, W. & Stoltenberg, U. (Hg.): Die Welt zur Heimat machen?, Bad Heilbrunn, S. 73–82.

Daum, E. (2004): Der Sachunterricht des „eigenen Lebens" – Grundkonzeption und empirische Relevanz. In: Hempel, M. (Hg.): Sich bilden im Sachunterricht, Bad Heilbrunn, S. 139–152.

Davidson, E., Edwards, R., Jamieson, L. & Weller, S. (2019): Big data, qualitative style: a breadth-and-depth method for working with large amounts of secondary qualitative data. In: Quality & Quantity 53, S. 363–376.

DGfG, Deutsche Gesellschaft für Geografie (2010): Bildungsstandards im Fach Geographie für den Mittleren Schulabschluss, S. 9–13.

Diaz-Bone, R. (2015a): Diskursanalyse, automatische. In: Ders. & Weischer, C. (Hg.): Methoden-Lexikon für die Sozialwissenschaften, Wiesbaden, S. 92.

Diaz-Bone, R. (2015b): Diskursanalyse. In: Ders. & Weischer, C. (Hg.): Methoden-Lexikon für die Sozialwissenschaften, Wiesbaden, S. 91.

Diaz-Bone, R. (2015c): Gütekriterien für qualitative Sozialforschung. In: Ders. & Weischer, C. (Hg.): Methoden-Lexikon für die Sozialwissenschaften, Wiesbaden, S. 168–169.

Dühlmeier, B. & Sandfuchs, U. (2015): Interkulturelles Lernen im Sachunterricht. In: Kahlert J., Fölling-Albers, M., Götz, M., Hartinger, A. & Wittkowske, S. (Hg.): Handbuch Didaktik des Sachunterrichts, 2. Aufl., Stuttgart, S. 179–184.

Duncker, L. (1994): Der Erziehungsanspruch des Sachunterrichts. Anthropologische Aspekte eines Begründungszusammenhangs. In: Duncker, L. & Popp, W. (Hg.): Kind und Sache. Zur pädagogischen Grundlegung des Sachunterrichts, Weinheim, S. 29–40.

Duncker, L. (2007a): Die wissenschaftliche Identität des Sachunterrichts. Thesen und offene Fragen. In: www.widerstreit-sachunterricht.de, Extra-Beiheft, S. 13–18.

Duncker, L. (2007b): Die Pluralisierung der Lebenswelten – eine didaktische Herausforderung für den Sachunterricht. In: Schomaker, C. & Stockmann, R. (Hg.): Der (Sach-)Unterricht und das eigene Leben, Bad Heilbrunn, S. 32–44.

Duncker, L. (2014): Pädagogische Anthropologie des Kindes. In: Einsiedler, W., Götz, M., Hartinger, A., Heinzel, F., Kahlert, J. & Sandfuchs, U. (Hg.): Handbuch Grundschulpädagogik und Grundschuldidaktik, 4. Aufl., Stuttgart, S. 163–168.

Duncker, L. (2017): Die Kommerzialisierung kindlichen Sammelns. Beobachtungen zum Aufwachsen von Kindern in der Welt der Dinge. In: Schinkel, S. & Herrmann, I. (Hg.): Ästhetiken in Kindheit und Jugend. Sozialisation im Spannungsfeld von Kreativität, Konsum und Distinktion, Bielefeld, S. 95–110.

Eickelpasch, R. & Rademacher, C. (2004): Identität & Bielefeld.

Erikson, E. (1971): Kindheit und Gesellschaft, Stuttgart.

Erikson, E. (1973): Identität und Lebenszyklus, Frankfurt/M.

Erikson, E. (1975): Dimensionen einer neuen Identität, Frankfurt/M.

Festinger, L. (1978): Theorie der Kognitiven Dissonanz, Bern, Stuttgart & Wien.

Flick, U. (2019): Gütekriterien qualitativer Forschung. In: Baur, N., Blasius, J. (Hg.): Handbuch Methoden der empirischen Sozialforschung, 2. Aufl., Bd. 1, Wiesbaden, S. 473–487.

Flügel, A. (2012): Konstruktionen des generationalen Verhältnisses. Kindheit und das Thema Nationalsozialismus im Grundschulunterricht. In: Enzenbach, I., Pech, D. & Klätte, C. (Hg.): Kinder und Zeitgeschichte: Jüdische Geschichte und Gegenwart, Nationalsozialismus und Antisemitismus. Beiheft 8 www.widerstreit-sachunterricht.de, S. 75–84.

Freund, A. M. (2018): Die Entwicklung der Identität. Wer ich bin, und wenn ja, wann. In: Tagesspiegel vom 30.07.2018, causa.tagesspiegel.de/gesellschaft/lebenszeiten-wie-pra egen-die-jahrzehnte-unsere-identitaet/wer-ich-bin-und-wenn-ja-wannnbsp.html (abgerufen am 11.11.2018).

Gaedtke-Eckardt, D. (2010): Fördern durch Sachunterricht, Stuttgart.

GDSU, Gesellschaft für die Didaktik des Sachunterrichts (Hg.)(2002): Perspektivrahmen Sachunterricht. Bad Heilbrunn

GDSU, Gesellschaft für die Didaktik des Sachunterrichts (Hg.)(2013): Perspektivrahmen Sachunterricht. Bad Heilbrunn

Gebauer, M., Gavrilescu T., Schöpke, F. & Siebach, M. (2008): Ich und Welt verknüpfen. Lebenswelt, Identitätskonstruktion und Kompetenzerwerb im Sachunterricht. In: Giest, H. & Wiesemann, J. (Hg.): Kind und Wissenschaft. Welches Wissensverständnis hat der Sachunterricht?, Bad Heilbrunn, S. 59–68.

Gebauer, M. & Siebach, M. (2014): Freie Demokratische Schulen – Orte selbstbestimmter Identitätsentwicklung. In: Unerzogen 4, S. 26–33

Gergen, K. (1996): Das übersättigte Ich. Identitätsprobleme im heutigen Leben. Heidelberg

Giest, H. (2016): Zur Didaktik des Sachunterrichts. Aktuelle Probleme, Fragen und Antworten, Berlin.

Gläser, E. (2002): Vom lokalen Heimatgefühl zur glokalen kulturellen Identität. In: Engelhardt, W. & Stoltenberg, U. (Hg.): Die Welt zur Heimat machen?, Bad Heilbrunn, S. 85–96.

Glumpler, E. (1996): Interkulturelles Lernen im Sachunterricht, Bad Heilbrunn.

Goffman, E. (1969): Wir alle spielen Theater. Die Selbstdarstellung im Alltag, München.

Greverus, I.-M. (1995): Die Anderen und Ich. Vom Sich-Erkennen, Erkannt- und Anerkanntwerden. Kulturanthropologische Texte, Darmstadt.

Habermas, J. (1981): Theorie des kommunikativen Handelns. Bd. 2. Zur Kritik der funktionalistischen Vernunft, Frankfurt/M.

Halbwachs, M. (1991/1939): Das kollektive Gedächtnis, Frankfurt/M.

Handschuh, G. (2012): Heimat – Identitätskonstrukt zwischen globalen und regionalen Ansprüchen der Gegenwart. In: Giest, H., Heran-Dörr, E. & Archie, C. (Hg.) Lernen und Lehren im Sachunterricht. Zum Verhältnis von Konstruktion und Instruktion, Bad Heilbrunn, S. 159–166.

Hartinger, A. (1997): Interessenförderung: Eine Studie zum Sachunterricht. Bad Heilbrunn.

Hartinger, A. & Lange-Schubert, K. (Hg.)(2014): Sachunterricht – Didaktik für die Grundschule, Berlin.

Hauenschild, K. (2005): Transkulturalität – eine Herausforderung für Schule und Lehrerbildung. In: www.widerstreit-sachunterricht.de Ausgabe Nr. 5/Oktober 2005

Hempel, M. & Coers, L. (2015): Bildung ohne Genderkompetenz? Zum Zusammenhang von Bildung und Gender im Sachunterricht. In: Fischer, H.-J., Giest, H. & Michalik, K. (Hg.): Bildung im und durch Sachunterricht, Bad Heilbrunn, S. 253–260.

Herter, H. (1972): Proteus. In: Der Kleine Pauly (KlP). Band 4, Sp. 1196–1197. Stuttgart & Weimar.

Heyer, G., Quasthoff, U. & Wittig, T. (2017): Text Mining: Wissensrohstoff Text: Konzepte, Algorithmen, Ergebnisse, Berlin.

Hinrichs, W. (2004): Heimat und Heimatkunde zwischen Selbst- und Weltkenntnis, Selbst- und Weltbildung? Zur Frage der Konzeption des Sachunterrichts. In: Hartinger, A. & Fölling-Albers, M. (Hg.): Lehrerkompetenzen für den Sachunterricht, S. 255–269. Bad Heilbrunn.

Hörnig, E. & Klima, R. (2011): Identität. In: Fuchs-Heinritz, W., Klimke, D., Lautmann, R., Rammstedt, O., Stäheli, U. Weischner, C. & Wienold H. (Hg.): Lexikon zur Soziologie, 5. Aufl., Wiesbaden, S. 292.

Horkheimer, M. &. Adorno, T.W. (1969): Dialektik der Aufklärung. Frankfurt/M.

Humboldt, W. v. (1960/1792): Ideen zu einem Versuch, die Gränzen der Wirksamkeit des Staates zu bestimmen. In: Ders.: Werke, Teil 1, Schriften zu Anthropologie und Geschichte, Darmstadt, S. 56–233.

Kahlert, J. (2015): Wozu dienen Konzeptionen? In: Kahlert J., Fölling-Albers, M., Götz, M., Hartinger, A. & Wittkowske, S. (Hg.): Handbuch Didaktik des Sachunterrichts, 2. Aufl., Stuttgart, S. 208–212.

Kahlert, J. (2016): Der Sachunterricht und seine Didaktik, 4. Aufl., Stuttgart.

Kahmann, C., Niekler, A., Heyer, G. (2017): Detecting and assessing contextual change in diachronic text documents using context volatility In: Proceedings of the 9th International Joint Conference on Knowledge Discovery, Knowledge Engineering and Knowledge Management 1: KDIR, S. 135–143, 2017, Funchal, Madeira, Portugal.

Kaiser, A. (1995): Einführung in die Didaktik des Sachunterrichts. Hohengehren

Kaiser, A. (2006): Neue Einführung in die Didaktik des Sachunterrichts. Hohengehren

Kant, I. (1784): Was ist Aufklärung? In: Berlinische Monatsschrift, H 12, S. 481–491

Keller, R. (2003): Wissenssoziologische Diskursanalyse. In: Keller, R., Hirseland, A., Schneider, W. & Viehöver, W. (Hg.): Handbuch Sozialwissenschaftliche Diskursanalyse, Band 2: Forschungspraxis, Wiesbaden, S. 114–143.

Keller, R. (2011): Diskursforschung. Eine Einführung für SozialwissenschaftlerInnen, 4. Aufl., Wiesbaden.

Keller, R. (2013): Zur Praxis der Wissenssoziologischen Diskursanalyse. In: Ders. & Truschkat, I. (Hg.): Methodologie und Praxis der Wissenssoziologischen Diskursanalyse, Band 1: Interdisziplinäre Perspektiven, Wiesbaden, S. 27– 68.

Keller, R. (2015): Diskursanalyse, wissenssoziologische. In: Diaz-Bone, R. & Weischer, C. (Hg.): Methoden-Lexikon für die Sozialwissenschaften, Wiesbaden, S. 93–94.

Keupp, H. (1989): Auf der Suche nach der verlorenen Identität. In: Keupp, H. & Bilden, H. (Hg.): Verunsicherungen. Das Subjekt im gesellschaftlichen Wandel. Münchner Beiträge zur Sozialpsychologie, Göttingen, S. 47–69.

Keupp, H. (1999): Identitätskonstruktionen. Das Patchwork der Identitäten in der Spätmoderne. Reinbek bei Hamburg.

Keupp, H. (2003): Identitätskonstruktionen. Vortrag bei der 5. bundesweiten Fachtagung zur Erlebnispädagogik am 22.09.2003 in Magdeburg. www.ipp-muenchen.de/texte/identitae tskonstruktion.pdf (abgerufen am 28.06.2016).

Keupp, H. (2004): Fragmente oder Einheit? Wie heute Identität geschaffen wird. Essay. www.ipp-muenchen.de/texte/fragmente_oder_einheit.pdf (abgerufen am 28.06.2016).

Keupp, H. (2010a): Vom Ringen um Identität. Vortrag auf den Lindauer Psychotherapiewochen 2010. Audioquelle. Auditorium Netzwerk.

Keupp, H. (2010b): Vom Ringen um Identität. Vortrag auf den Lindauer Psychotherapiewochen. http://www.ipp-muenchen.de/texte/keupp_10_lindau_ringen.pdf (abgerufen am 26.01.2021)

Keupp, H. (2012): Freiheit & Selbstbestimmung in Lernprozessen ermöglichen, Freiburg.

Kizel, A. (2016): "Enabling identity: The challenge of presenting the silenced voices of repressed groups in philosophic communities of inquiry." Journal of Philosophy in Schools 3 (1), 16–39.

Klafki, W. (1975): Studien zur Bildungstheorie und Didaktik, Weinheim.

Klafki, W. (1992): Allgemeinbildung in der Grundschule und der Bildungsauftrag des Sachunterrichts. In: Lauterbach, R., Köhnlein, W. Spreckelsen, K. & Klewitz, E. (Hg.): Brennpunkte des Sachunterrichts (Probleme und Perspektiven des Sachunterrichts), Kiel, S. 11–31, auch: www.widerstreit-sachunterricht.de 4, März 2005.

Köhnlein, W. (2012): Sachunterricht und Bildung, Bad Heilbrunn.

Köhnlein, W. (2013): Vielperspektivität. In: www. widerstreit-sachunterricht.de 19.

Köhnlein, W. (2015a): Aufgaben und Ziele des Sachunterrichts. In: Kahlert J., Fölling-Albers, M., Götz, M., Hartinger, A. & Wittkowske, S. (Hg.): Handbuch Didaktik des Sachunterrichts, 2. Aufl., Stuttgart, S. 88–97.

Köhnlein, W. (2015b): Sache als didaktische Kategorie. In: Kahlert J., Fölling-Albers, M., Götz, M., Hartinger, A. & Wittkowske, S. (Hg.): Handbuch Didaktik des Sachunterrichts, 2. Aufl., Stuttgart, S. 36–40.

Krapp, A. (2005): Das Konzept der grundlegenden psychologischen Bedürfnisse. Ein Erklärungsansatz für die positiven Effekte von Wohlbefinden und intrinsischer Motivation im Lehr-Lerngeschehen. In: Zeitschrift für Pädagogik 51 (5), S. 626–641.

Krappmann, L. (1992): Die Suche nach Identität und die Adoleszenzkrise. Neuere Überlegungen in der Weiterarbeit an Eriksons Modell der Identitätsbildung. In: Biermann, G. (Hg.): Handbuch der Kinderpsychotherapie, Bd. 5, S. 102–126. München & Basel

Krappmann, L. (1997): Die Identitätsproblematik nach Erikson aus interaktionistischer Sicht. In: Keupp, H. & Höfer, R. (Hg.): Identitätsarbeit heute. Klassische und aktuelle Perspektiven der Identitätsforschung. Frankfurt/M., S. 66–92.

Krappmann, L. (2005): Soziologische Dimensionen der Identität. Strukturelle Bedingungen für die Teilnahme an Interaktionsprozessen, 10. Aufl., Stuttgart.

Kraus, W. (1996): Das erzählte Selbst. Die narrative Konstruktion von Identität in der Spätmoderne. Pfaffenweiler

Kroll, K. (2003): Frauenbilder – Männerbilder. In: Kuhn, H.-W. (Hg.): Sozialwissenschaftlicher Sachunterricht. Konzepte, Forschungsfelder, Methoden. Ein Reader, Herbolzheim, S. 99–115.

Kubitzka, T. (2005): Identität – Verkörperung – Bildung. Pädagogische Perspektiven der Philosophischen Anthropologie Helmuth Plessners. Bielefeld

Kübler, M. (2007): Entwicklung von Zeit- und Geschichtsbewusstsein. In: Kahlert J., Fölling-Albers, M., Götz, M., Hartinger, A. & Wittkowske, S. (Hg.): Handbuch Didaktik des Sachunterrichts, 2. Aufl., Stuttgart, S. 338–343.

Landwehr, B. (2017): Sexualbildung. In: Hartinger, A. & Lange- Schubert, K. (Hg.): Sachunterricht – Didaktik für die Grundschule, Berlin, S. 189–203.

Lauterbach, R. (2017): Vielperspektivität – ein Beitrag zur Identitätsfindung der Didaktik des Sachunterrichts. In: Giest, H. et al. (Hg.): Vielperspektivität im Sachunterricht, S. 13–26. Bad Heilbrunn

Lemke, M. (2014): Kookkurrenzanalyse, Hamburg/Leipzig (= ePol Text Mining Verfahren, Serie „Atomenergiediskurs", Modul 2/5).

Lengen, C. (2016): Place Identity: Identitätskonstituierende Funktionen von Ort und Landschaft, In: Gebhard, U. & Kistemann, T. (Hg.): Landschaft, Identität und Gesundheit. Zum Konzept der therapeutischen Landschaften, Wiesbaden, S. 185–199.

Lengen, C. & Gebhard, U. (2016): Zum Identitätsbegriff. In: Gebhard, U. & Kistemann, T. (Hg.): Landschaft, Identität und Gesundheit. Zum Konzept der therapeutischen Landschaften, Wiesbaden, S. 45–61.

Linguistik (2002): Mein Grün ist nicht dein Nol. In: GEO-Magazin 5/2002, S. 198 f.

Luckmann, T. (1980): Persönliche Identität als evolutionäres und historisches Problem. In: Ders.: Lebenswelt und Gesellschaft. Grundstrukturen und geschichtliche Wandlungen, Paderborn & München, S. 123–141

Luckmann, T. (1986). Zeit und Identität: Innere, soziale und historische Zeit. In: Fürstenberg, F. & Mörth, I. (Hg.): Zeit als Strukturelement von Lebenswelt und Gesellschaft, Linz, S. 135–174.

Luckmann, T. (2003): Von der Entstehung persönlicher Identität. In: Wenzel, U., Bretzinger, B. & Holz, K. (Hg.): Subjekte und Gesellschaft. Zur Konstitution von Sozialität, Weilerswist, S. 283–297.

Maaß, W. (2007): Das antike Delphi, München.

Mansour, A. (2020): Extremismusbekämpfung in der Haft: Fremd und doch so nah. In: taz vom 16.11.2020, taz.de/Extremismusbekaempfung-in-der-Haft/!5725150/ (abgerufen am 16.11.2020).

Marx, K., Engels, F. (1848/1988): Manifest der Kommunistischen Partei. In: Ausgewählte Schriften. Bd. 1, Berlin, S. 383–451.

Mayring, P. (2015): Qualitative Inhaltsanalyse. Grundlagen und Techniken, 12. Aufl., Weinheim.

Mead, H. G. (1985/1934): Geist, Identität und Gesellschaft aus der Sicht des Sozialbehaviorismus, Frankfurt/M.

Mey, G. (2015): Triangulation. In: Diaz-Bone, R. & Weischer, C. (Hg.): Methoden-Lexikon für die Sozialwissenschaften, Wiesbaden, S. 414–415.

Ministerium für Schule, Wissenschaft und Forschung des Landes NRW (Hg.)(2001): Rahmenvorgabe Politische Bildung, www.berufsbildung.nrw.de/cms/upload/_lehrplaene/a/ uebergreifende_richtlinien/politische_bildung_500.pdf (abgerufen am 23.1.2020).

Mitzscherlich, B. (1997): „Heimat ist etwas, was ich mache." Eine psychologische Untersuchung zum individuellen Prozeß von Beheimatung, Pfaffenweiler.

Mitzscherlich, B. (2004): „Heimat ist etwas, was ich mache!" Referat im Rahmen der Tagung „Das Ende der Gemütlichkeit? Wege zu einer neuen Dorfkultur". Heinrich-Böll-Stiftung Brandenburg. Wittenberge 19.11.2004. www.yumpu.com/de/document/read/206 19621/beate-mitzscherlich-heimat-ist-etwas-was-ich-mache-europa-im- (abgerufen am 18.11.2020).

Möller, K. & Sunder, C. (2014): Naturwissenschaftlichen Unterricht im Hinblick auf Lernunterstützung analysieren lernen – eine Aufgabe für die universitäre Sachunterrichtsausbildung. In: Fischer, H.-J., Giest, H. & Peschel, M. (Hg.): Lernsituationen und Aufgabenkultur im Sachunterricht, Bad Heilbrunn, S. 131–138

Möller, K. & Tenberge, C. (1997): Handlungsintensives Lernen und Aufbau von Selbstvertrauen im Sachunterricht. In: Köhnlein, W., Marquardt-Mau, B. & Schreier, H. (Hg.): Kinder auf dem Wege zum Verstehen der Welt, Bad Heilbrunn, S. 134–153.

Monecke, N. (2019): Warum der Begriff Heimat nicht zu retten ist. In: ze.tt, ze.tt/warum-der-begriff-heimat-nicht-zu-retten-ist (abgerufen am 8.12.2020).

Montaigne, M. de (1998/1580): Essais. Erste moderne Gesamtübersetzung von Hans Stillet, Frankfurt/M.

Müller, A. (2011): Menschen sind lernfähig – aber unbelehrbar. Überlegungen zu einer „neuen" Lernkultur. Vortrag. www.schulamt-loerrach.de/site/pbs-bw/get/documents/KUL TUS.Dachmandant/KULTUS/Schulaemter/schulamt-loerrach/pdf/110921-Referat-Andreas-Mueller-Beatenberg-Neue-Lernkultur_SSA_LOE.pdf (abgerufen am 18.3.2017).

Nicke, S. (2018): Der Begriff der Identität. In: bpb, www.bpb.de/politik/extremismus/rechts populismus/241035/der-begriff-der-identitaet (abgerufen am 11.11.2020).

Niekler, A., Bleier, A., Kahmann, C., Posch, L., Wiedemann, G., Erdogan, K., Heyer, G. & Strohmaier, M. (2018): ILCM – A Virtual Research Infrastructure for Large-Scale Qualitative Data. In: Proceedings of the Eleventh International Conference on Language Resources and Evaluation (LREC 2018), European Language Resources Association (ELRA). www.lrec-conf.org/proceedings/lrec2018/pdf/734.pdf

Nießeler, A. (2005): Kulturelles Lernen im Sachunterricht? Zur Bedeutung kulturtheoretischer und kulturanthropologischer Ansätze In: Cech, D. & Giest, H. (Hg.): Sachunterricht in Praxis und Forschung – Erwartungen an die Didaktik des Sachunterrichts, Bad Heilbrunn, S. 73–86.

Niethammer, L. (2000): Kollektive Identität: Heimliche Quellen einer unheimlichen Konjunktur, Reinbek bei Hamburg.

NRW, Ministerium für Schule, Wissenschaft und Forschung des Landes Nordrhein-Westfalen (Hrsg., 2001): Rahmenvorgabe Politische Bildung. Düsseldorf

Oppermann, A. (2005): Bilder von Männlichkeit. In: www.widerstreit-sachunterricht.de, 5.

Pandel, H.-J. (1987): Dimensionen des Geschichtsbewusstseins. Ein Versuch, seine Struktur für Empirie und Pragmatik diskutierbar zu machen. In: Geschichtsdidaktik 12 (2), S. 130–142.

Pandel, H.-J. (2013): Geschichtsdidaktik. Eine Theorie für die Praxis. Schwalbach/Ts.

Pech, D. & Rauterberg, M. (2008): Auf den Umgang kommt es an. „Umgangsweisen" als Ausgangspunkt einer Strukturierung des Sachunterrichts – Skizze der Entwicklung eines „Bildungsrahmens Sachlernen". In: www.widerstreit-sachunterricht.de. Beiheft 5.

Philipps, A. (2018): Text Mining-Verfahren als Herausforderung für die rekonstruktive Sozialforschung. In: Sozialer Sinn. Zeitschrift für hermeneutische Sozialforschung 19 (2), S. 367–387.

Plato (2001): Symposion. In: Werke Bd. 3., dt. Übers. von Friedrich Schleiermacher

Ragaller, S. (2001): Sachunterricht, Donauwörth.

Rabe, T. & Krey, O. (2018): Identitätskonstruktionen von Kindern und Jugendlichen in Bezug auf Physik – Das Identitätskonstrukt als Analyseperspektive für die Physikdidaktik? In: Zeitschrift für Didaktik der Naturwissenschaften 24, S. 201–216.

Reckwitz, A. (2008): Subjekt, Bielefeld.

Richter, D. (2002): Sachunterricht – Ziele und Inhalte. Ein Lehr- und Studienbuch zur Didaktik, Baltmannsweiler.

Richter, D. (2017): Sozialwissenschaftliches Lehren und Lernen. In: Hartinger, A. & Lange-Schubert, K. (Hg.): Sachunterricht – Didaktik für die Grundschule, Berlin, S. 63–84.

Rohrbach, R. (2016): Identität und Alterität. In: Becher, A., Gläser, E. & Pleitner B. (Hg.): Die historische Perspektive konkret, Bad Heilbrunn, S. 126–141.

Rosa, H. (2016): Resonanz. Eine Soziologie der Weltbeziehung, Berlin.

Schäfer, A. (2015): Dinge verschwinden vor unseren Augen. In: Psychologie heute, Februar, S. 33–37.

Schlack, R., Kurth, B.-M. & Hölling, H. (2008): Die Gesundheit von Kindern und Jugendlichen in Deutschland – Daten aus dem bundesweit repräsentativen Kinder- und Jugendgesundheitssurvey (KiGGS). In: Umweltmedizin in Forschung und Praxis, 4, S. 245–260.

Schmidt-Lux, T., Wohlrab-Sahr, M. & Leistner, A. (2016): Kultursoziologie – eine problemorientierte Einführung, Weinheim.

Schomaker, C. (2004): „Mit allen Sinnen ... , oder?" Über die Relevanz ästhetischer Zugangsweisen im Sachunterricht. In: Basiswissen Sachunterricht. Band 3. Integrative Dimensionen für den Sachunterricht. Neue Zugangsweisen, Baltmannsweiler, S. 49–58

Schorb, B. (2014): Identität und Medien, In: Tillmann, A. & Fleischer, S. (Hg.): Handbuch Kinder und Medien, Wiesbaden, S. 170–181

Schreier, H. (1994): Der Gegenstand des Sachunterrichts, Bad Heilbrunn.

Schreiber, J. (2015): Bildung für eine nachhaltige Entwicklung. In: Pädagogik 7–8, S. 33–37.

Schrumpf, F. (2014): Geschlechterdiskurs und Sachunterricht. Theoretische und didaktische Ausführungen unter poststrukturalistischer Perspektive. In: www.widerstreit-sachunterricht.de 20.

Schulze, G. (2005): Die Erlebnisgesellschaft. Kultursoziologie der Gegenwart, Frankfurt/M.

Seitz, S. (2005): Zeit für inklusiven Sachunterricht, Baltmannsweiler.

Siebach, M. (2016): Postmoderner Wandel und Identitätsarbeit. Eine Bildungsherausforderung für den Sachunterricht. In: www.widerstreit-sachunterricht.de 22.

Siebach, M. (2019): Allgemeinbildung als Kern des Sachunterrichts und das Problem der Identität. In: Siebach, M., Simon, J. & Simon, T. (Hg.): Ich und Welt verknüpfen. Allgemeinbildung, Vielperspektivität, Partizipation und Inklusion im Sachunterricht, Baltmannsweiler, S. 25–36.

Siebach, M. & Gebauer, M. (2014): Identitätskonstruktion im Grundschulalter. Neue Herausforderungen für Schule und Unterricht In: Sache Wort Zahl. 146, S. 4–10.

Siebeck, C. (2017): Erinnerungsorte, Lieux de Mémoire, Version: 1.0. In: Docupedia-Zeitgeschichte, 2.3.2017, docupedia.de/zg/Siebeck_erinnerungsorte_v1_de_2017 (abgerufen am 20.11.2020).

Sielert, U. (2015): Einführung in die Sexualpädagogik, Weinheim.

Sievert, C. & Shirley, K. (2014): LDAvis: A method for visualizing and interpreting topics. In: Proceedings of the Workshop on Interactive Language Learning, Visualization, and Interfaces, S. 63–70. Baltimore, Maryland, USA, June 27, 2014.

Speck-Hamdan, A. (2015): Kulturelle Unterschiede In: Kahlert J., Fölling-Albers, M., Götz, M., Hartinger, A. & Wittkowske, S. (Hg.): Handbuch Didaktik des Sachunterrichts, 2. Aufl., Stuttgart, S. 371–375.

Spitta, P. (2007): „Wohnst du noch oder lebst du schon?" Das Thema Wohnen und Wohnumfeld im Sachunterricht. In: Schomaker, C. & Stockmann, R. (Hg.): Der (Sach-)Unterricht und das eigene Leben, Bad Heilbrunn, S. 166–176.

Stanišić, S. (2020): Herkunft, München.

Steinke, I. (2010): Gütekriterien qualitativer Forschung. In: Flick, U., Kardorff, E. v. & Dies. (Hg.) Qualitative Forschung. Ein Handbuch, Reinbek bei Hamburg, S. 319–331.

Stocklas, K. (2004): Interkulturelles Lernen im Sachunterricht – Historie und Perspektiven. In: www.widerstreit-sachunterricht.de Beiheft 1.

Strübing, J., Hirschauer, S., Ayaß, R., Krähnke, U. & Scheffer, T. (2018): Gütekriterien qualitativer Sozialforschung. Ein Diskussionsansatz. In: Zeitschrift für Soziologie 47 (2), S. 83–100.

Stulpe, A. & Lemke, M. (2016): Blended Reading. In: Lemke, M. & Wiedemann, G. (Hg.): Text Mining in den Sozialwissenschaften. Grundlagen und Anwendungen zwischen qualitativer und quantitativer Diskursanalyse, Wiesbaden, S. 17–61.

Tänzer, S. (2014): Konzeptionen und Positionen der Didaktik des Sachunterrichts in der Gegenwart. In: Die Didaktik des Sachunterrichts und ihre Fachgesellschaft GDSU e. V., S. 57–73.

Titscher, S., Wodak, R., Meyer, M. & Vetter, E. (1998): Methoden der Textanalyse. Leitfaden und Überblick, Opladen, S. 178–203.

Reeken, D. v. (2014): Historisches Lehren und Lernen. In: Hartinger, A. & Lange-Schubert, K. (Hg.): Sachunterricht – Didaktik für die Grundschule, Berlin, S. 105–121.

Weber, M. (1995/1922): Die Objektivität sozialwissenschaftlicher und sozialpolitischer Erkenntnis, Schutterwald/Baden.

Wissing, S. (2004): Das Zeitbewusstsein des Kindes. Eine empirisch-qualitative Studie zur Entwicklung einer Typologie der Zeit bei Kindern im Grundschulalter, Dissertationsschrift, Pädagogische Hochschule Heidelberg, opus.ph-heidelberg.de/frontdoor/deliver/index/docId/11/file/komplett.pdf (abgerufen am 21.11.2020).

Wolz-Gottwald, E. (2002): Yoga-Philosophie-Atlas, Petersberg.

Genutzte interaktive Werkzeuge:

Google Books Ngram Viewer: books.google.com/ngrams

Interactive Leipzig Corpus Miner (iLCM): ilcm.informatik.uni-leipzig.de

Printed in the United States
by Baker & Taylor Publisher Services